本书由亚太森林恢复与可持续管理组织"基于自然教育的教材研发"项目、
北京市林业碳汇工作办公室"北京自然教育发展建设及公众理念提升"项目共同支持

自然体验活动课程案例集
NATURE EXPERIENCE ACTIVITIES AND PROGRAMS

邵丹 张秀丽 赵安琪 马红 赵敏燕 姚爱静 编著

中国林业出版社

图书在版编目（CIP）数据

自然体验活动课程案例集 / 邵丹等编著. -- 北京：中国林业出版社，2022.4

ISBN 978-7-5219-0998-2

Ⅰ.①自… Ⅱ.①邵… Ⅲ.①自然科学—活动课程—教案(教育)—中小学 Ⅳ.①G633.72

中国版本图书馆CIP数据核字(2021)第024611号

中国林业出版社·自然保护分社（国家公园分社）

策划编辑：刘家玲
责任编辑：葛宝庆
电　　话：010-83143612

出　版：中国林业出版社（100009　北京西城区刘海胡同7号）
网　址：http://www.forestry.gov.cn/lycb.html
发　行：中国林业出版社
印　刷：河北京平诚乾印刷有限公司
版　次：2022年4月第1版
印　次：2022年4月第1次
开　本：787mm×1092mm　1/16
印　张：22
字　数：460千字
定　价：160.00元

未经许可，不得以任何方式复制或者抄袭本书之部分或全部内容。
版权所有　侵权必究

PREFACE
前言

　　自然环境促进了人类的进化过程，人类依赖自然、信服自然、享受自然的"自然属性"稳定存在于我们的血液中，回归自然成为了21世纪的文化主题。自然教育积极响应公众关爱自然、关注环境的客观需求，是人们认识自然、了解自然、理解自然的有效方法，是推动全社会形成尊重自然、顺应自然、保护自然价值观和行为方式的有效途径，提升其对自然环境的认识水平和保护意识。近年来，国家政策的有力支持、政府单位的科学指导和民间机构及企业的积极响应促进了自然教育在我国的蓬勃发展，自然教育成为促进我国的生态文明建设、推动社会绿色发展和美丽中国建设的不竭动力。

　　社会各界积极组织公众开展自然教育活动，自然教育活动已在全国遍地开花。各相关机构发挥各自的优势，利用现有的自然资源，面向不同年龄阶段的群体，持续不断地在自然环境中开展自然教育活动。内容丰富、形式多样、各具特色的自然教育活动使本案例集应运而生，荟萃百家之智慧，绽放自然教育的光芒，呈现出自然教育百花齐放的蓬勃生机。

　　本案例共收集了85个针对儿童、小学生、中学生、成人和亲子的不同受众群体的优秀自然教育活动案例，主题涵盖动物学、植物学、天文学、气象学、地质学和其他，内容包括植物调查、自然手工、五感体验、观鸟、自然艺术、土壤生物探索、自然游戏和湿地科考等。每一个案例都是自然教育从业者智慧的结晶，经过自然教育专家的科学评估，通过不断的实践探索，收集自然教育受众群体的有效反馈，自然教育从业者积累经验、优化方案，使案例能够担负指导自然教育活动科学开展的使命。本案例集汇集了特色鲜明、主题丰富的自然教育活动经验，致力成为我国自然教育一线工作人员开展活动的科学指南。

  本书的编写得到自然教育领域各位专家学者的支持与鼓励，感谢各案例供稿作者及其所在机构对此书出版给予的帮助，特别感谢亚太森林恢复与可持续管理组织及北京市林业碳汇工作办公室，不仅对此书的出版给予深入地指导，更是出资支持了本书的编写与出版。由于时间仓促，书中难免存在疏漏之处，欢迎读者朋友指正。希望本书的出版能为自然教育的发展、为自然教育的活动课程顺利开展提供有益的帮助。

编著者

2020年10月

CONTENTS
目录

植物篇

红叶探秘	002
自然观察·植物篇	009
笔记大自然	013
蘑菇蘑菇,你是谁	015
森林碳汇	018
彩色植物分身术	021
花的艺术——压花	025
草木染	028
色素提取	031
我是小小研究员	037
看,植物四季的样子	049
伟岸的树	055
守护一棵树	058
蜜源植物科普活动	067
植物的科学考察	071
热带植物的科学考察活动	075
玉渡山动植物科学考察活动	079
野鸭湖动植物科普活动	083
水稻收割	085
京彩燕园彩叶植物考察	088
古树长寿的奥秘——中山公园的古树名木	091
森林树木	094
此生无悔,"植迷不物"	101
舌尖上的长峪沟	103
奇妙的树冠之旅	108
探寻树木生命的轨迹	110
当芹菜遇上小朋友们——基于小学校园内的自然教育	112

全身是宝的植物"活化石"——荷　　118
趣味植物花事　　121
探秘野生暴马丁香　　126
我和秋天有个约会　　131
露地梅花及相近春花的辨识与赏析　　134
自然插花与葡萄汁创意绘画体验活动　　137
春风里，悦自然　　140
我们的彩色家园　　148

动物篇

与生命共同体展园的7个小主人不期而遇　　154
虫虫王国历险记　　157
蜻蜓姐姐，豆娘妹妹　　163
动物园的科学考察活动　　166
闻声识蝉科普活动　　172
虫虫大作战——生物防治科普活动　　174
昆虫调查活动　　177
以粪金龟为主题的自然观察及高原食物链探索　　179
我和蚕宝宝有个约会——基于小学校园内的自然教育　　184
蜜蜂园自然科普体验活动　　191
校园无痕自然教育·昆虫篇　　193
守护黑白精灵——大熊猫主题课程　　197
化茧成蝶，美丽蜕变　　200

其他篇

月相的观察　　206
地质——腐殖质剖面层　　212
发现土壤里的生命　　215
走进湿地——河南省陆浑湖国家湿地公园自然学校研学活动　　217
察言观色　　222
耳熟能详　　226

变身蜘蛛侠	230
感知自然	233
袋鼠跳跳跳	235
听诊树木	237
雨滴游戏	239
渡河游戏	241
奇妙的锯木游戏	243
游戏——解手链	245
你的花园环保吗——腐质沃土制作	246
你的花园节水吗——节水灌溉技术利用	254
气象因子与植物生长	261
一米菜园	268
"美丽印'相'"博物馆教育活动	274
春晖教育小记者"森林与城市"主题采访活动	281
水的奥秘我知道	284
妈妈和我一起玩儿	287
绿苗伴我共成长	290
城市里的海绵体	293
互动，森林竞走	296
重走长征路，再造幸福班	297
森林生态与碳汇研学	302
在森林中走进邮票的精彩世界	305
森林游学健康行	309
探寻冬季森林魅力	313
森林体验团建活动	316
联结自然，放飞心情——疗养型森林体验活动	320
沙漠穿行	324
森林折叠诗	330
博学多闻	333
暗夜精灵	336
得心应手	340

自然体验活动
课程案例集

NATURE EXPERIENCE ACTIVITIES
AND PROGRAMS

植物篇

红叶探秘

葛雨萱　王雪涵　焦进卫 / 北京香山公园

【活动目标】识别香山主要红叶树种，初步掌握叶色观测、色素测量方法。
【受众群体】中小学生
【参与人数】20～30人
【活动场地】北京香山公园
【活动类型】拓展游戏型、场地实践型、解说学习型
【所需材料】分光色差计、皇家园艺比色卡、分光光度计、彩叶树种识别板、彩叶树种教学牌、比色皿、漏斗等
【活动时长】5小时

活动背景

每年初秋，登香山赏红叶，已成为北京人乃至全国人民的一件盛事。人们在被红叶所吸引的同时，也会引发一些思考：秋色叶植物有哪些？叶片为什么在秋季变红？变红的物质基础是什么？针对这些问题，依托科学探索实验室，香山公园开发了"红叶探秘"系列课程，旨在带领公众尤其是青少年探寻香山红叶背后的科技内涵。通过亲自参与科学实验，培养青少年的科学思维能力、动手能力和创造能力，激发他们对科学探索的兴趣，同时掌握初步的科学研究方法和技能，这对青少年科学素质建设具有重要意义。

活动过程

针对不同学段的特点和体验需求，为中小学生设计了两个主题的实验课程。课程1. 叶色千变万化：识别香山主要树种，利用皇家园艺比色卡、分光色差仪等叶色测定的数字化方法进行叶片颜色的观测，记录色彩与数字的关系。课程2. 叶儿为什么这样红：开展红叶变色机理研究，利用分光光度计，研究叶片色素类型和含量。

植物篇

课程1. 叶色千变万化

时长	活动流程内容	场地/材料
20分钟	介绍此次课程主题和主要内容	户外
30分钟	观察植物叶片的不同，认识、采集叶片或花瓣	户外 / 叶片或花瓣
20分钟	"彩叶飞舞"互动活动，学习简单的植物分类学知识	户外 / 叶片或花瓣、植物名牌、纪念品
20分钟	叶色观测活动，学习叶色测量方法	实验室 / 叶片或花瓣、皇家园艺比色卡、分光色差仪、记录表格
20分钟	"自然拼图"活动，动手制作树叶画	实验室 / 拼图、纪念品、纸、胶棒、彩笔
10分钟	分享感受、总结评价	实验室 / 评价表

1. 介绍此次课程主题和主要内容

将学生分为3组。以提问方式引出此次活动主题，告诉大家香山植物资源很丰富，由此引出植物相关知识。举例如下。

问：大家知道香山都有什么植物？

答：红叶、松、柏、草、野花等。

2. 观察植物叶片的不同，认识、采集叶片或花瓣

带领大家沿选定路线认识香山主要植物，同时采集不同类型的叶片或花瓣，每小组采集5种。

3. "彩叶飞舞"互动活动，学习简单的植物分类学知识

到达实验室外广场，大家围成一圈，老师写好采集到的15个植物名牌，倒扣在圆心地面上，分3轮抢，每组抢一张名牌，将名牌与各组自己采集的植物进行配对，配对正确且数量最多的组获胜，发小环保纪念品（因为每组的植物不同，所以会出现抢到的名牌并没有在本组对应的植物，这时就无法配对）。请获胜组组员与大家进行分享，介绍植物相关知识。

测量叶色

4. 叶色观测活动，学习叶色测量的方法

向学生示范皇家园艺比色卡、分光色差仪的使用方法，以组为单位进行测量、记录。

5. "自然拼图"活动，动手制作树叶画

自然拼图，用时最短组获胜，发纪念品。发挥想象力，用植物材料拼画。

6. 分享感受、总结评价

引导学生谈感受、收获、建议，填写评价表。

课程2. 叶儿为什么这样红

时长	活动流程内容	场地/材料
15分钟	介绍此次课程主题和主要内容，将学生分组	户外/黑板
20分钟	认识、收集植物叶片	户外/叶片
20分钟	叶片处理	实验室/天秤、剪刀、研钵、离心管
20分钟	色素提取	实验室/移液管、试管架、冰箱
30分钟	叶色观测活动，学习叶色测量方法	实验室/叶片、皇家园艺比色卡、分光色差仪、记录表格
30分钟	色素测定方法学习	实验室/分光光度计、比色皿
30分钟	色素测定	实验室/漏斗、离心管、分光光度计、比色皿
15分钟	分享感受、总结评价	实验室/记录表、评价表

1. 介绍此次课程主题和主要内容，将学生分组

以提问方式引出此次活动主题。告诉大家香山红叶植物种类。举例如下。

问：大家知道香山红叶包括哪些植物？
答：黄栌、枫树、槭树等。

2. 认识、收集植物叶片

在红叶资源圃带领大家认识香山主要红叶植物，同时收集黄栌、元宝枫叶片。

3. 叶片处理

向学生示范叶片处理方法称重、剪碎、研磨、记录。

4. 色素提取

向学生示范移液管使用，讲述色素提取原理（色素提取需要放置1小时）。

5. 叶色观测活动，学习叶色测量方法

向学生示范皇家园艺比色卡、分光色差仪的使用方法，以组为单位进行测量、记录。

6. 色素测定方法学习

向学生讲解分光光度计原理，用清水示范使用方法。

植物篇

叶片研磨

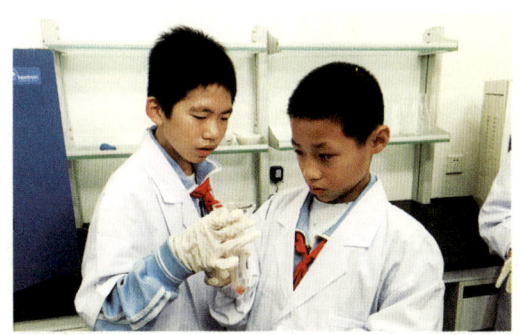

溶液过滤

7. 色素测定

将提取液过滤，测定、记录。

8. 分享感受、总结评价

整理实验用具、表格，引导学生谈收获、建议，填写评价表。

活动评估

"红叶探秘"课程内容丰富，包括认识与收集植物叶片、叶色数字化、叶片色素提取、花青素含量测定、自然游戏等部分，既有自然观察体验类项目，又有动手操作实验类项目，受众参与度很高，每次课程现场气氛热烈。特别是与小学合作开展的实验课程，使学生们在感受美丽自然的同时，也学习了植物学知识，积极踊跃地开展叶片研磨、色素提取过滤、色素含量测定等动手实验，初步掌握了科学的观测和研究方法，同时也激发了他们进一步对自然探索的兴趣。课程总体来说知识性、互动性、参与性强，受到学生的一致欢迎。

评价从活动组织者和项目参与者两方

面出发。活动组织者作为课程的设计和实施人员,是最熟悉被评价对象的群体,同时具备相关的专业知识,能够将观察结果转化为有用的信息;项目参与者作为直接参加活动的人员,最清楚活动实际效果,他们对于课程评价也是最重要的。

对课程基本情况进行自评 课程一属于活泼创造型课程,适合年龄段非常广

课程基本情况自评表

实验课程		一	二
活动内容		叶色千变万化	叶儿为什么这样红
类型	活泼型		√
	安静型		√
	探究型		√
	创造型	√	
	操作型		√
参与者人数(人)	最少	5	3
	最佳	20	10
	最多	30	20
目标群体	幼儿园	√	
	1~3年级	√	
	4~6年级	√	√
	初中	√	√
	高中	√	√
	成人	√	√
	团体	√	√
	家庭	√	√
活动时间		2小时	3小时
场地要求		公园景区	苗圃、实验室
引导员技能要求		植物识别	植物生理生化
感染力互动性	高	√	√
	较高		
	一般		
受众参与度	高	√	√
	较高		
	一般		

泛，且容纳的参与者人数也比较多，最佳人数为20人。课程二属于安静探究型课程，需要有一定的知识基础，不适合低年级学生，同时受实验场地和教员限制，参与者在10人左右能达到较好的实验效果。

对课程内容质量自评 课程一在多样性、可调性和知识接受程度上要优于其他课程，总分最高。这与受众群体年龄段有关系。课程二需要具有一定的知识基础，对小学生来说相对要难一些。但课程二在

课程内容质量自评表

目标层	准则层	指标层	评分标准	课程一	课程二
红叶探索课程内容质量	项目目标（15）	准确性	准确全面（5）；较为准确（3）；目标不明（1）	5	5
		适合性	全面契合受众情况（5）；基本契合（3）；与受众情况不符（1）	5	5
		体现程度	项目目标得到充分体现（5）；基本体现项目目标（3）；与项目目标偏离（1）	5	5
	项目内容（25）	科学性	项目内容科技含量高（5）；科技含量较高（3）；科技含量一般（1）	3	5
		感染力	生动活泼，很高的感染力（5）；较高感染力（3）；感染力一般（1）	5	3
		流畅性	项目衔接自然，非常流畅（5）；较为流畅（3）；一般（1）	5	5
		理念贯穿程度	科学理念贯穿始终（5）；理念基本贯穿（3）；仅有部分理念体现（1）	5	5
		多样性	方法灵活多样（5）；方法较为丰富（3）；方法单一（1）	5	3
	项目实施方法（25）	启发性	启发性很高（5）；启发性较高（3）；启发性一般（1）	5	5
		恰当性	方法恰当得体（5）；方法较为恰当（3）；方法生硬（1）	5	5
		独特性	项目方法十分独特（5）；方法较为独特（3）；方法普通（1）	3	5
		可调性	方法具有很强的可调性（5）；具有较好的可调性（3）；可调性一般（1）	5	3
		计划完成程度	计划完成95%以上（5）；完成80%~95%（3）；完成80%以下（1）	5	5
	项目效果（35）	受众精神面貌	受众积极性高涨，气氛十分活跃（10）；积极性较高，气氛较为活跃（6）；积极性一般（2）	10	10
		受众参与程度	受众参与度很高（10）；参与度较高（6）；参与度一般（2）	10	10
		知识接受程度	主要知识点接受程度90%以上（15）；主要知识点接受程度60%~90%（10）；接受程度60%以下（3）	15	10
			总　　分	96	89

注：括号内数字表示得分。

科学性和独特性上要优于课程一。

向项目参与者调查参与感受，91%的参与者非常喜欢参与的课程，9%喜欢参与课程。从科学性、趣味性、创新性、互动性四个指标层调查，结果见下表。可见课程在科学性和趣味性上获得参与者非常高的认可。在创新性和互动性上分别有9%的参与者表示一般，可能与个人的知识面和兴趣点有关系，同时也反映出受众对创新性和互动性的关注度很高。在问及选择原因及建议时，多数参与者表示学到了很多植物知识，风景很美，十分有趣，建议是希望以后能多次参加这样的活动。

参与者评价调查表　　　　　　　　　　　（单位：%）

认可度	科学性	趣味性	创新性	互动性
非常强	86	91	73	77
强	9	9	18	14
一般	5	0	9	9

活动风险点

1. 在活动过程中，大部分参与者喜欢采集落叶，这样可能会延长此环节的时间，所以活动开始前需要明确收集物的种类和数量，告诉参与者不是越多越好，控制时长。

2. 在活动过程中，会用到剪刀、研钵、漏斗等材料以及皇家园艺比色卡、分光色差仪、分光光度计等仪器，参与者可能比较新奇都想动手。此环节开始前需明确所有仪器使用均由老师示范讲解后才动手，明确使用步骤及安全注意事项，并且分组进行，小组内分工合作体验。

自然观察·植物篇

郭建梅 温刘君 / 易草（北京）生态环境有限公司

【活动目标】
1. 激发参与者对植物的兴趣，使参与者对植物的结构及其作用有初步认知。
2. 学习观察的方法，寻找并认识4~5种植物，并了解这些植物的特征。

【受众群体】7~9岁的儿童

【参与人数】建议不超过15人

【活动场地】植被丰富的公园绿地均可

【活动类型】解说学习型、五感体验型、拓展游戏型

【所需材料】手绘植物各个部位图片6张（根、茎、叶、花、果实、种子）；植物各个部位照片（带挂绳）20张；1米观察绳（2~3根）；任务卡及任务单（2~3套）；放大镜每人一个；植物调查表每人一份；彩色铅笔2~3套；纸张若干

【人员配备】讲师1人，助教1人

【活动时长】3~4小时

活动过程

时长	活动流程内容	场地/材料
前一天+活动当天30分钟	活动开始前的准备工作	提前一天准备好所有物资，包括签到表及教具清单中的所有物品，并熟悉场地环境以及其中的植物种类和名称
15分钟	活动开场	平坦的场地，所有参与者可以围成一个圈
45分钟	破冰游戏	选择平坦、安全的场地。事先检查，把容易绊脚的石块等拣出，如果有坑洼，则不应影响到跑动 / 植物各个部位图6张（根、茎、叶、花、果实、种子）/ 植物不同部位的实物照片（带挂绳）每人1份
30分钟	一米观察	一米观察绳，每组1条（每条长约4米）；放大镜，每人1个
70~90分钟	定向寻找	任务单+任务卡，每组1套；彩色铅笔，每组1套；纸张若干
10分钟	活动结束总结	植物调查表，每人1份

1. 准备

活动开始前的准备工作包括踩点、熟悉方案、准备教具、协助签到、起自然名、写自然名牌等。

2. 开场

介绍活动内容、纪律、注意事项等；请所有人依次按照所取的自然名来介绍自己，并提醒大家尽量记住。

3. 破冰游戏

第一轮大风吹——身体特征大风吹（如戴帽子的、穿蓝色衣服的等）；然后游戏暂停，由讲师介绍，结合图片展示说明植物的各个部位名称（根、茎、叶、花、果实、种子）、特征、作用等（简明扼要）；助教将事先准备好的植物不同部位图片发给每位参与者，引导大家观察自己的那张图上面有植物的哪种或哪几种器官，有什么特点（颜色、形状等），然后挂在脖子上；接着进行第二轮大风吹——植物器官大风吹（如有果实在上面的，有黄色花的，有绿色枝条的等）。

4. 一米观察

将参与者分为2～3组，用一米观察绳在地面围圈（形状不限），数出圈内有多少种植物（不用识别名称，只要能区分出种类就可以）；然后各组成员之间分享每组的结果。

5. 定向寻找

每组分配一套任务单+任务卡，讲师和助教分别带领各组寻找任务单中的植物；任务单中的植物都找到后，每个人选择一种自己喜欢的任务单中有的植物，画下来；然后讲师对定向寻找及植物的特点做总结。

6. 总结

讲师总结当天的活动情况，并布置延展内容：回家后寻找家附近任一种植物，持续观察、记录，记录内容参考附件3；也可以用画的方式。

活动评估

1. 是否最大限度地调动孩子的参与兴趣。

2. 在整个活动中，注重孩子们的主动观察过程。

3. 孩子们在活动中的所见所闻，以及参与内容，某种初步关联的建立。

活动风险点

1. 玩大风吹游戏时避免过于激烈的跑动，以免受伤。

2. 在进行定向寻找时，需要有讲师/助教陪伴，避免接触到有毒有害植物，或随意攀折植物枝条及花朵。

植物篇

附件

附件1　任务卡示意图

每个组寻找5种植物，每找到一种，在一片花瓣中标记下来。

附件2　任务单示意图

用通俗易懂的语言分别描述出活动场地中容易见到的5种植物的不同特征，来作为寻找到它们的线索。

我是一种长在水里的植物；我的叶子是防水的；有很多描绘我的诗句"出淤泥而不染"；我的根茎是人们常见的食物。

附件3　植物调查表

调查地点：			植物名称：		
调查人：			生长环境：		
日期	整体形态	叶	花	果实	种子

植物篇

笔记大自然

何晨

【活动目标】认识植物，学会观察，通过"看、听、嗅、尝"等，感受自然，理解自然。了解动植物与环境相关的知识，探索事物之间的联系，提高体验者保护动植物生存环境的意识。同时，通过自然笔记绘画练习，提高专注力，培养体验者自学能力和表达能力。

【受众群体】不限

【参与人数】30人

【活动场地】不限（森林公园、城市公园、社区绿地、湿地公园、苗圃等）

【活动类型】五感体验型

【所需材料】铅笔、彩笔、橡皮、画本

【活动时长】130分钟

活动过程

时长	活动流程内容	场地／材料
20分钟	什么是自然笔记及自然笔记工具介绍	活动场地的空场
40分钟	带领参与者认识活动区的植物和绘画示范	活动观察点
30分钟	打破"不会动手"的五种练习	活动场地的空场或有桌椅的休息区
30分钟	动手制作自己的自然笔记	铅笔、彩笔、橡皮、画本
10分钟	总结分享	活动场地的空场

1. 什么是自然笔记及自然笔记工具介绍

①自然笔记的广义理解：你对周围自然界的反应和思考。②怎样成为一个自然观察家：不是在学校课堂获取的知识，而是户外的直接观察，自学的过程。③自然笔记为谁而做：观察者聚精会神地关注所画事物，留心它的形状、纹理、表层，还有它与周围的关系等细节。④靠自然笔记可以增长的技能：兼具科学、美学的观察力；认知和分析

能力；沉思的能力，专注的精神，抚慰伤痛的能力；深度体验自然和空间的能力；自信、自我表达和分享的能力。

2. 带领参与者认识活动区的植物和绘画示范

（1）引导参与者通过"看、听、嗅、触、尝"五感观察植物和环境，适当提问。例如：种子是什么形状？树皮是粗糙的还是光滑的？叶脉是什么形状？叶子在秋天会变色吗？面对春（夏、秋、冬）天的大自然，你有什么感想？哪些色彩的变化令你印象深刻？

（2）做示范。如叶子怎么画？先画叶脉再画边缘。怎么上色？如用科学插画师常用的点画法来表现阴影。

3. 打破"不会动手"的五种练习

（1）手眼同步：让体验者不看画纸，目光固定到物体上，然后用连续线条在纸上勾勒出看到的物体。（10秒）

（2）修饰画：画一个物体的轮廓，可以看画纸和物体，但是画笔不能离开画纸，也不能断笔。（10秒）

（3）动态速写：边画边看观察对象，拿起画笔快速完成，分别用5秒、10秒、15秒的时间各画一幅。

（4）图例特征：画出简图，对照鉴别，写上所画事物的大小、颜色、形状和名字等详尽信息。

（5）完整绘图：完整地去刻画物体的细节。

4. 动手制作自己的自然笔记

让参与者选一个自己想画的事物，完整地刻画出来，并记录上该事物的名称、特征等相关信息，标注时间、地点、天气等，一幅自然笔记就完成了。

5. 总结分享

让参与者分享自己的作品，并邀请参与者在课程结束后继续参与记录，记录下不同时期观察到相同事物的不同变化，感受大自然的神奇和动植物的智慧，体味时光的变化，疗愈身心。

活动评估

1. 现场请参与者直接反馈。

2. 采用调查问卷的方式，进行活动效果评估。

3. 家长的留言及朋友圈分享。

4. 如果与学校合作，如社会大课堂，可联系老师，根据学生心得体会进行评估。

5. 对学生进行回访，通过学生是否继续做自然笔记反馈评估。

6. 如果是持续性自然笔记活动，还可以办展览和出精选作品集的方式来作为评估。

活动风险点

1. 虽然活动过程中有教授绘画方法，但是有参与者可能还是不想画，可鼓励参与者写观察笔记，分享感受。

2. 如果时间充裕或者参与者不知道选择画什么的时候，可以组织大家玩"人体相机"的自然游戏，互相蒙眼去观察。

植物篇

蘑菇蘑菇,你是谁

何晨

【活动目标】蘑菇在自然界生态系统中具有极其重要的作用。它们维持森林生态系统的平衡,与树木有着寄生、共生的关系,保护它们就是保护生态环境。
【受众群体】小学生或者亲子家庭
【参与人数】30人
【活动场地】森林公园、湿地公园
【活动类型】解说学习型、自然创作型、拓展游戏型
【所需材料】蘑菇绘本、放大镜、尺子、铅笔、任务卡、湿纸巾、彩纸、瓶装水、糖果、胶带
【活动时长】180分钟

活动过程

时长	活动流程内容	材料
40分钟	蘑菇的童书阅读会	蘑菇绘本
90分钟	寻找蘑菇,观察蘑菇	放大镜、尺子、铅笔、任务卡、湿纸巾
40分钟	自然游戏——蘑菇,你吃什么呢	彩纸、瓶装水、糖果、胶带
10分钟	总结与分享	可备小礼物

1. 蘑菇的童书阅读会

按照事先准备好的蘑菇童书,将书中故事分享给体验者。引导语示例:森林里有一个小蘑菇,每天都有很多小昆虫、小动物从它身边经过。小动物和小昆虫都会问蘑菇:"你是谁?"小蘑菇每次的回答都不一样,这是为什么呢?

蘑菇童书示例:《我是谁?》([韩]金英怡/著)。

故事结束后,老师引导参与者分享故事体会,在分享时,抓住机会解释一些容易被参与者忽视的蘑菇的特点,为户外寻找蘑菇做准备。

(提示:在讲故事时,老师应绘声绘色,充满激情,感染体验者。在介绍故事书中的各种动物时,可使用肢体语言来表现,适当使用提问来吸引参与者的注意力。)

有的绘本是故事书，有的绘本不仅是故事书还是游戏书，里面有小卡片等内容。活动当日，引导老师需要灵活掌握时间。同时根据绘本的内容不同，也可以开发以其他目标为主题的活动，如"多样性""蘑菇的传播方式""家庭种植蘑菇"等。

2. 寻找蘑菇，观察蘑菇

按照事先准备好的一段路程前行，完成任务卡，总结分享。

（1）沿途引导参与者寻找、观察蘑菇，与参与者讨论蘑菇的形状、生长环境等特点。

（2）在有蘑菇的林地，圈定一个参与者可以在森林中自由活动的区域，并完成任务卡。

（3）总结与分享，老师引导参与者认识蘑菇在自然界生态系统中的重要作用。它们维持着森林生态系统的平衡，与树木有着寄生、共生的关系，保护它们就是保护生态环境。

3. 自然游戏——蘑菇，你吃什么呢

（1）老师教参与者一起用彩纸叠蘑菇，以分配彩纸的颜色来决定谁扮演什么角色。例如，拿到绿色彩纸的人就是"大树"，拿到红色彩纸的就是"寄生蘑菇"，拿到黄色彩纸的就是"共生蘑菇"，拿到紫色彩纸的就是"腐生蘑菇"。

（2）将叠好的蘑菇折纸用夹子或胶带固定在体验者的衣服上。

（3）开始游戏。

①将假果实粘在"大树"的肩膀上，同时"大树"手中要拿着挂满树叶的树枝。

②老师介绍游戏规则："寄生蘑菇"偷取"大树"的养分，"大树"进行阻挠；"共生蘑菇"给"大树"喝水，"大树"喝一口水，给予"共生蘑菇"一颗果实；"腐生真菌"分解"大树"手里树枝上的落叶。

③游戏开始。"大树"说："阳光，照耀吧，我要制造糖分！""寄生蘑菇"喊道："大树，我要吸取你的养分。"并从树那里抢走肩膀上的果实。"共生蘑菇"喊道："大树，我给你水喝，你可以给我提供养分吗？"同时喂"大树"一口水喝，"大树"表示同意并给"共生蘑菇"一颗果实。"腐生蘑菇"喊道："大树，快掉些叶子吧，我需要养分。""腐生蘑菇"去抢"大树"手里的树叶。

④最后每个参与者都会获得不同的实物。"蘑菇"们可以用手中的果实、树叶在老师那里兑换小礼品。

（4）总结与分享。告诉参与者，蘑菇给我们提供很多经济价值、文化服务价值、支持服务价值。例如，初级生产，营养循环，维持地球所需生命条件的基础，等等。就像这小小的蘑菇，只不过是庞大真菌中的一个小小的子实体，在雨后的森林里、田野上、草原上、池塘边繁衍生长。很多不认识的菌类生活在我们的身边，等待着我们去发现它们的美和它们对于生态、对于地球生命历程中的重大作用。

4. 总结与分享

活动评估

1. 现场请参与者直接反馈。

2. 采用调查问卷的方式，进行活动效果评估。

3. 家长的留言及朋友圈分享。

4. 根据童书绘本不同，计算所需要的时间。

5. 蘑菇的季节性很强，活动开展之前必须做好充分的准备，需要连续多日勘察场地，并关注天气预报，在晴朗天气的前提下进行户外活动又要保证观察路线上的蘑菇满足教学需求。

活动风险点

1. 蘑菇的季节性很强，在北京山区，每年7～9月为蘑菇的常见季节，活动之前一定要提前勘察场地，因为今天看见的蘑菇，等到第二天也许就不见了。因此需要选择一条蘑菇很多而道路稍微平坦的路线。

2. 蘑菇一般生长在潮湿的环境中，例如，大树下、松针堆、藤蔓植物下。一定要提醒参与者注意安全，避免被一些毒草蜇伤，如蝎子草。

3. 观察蘑菇的时候，请参与者手下留情，现场观察，尽量不采摘。如确实需要，只采摘所需，观察完后，将蘑菇放回原处。

4. 此项活动结束后，请准备湿纸巾供参与者擦手，并在回到活动室内后认真清洗。

5. 活动需设计应急预案，例如，下雨天室内活动及沿途蘑菇不多见的应急预案。

参考文献

蘑菇自然游戏来自《森林教育指南》中第六章的第五节"森林——生命空间"。

巴伐利亚州食品、农业和林业部.森林教育指南[M]. 中德财政合作甘肃天水生态造林项目执行办公室，编译. 北京：中国林业出版社，2013.

森林碳汇

何晨

【活动目标】森林是陆地生态系统的主体。森林植物通过光合作用把大气中的二氧化碳固定在植被和土壤中，释放氧气。森林的碳汇功能对降低温室气体发挥着重要作用。而通过林业碳汇措施减少大气中二氧化碳等温室气体的浓度已成为目前国际公认的缓解气候变暖的有效途径。以课堂+体验、实践的方式，让学生们自己思考、动手、探索，让他们懂得科学思想和科学方法运用的重要性，激发他们的自然生态保护意识，培养他们的科学思维能力，锻炼他们的实验动手能力。

【受众群体】中小学生

【参与人数】30人

【活动场地】森林公园、城市公园、社区绿地

【活动类型】解说学习型

【所需材料】自然物、自然名牌、彩笔、线绳、胸径尺、碳汇计算罗盘、任务书（计量表）、笔、《北京地区主要树种吸收固定二氧化碳量速查表》

【活动时长】180分钟

活动过程

时长	活动流程内容	场地 / 材料
30分钟	破冰游戏，自然联结	空旷场地 / 自然物、自然名牌、彩笔、线绳
60分钟	PPT课件讲解碳汇知识	多媒体教室
70分钟	森林探秘、碳汇测量	测量样地 / 胸径尺、碳汇计算罗盘、任务书（计量表）、笔、《北京地区主要树种吸收固定二氧化碳量速查表》
20分钟	总结分享	

植物篇

1. 破冰游戏，自然联结

用自然物趣味分组，自然游戏调动气氛、打破隔阂，激发兴趣。亲手制作属于自己的"森林通行证"而和森林结缘。

2. PPT课件讲解碳汇知识

PPT课件内容：①了解碳的相关知识（什么是二氧化碳、什么是碳汇、什么是低碳）；②二氧化碳对人们生活的影响（不利影响、有利的影响）；③我们应该怎么做（林业固碳方法、如何做林业碳汇测量工作）；④小结（感受）。在授课之前，可以给学生们播放相关纪录片，如《北极故事》。

3. 森林探秘、碳汇测量

①带领学生去往林业样地，介绍沿途植物。如果选择的样地有固碳相关设施也可以配合讲解，如土壤处理、造林技术、基础设施、森林火险病虫害管理、计量与监测等；②发放工具，组织学生进行碳汇测量，完成任务书。让学生们了解森林固碳奥秘，学习测量碳足迹，初次建立可量化的环保意识。

4. 总结分享

森林体验师可告知首都义务植树尽职尽责的八种方式，引导学生们结合自己的测量数据，分享本次活动感受及收获。

活动评估

1. 现场请参与者直接反馈。
2. 采用调查问卷的方式，进行活动效果评估。
3. 如果与学校合作，如社会大课堂，

照片示例

课件示例

可联系老师，根据学生心得体会进行评估。

活动风险点

1. 保证开展活动的场地，具备PPT课件放映设备，并且能够容纳30人。

2. 做样地测量时，嘱咐学生注意安全，避免危险植物蜇伤及误食有毒植物，如夏秋季的蝎子草和龙葵。

3. 如果样地距离多媒体教室太近或者树种单一，测量较快，时间充裕的情况下，就需要备选活动。可以选择一个自然手工，使内容更加丰富。例如，森林手工制作——变废为宝DIY花盆，使用酸奶盒、麻绳、自然物或小扣子等，让学生们做成一个花盆，装饰花盆并种上植物，还可以为他们分发植物生长记录观察表，要求体验者记录植物的生长过程，这也是一个很好的自然观察笔记。

彩色植物分身术

段美红 / 北京市黄垡苗圃

【活动目标】
1. 了解彩色植物的特点及呈现彩色的科学原理。
2. 掌握扦插的繁殖技术以及果树剪刀的使用方法。
3. 通过扦插繁殖彩色植物，激发学生的种植兴趣以及热爱生活的情趣。
4. 在实践过程中，培养学生耐心细致、善于观察、勇于克服困难等意志品质，提高学生发现问题、提出问题、解决问题的能力。

【受众群体】10~12岁小学生
【参与人数】30~50人
【活动场地】温室
【活动类型】解说学习型、场地实践型
【所需材料】彩色植物枝条、营养土、小铲子、水壶、塑料袋、花盆、土、营养钵、多菌灵与生根粉1∶1溶液（800倍稀释）
【人员配备】自然解说员（主讲）1人，助教（兼安全管理员）1人
【活动时长】50分钟

活动过程

时长	活动流程内容	场地／材料
2分钟	谈话导入	温室／植物叶片
8分钟	知识迁移	温室／密枝红叶李枝条
15分钟	技术学习	温室／插穗、小铲子、果树剪、水壶、塑料袋、花盆、土、营养钵、药剂、记录单
15分钟	分组实践	温室／插穗、小铲子、果树剪、水壶、塑料袋、花盆、土、营养钵、药剂
5分钟	展示评价	温室／扦插苗
5分钟	总结	温室／扦插苗

1. 谈话导入

通过图片,引导学生说出他们认知的植物名称,观察植物颜色,讨论植物的繁殖方法。

2. 知识迁移

(1)讲解植物繁殖方法,重点介绍植物扦插法。剪取植物的茎、叶或芽,插入土壤或水中,使其长出新的根,成为新植株的方法叫扦插法。扦插有枝插、芽插、根插、叶插等多种方法。

(2)引导学生讨论对扦插法的理解,让学生们判断扦插密枝红叶李适用哪种方法(枝插)。

(3)回顾扦插的一般方法,讲解枝插步骤。

步骤:堵住溢水孔→装土→剪枝(约10厘米,去除大叶片)→把枝条放入盆中央,填土→轻轻压实。

3. 技术学习

(1)认识植物——密枝红叶李。操作前,先讲解扦插繁殖的植物。密枝红叶李为俄罗斯红叶李变异提纯品种,乔灌皆宜,色彩鲜艳亮丽,枝条多且细密,耐修剪、抗旱、抗寒、耐瘠薄力极强,兼具紫叶矮樱的景观效果和李子的生长特性,是替代东北地区常用红叶苗木紫叶小檗的唯一树种。这种植物枝条多且密,耐修剪,生命力又很顽强,因此,采用枝条扦插,成活率也会很高。

(2)认识工具和材料。介绍扦插所涉及的工具及材料,小铲子、水壶、塑料袋、花盆、土、枝剪、营养钵、多菌灵、生根粉。

(3)学习扦插方法。播放操作视频的微课,学生们边观看微课,边记录。

(4)小组总结。堵溢水孔(小石子)→装土(距盆沿2~3厘米)→制作插穗(长约8厘米,剪口在芽下0.5厘米处剪成斜面,剪口平滑不裂)→蘸药剂(斜口处)→插入盆中(插入4厘米左右,尽量靠中央)→轻轻压实→浇水→保湿(罩塑料袋,袋口扎紧)。

4. 分组实践

(1)合作实践。学生以小组为单位,在营养钵里进行扦插练习。指导老师进行观察,及时纠正操作问题。

(2)小组评价。交流评价,相互评价,提出修改意见。

(3)自主实践。学生单独完成,各自扦插一盆作品,再次巩固扦插技术。

5. 展示评价

学生交流感受与收获。

6. 总结

总结活动过程,回顾枝插方法,延展讲解苗圃的现代新型扦插技术。同时讲解后期管理的相关知识。

活动评估

苗圃园区内,有大量引进和自行培育的彩色植物,很多都是城市绿化美化的优选品种。这些彩色植物可以通过扦插技术进行繁殖。枝条类植物的扦插有别于一般花卉的扦插,但是也有相同之处,学生可以由已有的学习经验进行迁移,学习新的扦插技术。因此,该课程既可以让学生掌握扦插技术,又可以在扦插过程中对彩色

植物篇

扦插开始了,先从制作一个合格的插穗开始

植物进一步了解，从而喜爱它们，并愿意通过自己的劳动进行培育，激发学生对劳动的热爱。

活动风险点

1. 活动中使用的镊子、剪刀等工具，在使用之前应该讲解规范操作，防止意外的发生。

2. 活动相关人员各有分工，需在活动前熟悉活动流程环节，才能有效地保证活动的连贯性，防止出现比较混乱的情况。

3. 在动手实践环节，在蘸取生根剂和消毒剂时，避免药剂沾到手上或进入眼睛中。如有类似情况发生，应立即用清水冲洗。

花的艺术——压花

段美红 / 北京市黄垡苗圃

【活动目标】
1. 知道何为压花艺术，了解压花的方法。
2. 了解压花书签的制作方法，学会制作一幅压花作品。
3. 感受设计制作压花的乐趣，提高设计和创作的能力。
4. 在实践中，体会压花美感，提升审美意识，增强动手实践能力。

【受众群体】中小学生、亲子家庭
【参与人数】50～80人
【活动场地】温室
【活动类型】解说学习型、自然创作型
【所需材料】花叶等原材料、镊子、白乳胶、牙签、纸质书签、冷裱膜、剪刀、丝带
【人员配备】自然解说员（主讲）2人，助教（兼安全管理员）4人
【活动时长】50分钟

活动过程

时长	活动流程内容	场地／材料
3分钟	谈话导入	温室／压花作品
4分钟	了解压花材料和压花艺术	温室／花材
3分钟	介绍制作工具	温室／花材、镊子、白乳胶、牙签、纸质书签、冷裱膜、剪刀、丝带
18分钟	介绍制作方法	温室／花材、镊子、白乳胶、牙签、纸质书签、冷裱膜、剪刀、丝带
15分钟	动手制作	温室／花材、镊子、白乳胶、牙签、纸质书签、冷裱膜、剪刀、丝带
5分钟	展示评价	温室／压花作品
2分钟	总结	

1. 谈话导入

通过提问，引导学生思考鲜花的保存方法。介绍压花方法：书本按压法、熨烫法、微波炉法。

2. 了解压花材料和压花艺术

自然界中的植物种类繁多，现已知的自然界植物有50多万种，这些植物的根、茎、叶、花、果、树皮等均可作为压花艺术的材料。

介绍压花的原理：将植物的根、茎、叶、花、果、树皮等经脱水、保色、压制和干燥处理后，经过巧妙构思，制作成一幅再创作的艺术品。展示压花制作的装饰画、卡片和生活日用品等。

3. 介绍制作工具

花材、镊子、白乳胶、牙签、纸质书签、冷裱膜、剪刀、丝带等。

4. 介绍制作方法

（1）设计。构思，确定作品主题。将设计图画在学习任务单上。

（2）示范制作方法。

摆放：用镊子把花材按照构思好的图案在书签上摆放好。

粘贴：把花材拿下来，用乳胶涂抹花材背面，粘贴在书签上。注意乳胶不能太多，在粘贴时不要把花叶弄碎。

覆膜：胶水干后，可以用冷裱膜贴到书签表面，加以保护，才能永久保存。

挑选干花材料

植物篇

进行创作

修饰：裁剪多余的膜，系上喜欢的丝带。

书签制成后，最后要清理桌面和用具。

5. 动手制作

学生制作压花书签，完成作品。教师指导。

6. 展示评价

展示学生优秀作品，进行评价，从表现内容、颜色搭配、构图有创意、突出主体等方面进行点评。

7. 总结

引导学生思考，体会自然之美。

活动评估

通过自己动手制作压花技艺，不仅培养了学生们对于美好事物的感悟，同时又提升了他们的动手创作能力，并在潜移默化里开发了他们的想象力和艺术素养。压花技艺并不像其他艺术门类那样高深莫测，它贴近学生们的日常生活，不需要很高的专业技巧，便于操作，而且素材便于收集，是一件值得推广的实践活动。

活动风险点

1. 艺术创作的视角各不相同，尽量引导学生们自由发挥。

2. 压花花材属于干花，在制作作品时，避免将其压碎损坏或吸入口鼻。

3. 活动中使用的镊子、剪刀等工具，在使用之前应该规范操作，防止意外的发生。

草木染

北京市黄垈苗圃

【活动目标】
1. 了解什么是草木染，知道草木染的发展史。
2. 学生动手实践，亲身体验草木染的制作方法。
3. 锻炼学生动手能力，提高设计能力及审美情趣。
4. 通过体验，学生懂得在生活中发现自然美、享受自然美，感受大自然带来的乐趣和魅力。

【受众群体】5～6年级的小学生

【参与人数】20人

【活动场地】有水源的室内或者室外

【活动类型】解说学习型、自然创作型

【所需材料】纯天然的植物染料、线（粗、细）、木板条、剪刀、白布方巾或白色T恤、染锅、电磁炉、搅拌棍、胶皮手套、水桶、脸盆等。草木染的相关资料、艺术作品、实物、图片等

【活动时长】60分钟

活动过程

时长	活动流程内容	材料
2分钟	谈话导入	草木染的作品或照片
8分钟	了解草木染相关名词、发展史及认识工具	纯天然的植物染料、线（粗、细）、木板条、剪刀、白布方巾或白色T恤、染锅、电磁炉、搅拌棍、胶皮手套、水桶、脸盆等
35分钟	动手实践	纯天然的植物染料、线（粗、细）、木板条、剪刀、白布方巾或白色T恤、染锅、电磁炉、搅拌棍、胶皮手套、水桶、脸盆等
5分钟	作品欣赏	
5分钟	活动总结、拓展	

植物篇

1. 谈话导入

出示草木染的作品或照片并提问:"你们见过这样的图案吗?你们喜欢吗?"

2. 了解草木染相关名词、发展史及认识工具

制作简单的草木染作品时我们需要准备:纯天然的植物染料、线(粗、细)、木板条、剪刀、白布方巾或白色T恤、染锅、电磁炉、搅拌棍、胶皮手套、水桶、脸盆等。

3. 动手实践

(1)取一块白布,可以用线将布的一角或任何地方随意打结。

(2)将布一反一正多次折叠,取2根木条夹住折好的布条,可以多夹几处,用线将木条两端固定。

(3)染锅内放水,加入纯天然染料加热,放入打结好的白布。

(4)染锅继续加热煮20分钟,取出冲洗晾干。

4. 作品欣赏

同学们完成了吗?让我们一起来交流欣赏我们的作品吧!

5. 活动总结、拓展

通过这次实践活动相信同学们对草木染都有了一些了解,在今后的学习生活中,希望同学们善于发现生活中的美、大自然中的美,多思考、勤实践,创造更加美好的生活!

同学们回家可以尝试用鲜花或者树叶在白布或手帕上染色,创作草木染作品。

知识链接

使用天然的植物染料给纺织品上色的方法,称为"草木染"。新石器时代的人们在应用矿物颜料的同时,也开始使用天然的植物染料。人们发现,漫山遍野花果的根、茎、叶、皮都可以用温水浸渍来提取染液。经过反复实践,我国古代人民终于掌握了一套使用该种染料染色的技术。到了周代,植物染料在品种及数量上都达到了一定的规模,并设置了专门管理植物染料的官员负责收集染草,以供浸染衣物之用。秦汉时,染色已基本采用植物染料,形成独特的风格。东汉《说文解字》中有39种色彩名称,明代《天工开物》和《天水冰山录》则记载有57种色彩名称,到了清代的《雪宦绣谱》已出现各类色彩名称,共计704种。

我国古代使用的主要植物染料有红色类的茜草、红花、苏枋;黄色类的荩草、栀子、姜金和槐米;绿色类的冻绿(亦称中国绿);蓝色类的蓝草(靛蓝);黑色类的皂斗和乌桕等。它们经由媒染、拼色和套染等技术,可变化出无穷的色彩。

草木染也称植物染色。由于天然染料分子结构各不相同,染色方法也有较大差异,对于蛋白质纤维、纤维素纤维而言,染色方法主要有无媒染、先染后媒、先媒后染、同媒染色等。最佳染色工艺应该依据染料性质来定。

北魏农学家贾思勰在著作《齐民要术》中有详细记载,先是"刈蓝倒竖于坑中,下水",然后用木、石压住,使蓝草全部浸在水里,浸的时间是"热时一宿,冷时两宿"。将浸液过滤,按百分之一点五

的比例加石灰水用木棍急速搅动，等沉淀以后"澄清泻去水""候如强粥"则"蓝靛成矣"。用于染色时，只需在靛泥中加入石灰水，配成染液并使发酵，把靛蓝还原成靛白。靛白能溶解于碱性溶液中，从而使织物上色，经空气氧化，织物便可取得鲜明的蓝色。这种制靛蓝及染色工艺技术，已与现代合成靛蓝的染色机理几乎完全一致。

活动评估

草木染学习任务单

1. 你知道什么是草木染吗？
_____

2. 你了解草木染的历史吗？
_____

3. 我国古代主要使用的植物染料有哪些？
_____

4. 请欣赏我的草木染作品：

活动风险点

1. 使用电磁炉时注意用电安全。
2. 染锅蒸煮时防止烫伤。

色素提取

北京市黄垡苗圃

【活动目标】
1. 知识与技能：知道细胞的基本结构，了解叶绿体的结构及作用；了解光合作用的原理及现实生活中的意义，以及色素的种类和生理作用。
2. 过程与方法：学生走进实验室，亲身体验为彩叶提取各种不同色素和分离的过程，感受生物科技的意义。
3. 情感态度与价值观：在活动过程中，学生合作探究体验色素提取全过程，培养学生科学探究的精神。

【受众群体】4～5年级的小学生
【参与人数】30～40人
【活动场地】校园
【活动类型】解说学习型、场地实践型
【所需材料】视频资料、PPT、记录单、笔记本、笔、相机等
【人员配备】自然讲解员1人，安全负责人1人
【活动时长】130分钟

时长	活动流程内容	场地/材料
10分钟	谈话导入	
10分钟	了解相关名词、细胞组成结构	室内 / 视频资料
5分钟	了解色素提取与分离的方法	室内 / 视频资料
15分钟	教师演示色素提取与分离的过程	室内 / 色素提取实验用品
10分钟	学生提问，交流互动	
50分钟	分组进行叶片色素的提取与分离实验，填写观察记录单	室内 / 色素提取实验用品
10分钟	学生提问，全班研讨	
10分钟	小组展示实验结果	
5分钟	活动总结	
5分钟	活动拓展，布置下一阶段新任务	

活动过程

一、课前准备段

（1）教师准备。搜集细胞的组成、叶绿体结构等相关视频，以及彩叶中色素的提取与分离的过程与方法电子资料，下载相关视频；了解色素提取要领并制作好课件，给学生分好小组（每组5人），为学生制作好记录单。

（2）学生准备。笔记本、笔、相机（拍摄过程中需要的相关图片资料）。

二、课上实施阶段

1. 谈话导入

教师：同学们，大家了解细胞的结构吗？生活中有哪些现象是利用光合作用的原理进行的呀？（联系生活实际，让学生回忆生活中的现象。）

积极思考，小组交流相关问题，积极参与课堂活动。

2. 了解相关名词、细胞组成结构

（1）细胞的组成。细胞有边界，有分工合作的若干组分，有信息中心对细胞的代谢和遗传进行调控。细胞的结构复杂而精巧，各种结构组分配合协调，使生命活动能够在变化的环境中自我调控、高度有序地进行，包括动物细胞和植物细胞。动物细胞有细胞膜、细胞质、细胞核；植物细胞有细胞壁、细胞膜、细胞质、细胞核。

（2）叶绿体色素。植物叶绿体色素主要有叶绿素、类胡萝卜素、藻胆素三类。

高等植物叶绿体中含有前两类，藻胆素仅存在于藻类植物中。高等植物体内叶绿素主要有两种：叶绿素a、叶绿素b。叶绿素a通常呈蓝绿色，而叶绿素b呈黄绿色，叶绿素b是叶绿素a局部氧化的衍生物。叶绿素a是叶绿素b的3倍，20世纪30年代，知道了叶绿素的分子结构，50年代末期，人工合成了叶绿素a，其他色素也几乎同时发现。

叶绿体中的类胡萝卜素主要包括胡萝卜素和叶黄素两种，前者呈橙黄色，后者呈黄色。叶黄素是胡萝卜素的2倍。一般植物叶绿素是类胡萝卜素的3~4倍。

功能：叶绿素和类胡萝卜素都包埋在类囊体膜中，与蛋白质结合在一起，组成色素蛋白复合体，根据功能来区分，叶绿体色素可分为两类。

①作用中心色素：叶绿素分子含有一个卟啉环的"头部"和一个叶绿醇的"尾部"，呈蝌蚪形，大卟啉环由4个小吡咯环以4个含有双键的甲烯基（–CH=）连接而成。镁原子居于卟啉环的中央，偏向于带正电荷，与其相连的氮原子则偏向于带负电荷，因而其"头部"具有极性，是亲水的，可以与膜上的蛋白质结合；而其"尾部"是叶绿酸的双羧基被甲醇和叶醇所酯化后形成的脂肪链，具疏水亲脂性，可以与膜上的双卵磷脂层结合，因此，这决定了叶绿素分子在类囊体膜上是有规则的定向排列。极少数具特殊状态的叶绿素a分子，其卟啉环上的共轭双键易被光激发而使电子与电荷分离，引起光能转化为电能的重要反应，因此这些叶绿素a分子是光合作用的重要色素。

②天线色素（聚光色素）：没有光化学活性，只有收集光能的作用，包括大部

分叶绿素a和全部叶绿素b、胡萝卜素、叶黄素。这些色素排列在一起，像漏斗一样，把光传递集中到作用中心色素，引起光化学反应。类胡萝卜素还是一种保护性色素，在光过强时，可耗散过剩激发能，消除活性氧自由基，防止光合器官被氧化损伤。

按化学性质来说，叶绿素是叶绿酸的酯，在碱的作用下，可使其酯键发生皂化作用，生成叶绿酸的盐，能溶于水，但由于它保留有Mg核的结构，仍保持原来的绿色。而类胡萝卜素中，胡萝卜素是不饱和的碳氢化合物，β-胡萝卜素水解可生成2个分子维生素A，叶黄素是由胡萝卜素衍生的二元醇，不能与碱发生皂化反应，根据这一点，可以将叶绿素和类胡萝卜素分开。

学生做好记录，认真听讲，积极思考，并提出相关问题。

3. 了解色素提取与分离的方法

教师简单讲述植物叶片的色素提取与分离的方法，配合视频，引发学生兴趣和关注点。学生认真听讲并思考。

4. 教师演示色素提取与分离的过程

（1）工具及原料：

①材料新鲜的彩叶。

②定性滤纸，棉塞，试管，试管架，研钵，玻璃漏斗，尼龙布，毛细吸管，剪刀，药勺，天平，10毫升量筒。

③试剂及其他药品，如无水乙醇，层析液，二氧化硅，碳酸钙。

（2）提取的方法和步骤：

Ⅰ.提取光合色素

用天平称取5克绿色叶片，剪碎，放入研钵中。向研钵中放入少量二氧化硅和碳酸钙，加入10毫升无水乙醇（也可用丙酮），迅速、充分地研磨。在玻璃漏斗基部放一块单层尼龙布，将漏斗插入试管。将研磨液倒入漏斗，及时用棉塞塞严盛有滤液的试管。

①剪碎和加二氧化硅的作用：利于研磨充分。

②加入碳酸钙的原因：防止色素破坏。研磨时会破坏溶酶体，溶酶体里面的有机酸会流出来而色素中有镁（Mg），碳酸钙能和酸反应，防止酸和镁反应，破坏了色素。

③加入无水乙醇（丙酮）的原因：光合色素易溶于无水乙醇等有机溶剂中，可以用无水乙醇提取绿叶中的光合色素。

④迅速研磨：防止乙醇挥发和色素的破坏。

⑤单层尼龙布的作用：过滤、去除杂质。

⑥用棉塞塞严的原因：防止乙醇（丙酮）挥发，提取液变少、变干。

Ⅱ.制备滤条

将干燥的定性滤纸剪成长与宽略小于试管长与宽的滤纸条，将滤纸条一端剪去两角，在此端距顶端1厘米处用铅笔画一条细横线。

①滤纸条的长与宽略小于试管：既能使滤纸条轻松地放入试管内，易于取出，也能防止滤纸条太小，弯曲塌陷在试管内。

②剪去滤纸条两角的作用：保证滤纸能立在烧杯中；保证滤纸上的滤液线能水平向上扩展。

③1厘米：保证滤纸条有足够的长度泡在层析液中，又能使色素带不浸在层析液（分离液）中。

④用铅笔但不能用签字笔、圆珠笔、画笔的原因：签字笔、圆珠笔、画笔的笔液色素会溶于乙醇和层析液，污染从绿叶中提取的色素。

Ⅲ.画滤液细线

用毛细吸管吸取少量滤液，沿铅笔线均匀画细线（也可用玻片较短那一端的边缘蘸取滤液后，印在滤纸条上）。待滤液线干后，重复画线一两次。

①滤液线要细，要均匀：保证滤液色素在同一起始点上。

②待滤液线干后再重复画线的原因：既保证了滤液线的色素量，也防止滤液线过宽。画的次数越多，色素量越多，越好跑，色素带也就分得越开，越清楚。

Ⅳ.分离光合色素

将适量的层析液（分离液）倒入试管，将滤纸条画线一端朝下，轻轻插入层析液中，迅速塞紧试管口。

①适量的层析液：保证足量用于色素的分离，防止层析液浸没滤液线，也防止空气污染（层析液易挥发、有毒），避免试剂的浪费。

②层析液的作用：色素可溶于层析液中，不同的色素在层析液中的溶解度不同。溶解度高的色素随层析液在滤纸上扩散得快；溶解度低的色素在滤纸上扩散得慢。这样，最终不同的色素会在扩散过程中分离开来。

③注意不要让层析液触及滤液线。接触后会使大量滤液溶于层析液中，导致实验失败。

④塞紧试管口的原因：层析液易挥发，且具一定的毒性。

Ⅴ.观察、记录

待层析液上缘扩散至接近滤纸条顶端时，将滤纸条取出，风干。观察滤纸条上所出现的色素带及其颜色，并做好记录。最后滤纸条上将分离出4条色素带，颜色从上往下分别是橙黄色、黄色、蓝绿色和黄绿色，四种色素分别是胡萝卜素、叶黄素、叶绿素a和叶绿素b。

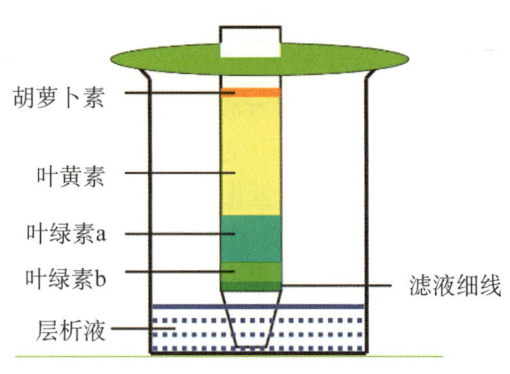

分离光合色素实验结果（现象）

Ⅵ.注意事项

①应选择绿色较深、光合色素含量较高的植物叶片作为实验材料，以便使滤液中色素浓度较高。

②画滤液细线时，要迅速，并要等滤液接近干时，再重复画线，以防滤液扩散开使滤液线过宽，影响分离效果。

③将滤纸条插入层析液中时，要避免滤液细线直接触及层析液。试管中的层析液高度不要接近或超过滤液细线所处的高度，可灵活把握层析液的用量。

学生认真观察教师的实验过程和步骤，认真做好记录单，思考相关问题并质疑。

5.学生提问，交流互动

同学们，大家观察老师刚刚完成的色

素提取与分离的过程，发现了什么呢？同学们有没有疑问。我们现在开始交流与研讨。对于小组交流与研讨发现的问题，大胆发表自己的观点。

6. 分组进行叶片色素的提取与分离实验，填写观察记录单

指导各小组完成植物叶片的色素提取与分离，发现学生实验操作过程中的问题，及时给予帮助。指导学生完成观察记录单。

学生分小组进行实验，体会实践过程，积极认真地参与活动，准确地填写观察记录单。

7. 学生提问，全班研讨

同学们在实践的过程中，发现有什么实验现象及相关问题吗？

师生交流互动，学生提出问题，小组研讨并积极交流思考。

8. 小组展示实验结果

教师安排各小组展示自己的实验结果，并分析实验现象。小组展示色素的提取与分离实验结果。

9. 活动总结

教师小结本节课关于色素的提取方法和过程，引导学生认真完成科学实验。

10. 活动拓展

布置下一阶段新任务。请同学们根据今天所学习的植物叶片的色素提取与分离实验，画一张思维导图，后期进行交流与展示。

活动评估

一、色素提取学习任务单

关于彩叶色素提取与分离——课前知识；同学们，通过老师的讲解，你能独立解决这些小问题吗？

1. 细胞的基本结构（画图说明）：

2. 叶片中叶绿体的结构作用：

_____

_____

_____

_____

_____

_____

3. 光合作用的原理及作用（图示说明）：

二、评估问卷

> 同学们，参加了这次活动后，你对彩叶色素的提取和分离技术了解了吗？说说你的收获吧

1. 通过本次实践活动，我知道了色素提取的技术方法。

   是（ ） 否（ ）

2. 在亲身体验的过程中，我感受到了学习新知识、探究新方法的重要性。

   是（ ） 否（ ）

3. 通过教师的讲解，我了解了色素的相关知识，收获很大。

   是（ ） 否（ ）

4. 今天，我学会了色素提取与分离技术。

   是（ ） 否（ ）

5. 我知道了色素提取的过程与方法，感受到了生物科技的强大。

   是（ ） 否（ ）

6. 我还想做关于植物彩叶的其他研究：_____
_____
_____
_____
_____

7. 通过今天的实践活动，我的收获有：_____
_____
_____
_____
_____
_____

我是小小研究员

陈子君 / 保护国际基金会（CI）

【活动目标】
1. 了解科学研究是自然保护的基础。
2. 学习调查工具的基础操作方法。
3. 初步了解鞍子河野生动物的行为习性。
4. 体会科学研究人员的辛劳与贡献。
5. 开启对自然科学的兴趣和探究精神。

【受众群体】9~12岁的小学生

【参与人数】20人

【活动场地】鞍子河保护地自然环境及室内教室

【活动类型】解说学习型、五感体验型、场地实践型

【所需材料】

器材：

按小组分配：小蜜蜂、对讲机、急救包、GPS、写字板、中号工具袋、镊子、小铲子、望远镜、线团（红外相机）、长绳子、小刀、砍刀，以上每组1份；样方标杆、样方绳，每组各4份。

按人头分配：名牌夹、绑腿带、动物帽子、雨具、能量带、观察手册，以上每人1份。

其他：便携投影仪、翻页笔、投影仪、白板，以上各1个；痕迹实物1批；眼罩11个；红外相机5台；电脑4台；彩色粗长绳4根。

耗材：

按小组分配：油性水彩笔每组1盒；痕迹调查表、红外相机安装表、植物调查表每组各2张。

按人头分配：签字笔每人1支；反馈表每人1张。

其他：游戏图卡3张；营规海报3张；A4白纸40张；大白纸8张；痕迹游戏图卡4套；5号电池8对；动植物图卡1套。

【人员配备】主讲1人，助教兼安全员1~2人

【活动时长】3天

活动过程

时长	活动流程内容	场地/材料
3.5小时	相见欢、开营与"修炼入门"	自然教育中心旁平台及室内教室／动物朋友名单（1套）、熊猫玩偶（1个）、报春花图卡（1张）、绑腿带（20根）、投影设备（1套）、翻页笔（1支）；小蜜蜂（1套）
1小时	"大研究员"的亲身调查故事	住宿地室内场域／翻页笔（1支）；投影设备（1套）；小蜜蜂（2个）；调查PPT；问题环节小礼物（10份）；《鞍子河自然观察手册——动物》（每人1本）
2.5小时	成为小小研究员第一式——"森林寻踪觅影"	自然教育中心室内教室及户外场域／对讲机（1个/组）；急救包（每组1个）；工具袋（每组1个）；调查表（每组4份）；笔（每组1支）；写字夹板（每组1个）；取样塑封袋（每组3个）；自然收集盒（每组1个）；镊子（每组1个）；小铲子（每组1个）
2.5小时	成为小小研究员第二式——"丛林之眼"	自然教育中心室内教室及周边户外场域／投影设备（1套）；翻页笔（1支）；小蜜蜂（1套）；急救包（每组1个）；PPT（1份）；眼罩（两人1个）；工具袋（每组1份）；红外相机（5个）；砍刀（每组1把）；GPS（每组1个）；记录表（每组1份）；写字板（每组1个）；动物帽子（每人1顶）
1小时	成为小小研究员第三式——"剖析动物影像背后的故事"	住宿地室内场域／投影设备（1套）、翻页笔（1支）、小蜜蜂（2个）、PPT课件（1份）、动物影像视频（5份）、《鞍子河自然观察手册——植物》（每人1本）
3小时	成为小小研究员第四式——"植不可缺"	自然教育中心周边户外场域／能量带（每人1根）、粗绳（每根长4米，共4根）、投影设备（1套）；翻页笔（1支）；小蜜蜂（1套）；PPT课件（1份）；写字板（每组1个）；笔（每组1支）；植物调查表（每组1张）
2小时	营期调查汇报	自然教育中心室内教室／A4白纸（每组1张）、签字笔（每组1支）、大白纸（每组1张）、油性水彩笔（每组1份）、大白板（1张）、小蜜蜂（2套）、营期小礼物／证书（每人1份）

1. 相见欢、开营与"修炼入门"

（1）初互动。签到后集中，简要介绍及讲解本次活动主题。开展"动物朋友"游戏，带领学员过渡到活动中。

活动流程：①自然教育教师向每位学员确认自己的动物名字；②学员通过模拟动物的叫声和动作，寻找到和自己名字一样的朋友（不能说出名字）；③所有的"动物"找到朋友后，一起获得资格进入秘密基地（下一环节活动场域）。

（2）初相识。学员抵达活动场域后，带领所有学员互相认识。

活动流程：①学员介绍"我的名字是

××，我的自然名是××，我喜欢冬天的××"；②其他学员听到介绍后，回应"你好，喜欢××（事物）的××（自然名）"；③按顺序传递"熊猫玩偶"；④拿到玩偶的学员依次介绍自己，所有人介绍完后，再请每位学员简单重复一次自己的自然名；⑤游戏升级，被抛到"熊猫玩偶"的学员即刻说出抛"熊猫玩偶"人的名字（需要抛给本轮没有被介绍名字的学员）；⑥游戏随机进行，直到现场热闹起来，保证每位学员基本再有1次被介绍的机会。

（3）小组熟悉。自然教育教师结合冬季特征，借由报春花图卡（开花的样子及冬天的花蕾照片），向学员介绍鞍子河的报春花及季节特性，邀请学员透过游戏为鞍子河的报春花积聚"开花的能量"。

活动流程：①介绍鞍子河的报春花特性，要求学员跟着一起念"报春花报春花，寒冬腊月都不怕，请问开几朵"；②给出报春花朵数指令（数字逐渐变化，直到学员分成接近小组的数量），学员根据指令化身报春花的花蕾，需就近找到其他学员并与其一起组团（组团人数为自然教育教师指令中的花朵数）；③告知3天的营期生活也是要"组团"的（分组进行），并宣告分组安排，请学员根据分组名单找到自己的组员及小组自然教育教师，再次认识彼此，一起为小组起一个名字；④自然教育教师视每组状况，结束该讨论环节，并邀请学员向其他小组介绍本组名及特点。

（4）小组间的默契。本环节主责自然教育教师组织学员集中，引导学员制作出小组自己的"雪精灵"。

活动流程：①引导出本环节内容，另3位小组自然教育教师配合做示范，3位教师将各自领到1根绑带，并将自己的右腿与相邻伙伴的左腿绑在一起；②自然教育教师给出指令，配合的教师一起移步到雪原料采集区，并取得一份雪原料后，将雪原料带至雪精灵制作区域；③告知学员时间、规则，由本环节主责自然教育教师记录每组的完成时间，最快完成3次往返的团队将获得一份雪精灵堆积的"大礼包"（一盆洁白的雪，不先告知学员礼包内容）；④学员搬运结束后，制作"雪精灵"（30分钟左右，可根据天气状况及学员状态调整时间）；⑤制作完成后，邀请每组代表分享本组"雪精灵"的名字，以及他们想要通过"雪精灵"带给鞍子河森林的话。

（5）我们的约定。学员稍作休息并换场至室内，自然教育教师引导学员进行营规的制定，在小组自然教育教师的协同下，以组为单位制定在生活、秩序、安全、自然、文明等方面要注意的内容，并派代表与其他组成员分享主要内容。由自然教育教师整体统计各个版块各组的约定内容（1位小组自然教育教师辅助板书），现场绘制成营规海报，并邀请学员在未来3天生活和学习中要共同遵守。

（6）绘制成为小小研究员的修炼手册。通过"小小研究员"话题的引入、讲解，带领学员思考、讨论、绘制"成为小小员的修炼手册"。

活动流程：①自然教育教师借助鞍子河介绍的PPT为学员带来鞍子河保护地整体性的介绍，包括主要资源、工作等，并提醒几天的课程安排及场域设施；②通过《成为小小研究员的修炼手册》PPT和互动提问，引入本环节主题——制定成为小小研究员的修炼手册（可先给到学员一次先导性概念，比如，成为小小研究员的方向包括学习、实践、态度、身心准备等）；③在小组自然教育教师的协同下，小组讨论并制定小组的修炼手册；④小组分享绘制成果，自然教育教师视小组情况进行小结，可借助PPT或口头总结，重点放在提醒学员未来的几天营期生活中会涉及"自然保护、科学版块"的学习、实践和体验，学员可在过程中根据手册去记录学习到的部分。

2."大研究员"的亲身调查故事

（1）故事呈现。通过"指鼻子"活跃气氛，引导学员集中精力，了解学员对动物的了解程度，再通过故事讲解，为学员讲述亲身调查故事。

活动流程：①自然教育教师引入、宣布"指鼻子"游戏规则；②逐步揭露有关动物的线索（7条左右，线索由泛泛到能够帮助精准判断），请学员根据线索猜测可能提到的动物（如果猜到了就安静地把手放在鼻子上）；③自然教育教师根据学员手放在鼻子上的状况，终止线索介绍，请学员一起说出猜到的动物名称；④自然教育教师小结游戏，并介绍保护地工作人员——专家教师；⑤专家教师为学员讲述其亲身的调查故事，介绍为什么要开展调查，调查内容和方法，过程中克服的各种艰难险阻等，展现保护地工作人员为保护事业做出的贡献。

（2）互动问答。进入提问与解答环节（15分钟），了解学员对故事内容的掌握程度，加深学员对本环节主要内容的理解。

活动流程：①自然教育教师邀请学员就专家教师讲解的内容进行有序提问，专

学员制作的"雪精灵"

制作"成为小小研究员"的秘籍

家教师作出回答和话题延伸;②由自然教育教师根据PPT内容询问学员几个问题,检验学员学习情况,巩固本环节的重要信息,提问和正确回答的学员可以获得一份小礼物,以鼓励积极参与;③最后自然教育教师对当晚内容进行小结。

(3)活动宣告。自然教育教师宣告第二天的行程与安排,再作晚上就寝以及跟家人打电话的提醒,强调就寝的安全和时间点、注意事项。分发《鞍子河自然观察手册——动物》,供学员在非活动期间学习。

3. 成为小小研究员第一式——"森林寻踪觅影"

(1)营规回顾。本环节主负责自然教育教师集合学员,问候学员休息、早餐状况,并与学员一起快速过营规约定,就昨天的遵守情况进行小结,提醒学员后面应该注意的事项。

(2)眼见为实。自然教育教师过渡课程内容至本环节,邀请学员接受挑战:通过肉眼去寻找在鞍子河的水鹿实体。

活动流程:①为学员展示照片;②将学员分2条线路进行探索,线路尽头各派1名小组自然教育教师进行终点和安全确认;③10分钟后,组织学员有序返程。

(3)痕迹调查室内课程。透过PPT讲解及痕迹展示的方式,让学员了解有关痕迹调查的缘由、方式和方法。

活动流程:①自然教育教师对学员找寻动物的结果进行简要询问,并通过结果引导至本环节内容,引出本环节专家教师;②专家教师解答学员在野外不易肉眼找到动物实体的原因；③借由痕迹课程PPT，向其介绍保护地的一些动物特征，了解这些动物的方法，以及调查需要用到的工具和表格；④请学员化身为小小研究员步入森林，开展在鞍子河保护地的痕迹调查工作。

（4）开启户外森林寻踪觅影。分组步入森林，追踪野生动物的足迹，探索背后发生的故事。

活动流程：①本环节负责自然教育教师统一说明本活动的安全注意事项（如步道湿滑狭窄、蜱虫、荨麻等）及活动时间；②小组自然教育教师补充和强调一些安全准则，再次提醒调查任务，协调小组进行有序分工；③带领学员步入森林，开启调查；④引导学员沿途发现和记录每一处动物痕迹，可结合其痕迹适当与学员一起讨论探究野生动物的习性。

（5）调查成果分享与小结。不同的调查线路和人员带来不同的调查成果，通过小结分享，让学员们了解更多的动物痕迹，也对调查方法进一步加深了印象。

活动流程：①小组自然教育教师带领成员回到室内，检查和整理调查数据及收集的痕迹；②各小组分享野外发现和学习成果；③本环节专家教师对各组的调查结果进行点评，选出他心中认为的最出色的调查；④告知学员，自然教育教师将出色的调查小组的工作成果（调查表）挂在一楼的宣传栏（事先拉好绳索）；⑤鼓励其他组，争取在后续的调查任务中取得相应的机会。

4. 成为小小研究员第二式——"丛林之眼"

（1）唤起热情。正式课程开始前，先通过"人体照相机"游戏进行热情唤醒。

活动流程：①将学员两两分组，其中一位扮演"照相机"，另一位扮演"摄影师"；②用眼罩将"照相机"的眼睛蒙起来，在"摄影师"带领下去寻找三幅最美丽的景色；③每找到一幅后揭开"照相机"的眼罩，并"拍照"；④请"照相机"描述拍下的画面，完成后再角色互换；⑤全部结束后，由自然教育教师带领学员分享自己的感受，然后返回室内教室。

学员收到寻找水鹿的任务——发现实体不易遇见的现实状况

填写野生动物痕迹调查表

（2）"丛林之眼"室内课程。痕迹背后的故事继续探索，带领学员了解"丛林之眼"的作用和原理。

活动流程：①专家教师在室内通过PPT讲述传统监测研究方法的缺点与限制，再引出红外相机监测；②邀请学员寻找室内安装的红外相机，并为其展示红外相机抓拍下他们室内活动的照片；③放映由红外相机拍摄的野生动物的视频和图片，讲解红外相机在科研监测中起到的重要作用；④简要介绍红外相机运作原理，在野外安放的最佳位置、高度、方向等一系列安装的方法，使学员大致了解利用红外相机进行科研监测的完整步骤；⑤在小组自然教育教师带领下，分小组完成出行前红外相机的设置和准备工作。

（3）安装"丛林之眼"。步入森林新的线路，沿途追踪动物痕迹，找到最佳兽径，并安装红外相机。

活动流程：①小组自然教育教师带领学员进入森林，沿途追踪动物痕迹，找到最佳兽径；②小组专家教师现场简单操作示范后，由学员内部临时组合，一起配合安装红外相机（合适的位置和角度）；③所有学员均参与红外相机安装后，邀请学员做好相应表格记录；④邀请学员戴上动物帽子，假装动物通过红外相机（模拟这些动物的行为习性），以测试相机安装是否合适，也体验动物被红外相机拍摄监测的过程；⑤测试完成后，由学员自己拿下相机现场观看拍摄效果，然后复原相机，使其进入工作状态；⑥邀请学员为小组红外相机做好隐蔽，并由小组自然教育教师为学员与工作成果拍照留影；⑦请专家教师点评学员的安装成果，重点强调红外相机安装点的选择，设置高度；⑧小组自然教育教师收集调查表，并宣告调查表将被张贴在展示区，供其他组观摩；⑨小组自然教育教师感谢学员的付出，取回相机，并解释缘由（该点有动物痕迹，但距离人类活动点较近，红外相机容易丢失）。

5. 成为小小研究员第三式——"剖析动物影像背后的故事"

（1）动物影像剖析方法介绍。自然教育教师示范剖析动物影像，让学员学会分析红外相机影像的一些方法。

安装过程中，尽量让学员互助，亲自操作

扮演小动物经过红外相机可以增强学员的体验感

活动流程：①自然教育教师借PPT向学员展示鞍子河保护区红外相机拍到的野生动物的照片与视频影像，针对部分动物的行为习性进行解读，比如，黄喉貂捕食到小熊猫却被一只鹰掠食等，体现的是大自然里生存竞争的一面；②教师组1～2人现场示范两段教师版的动物影像剖析故事——短视频配音；③邀请学员分小组观看野外收集的动物影像，剖析影像中动物的行为及习性，对分配到的影像进行配音。

（2）动物影像剖析实践。

活动流程：①小组自然教育教师组织（协调）学员进行影像播放和配音分工，视小组讨论状况进行引导和辅助；②本环节主责自然教育教师视学员配音情况，结束配音讨论，邀请各小组进行配音片段分享；③分享时，自然教育教师对每组学员配音表演的内容进行简要的小结，延伸补充一些涉及影像中野生动物的行为习性；④在所有小组分享结束后，进行本环节内容总结，促进学员加深对野外监测工作的了解和认同。

（3）活动宣告。活动结束后，本环节主责自然教育教师宣告第二天行程说明与准备，强调晚上就寝时间和礼仪。然后分发《鞍子河自然观察手册——植物》，供学员在非活动期间学习。

6. 成为小小研究员第四式——"植不可缺"

（1）暖身游戏。结合动植物关系主题，开展暖身游戏——"生命金字塔"。

活动流程：①本环节主责自然教育教师讲明游戏主题及规则，请2位自然教育教师作辅助示范；②请学员站成2列或围圈，2位小组自然教育教师帮忙分发学员的身份卡（动植物名牌）；③请每位学员领到身份卡后进行阅读和观察，并轮流向其他伙伴介绍自己的身份；④邀请学员根据身份卡上面的层级信息站立到不同的食物链层级上（事先摆好不同层级的位置指示绳），小组自然教育教师将能量带放置于生产者背后的地面上（均匀分布）；⑤自然教育教师发布指令让不同层级的生物进行"捕食"（1～3层级建议时长依次为10秒、6秒、3秒），并邀请未进行捕食的阶层为其计时（数1秒、2秒……）；⑥最后自然教育教师根据捕食结果，通过提问与互动，帮助学员了解动植物间的密切关系，植物是动物生存的基础。

（2）通过食迹/痕迹追踪，发现野生动物与植物间的密切关系，并通过植物调查统计冬季鞍子河植物状态和情况。

活动流程：①利用上一环节游戏，引出植物调查的主题；②邀请学员进入动物活动的森林，追踪冬季动物们留下的食迹/痕迹；③针对该生境具有代表性的植物区域进行样方调查，记录冬季该样方内植物的状态和数量。

（3）分享与小结。小组间将调查结果汇集在一起，通过分析对比，带领学员发现调查背后的意义。

活动流程：①样方调查结束后，各小组返程回到教室，并将数据填入白板上的统计表中；②本环节主责自然教育教师带领学员一起统计分析调查结果，引导学员发现冬季不同生境类型的植物样貌，再透过讲解、照片分享的方式；③结合调查数据，分享鞍子河一些常见野生动物的过冬智慧。

植物篇

7. 营期调查汇报

（1）用思维导图方式整理营期的学习成果。

活动流程：①自然教育教师引出本环节内容，在大白板上展示思维导图的方法；②邀请每组派代表抽取主题条，并用思维导图的方式呈现汇报内容；③宣布制作思维导图的时间及分工要领；④以小组为单位开始讨论制作思维导图，小组自然教育教师从旁指导，视讨论和分工状态适当辅助。

（2）邀请学员分组进行汇报，并就每组汇报情况，作适当的回应和提升。

（3）本环节主责自然教育教师带领学员一起简要回顾三天的内容，分享自己的所观所感，为三天的活动做总结。届时引出"活动延续"内容，邀请学员在假期多留心生活中与野生动物相关的物品/事件，做好调查记录。

（4）邀请学员填写反馈表，小组自然教育教师帮忙分发反馈表及笔；自然教育教师视学员完成情况，请学员归还借的观察手册、名牌；待所有活动内容结束，为每位学员发放营期小礼物（或者证书）。

活动评估

分不同活动版块进行。

一、相见欢、开营与"修炼入门"

1. 能通过暖身和团建游戏，让每位参与学员都从陌生、紧张的情绪中释放出来，开始认识彼此，达到一定的小组共识和默契。（评估方法：现场观察。）

2. 能通过室内讲解，对鞍子河保护

学员在柳杉林中开展植物样方调查

| 小组学习成果汇报 | 调查表部分内容 |

地有基础的了解和认识，能对几天的活动安排及场域设施有基本的了解。（评估方法：现场提问+观察。）

3. 能通过讨论和学习，激发学员成为小小研究员的初步想法，能帮助学员找到成为小小研究员的一些方式/方法。（评估方法：现场提问+问卷反馈。）

二、"大研究员"的亲身调查故事

1. 能专注地听专家教师讲故事，知道保护地一些调查开展的原因、方法以及工作人员的艰辛。（评估方法：现场提问+问卷调查。）

2. 能通过大研究员的亲身故事，吸取到自己想要了解的有关保护科研的部分内容。（评估方法：现场提问+问卷调查。）

三、成为小小研究员第一式——"森林寻踪觅影"

1. 能小组协作完成野生动物痕迹调查任务，正确使用GPS、标尺、塑封袋、镊子等工具测量、收集动物痕迹，填写完成调查表。（评估方法：现场观察+查阅调查表。）

2. 能描述野外调查发现的痕迹特点，并能初步推论动物的活动习性。（评估方法：现场提问。）

四、成为小小研究员第二式——"丛林之眼"

能了解红外相机的基本原理及其在野生动物科研监测中的重要作用，能学会红外相机的基本安装方法，填写记录表格。（评估方法：现场观察+问卷调查。）

五、成为小小研究员第三式——"剖析动物影像背后的故事"

1. 能专注地听动物影像背后的故事，积极回答和提问，更进一步了解野生动物，尤其是大熊猫的行为习性。（评估方法：现场提问。）

2. 能在配音中，初步掌握分析红外影像的一些基本方法，对影像中的野生动物行为有科学的理解和认识。（评估方法：现场聆听+问卷反馈。）

六、成为小小研究员第四式——"植不可缺"

1. 了解动植物间的密切关系，植物是动物生存的基础。（评估方法：现场提问+问卷调查。）

2. 了解一些野生动物过冬习性，如垂直迁徙的习性，知道冬天低海拔地区动物痕迹增多的原因（温度、食物）。（评估

植物篇

方法：现场提问+问卷调查。）

七、营期调查汇报

能使用思维导图呈现学到的内容和心得体会。（评估方法：现场观察。）

特别提醒事项

本活动适合在寒暑假进行，鞍子河保护地因必经之路被当地交通部门管制，且属于山地样貌，夏季常有暴雨预警，一旦预警任何外来车辆不能进入，活动可能因此延期或取消，活动的开展需及时跟进气象信息，尤其是降水情况，尽量确保参与学员能顺利进入活动场域，且活动期间没有强降水预警。冬季从11月开始降雪，也会有冰雪预警，进入活动场域的问题不大，但必须把安全风险降到最低。首先承租车辆必须有运营资质，车在出行前质量检验合格，配有防滑链条，驾驶员有丰富的山地冰雪路面相关驾驶经验；其次，必须确保学员出行的装备适合，譬如，防滑防水高帮鞋、更换的衣物等；最后，需要做好紧急事故处理准备，比如，为每位学员购买意外保险、确认自然教育中心自己的紧急事故处理流程和策略、确保活动执行时就近卫生院有医生值班等。

课程安排中户外场域存在不确定性，需要提前进行场勘，找到野生动物近期活动的区域。在冬天可能遇见活动第二天新降雪覆盖了痕迹，可以先了解主要痕迹的位置，邀请学员根据稀少的痕迹刨雪寻找到掩盖的痕迹（通常动物足迹比较深，若长期积雪，会被冻住，痕迹仍然比较成形）；如果遇到痕迹很少的状况（雪并不厚，每天都是降雪然后很快融化的情况），可以事先收集一些痕迹，在其可能的生境范围进行布置，并在活动后向学员阐明痕迹来源。

附件

问卷反馈表

1. 你喜欢参加这次自然活动吗？
   A. 很喜欢　　B. 喜欢　　C. 一般　　D. 不喜欢　　E. 很不喜欢
2. 野生动物经常出没在哪些地方呢？（可多选）
   A. 溪谷等有水源的地方　B. 山脊、林间等兽径　C. 人居住的地方　D. 公路
3. 野生动物会留下哪些类型的痕迹呢，请列举你所了解到的：
_____
4. 我们可以用什么方法调查和研究野生动物呢？（可多选）
   A. 追踪痕迹　B. 捕捉活体　C. 安放红外相机　D. 调查相关植物　E. 其他
5. 你认为以下哪些会影响动物的行为习性呢？（可多选）
   A. 食物资源　B. 水　C. 温度　D. 人类干扰　E. 其他

6. 听完保护区叔叔讲的故事,你觉得自然科研和保护工作者的工作怎么样呢?(可多选)
   A. 有趣   B. 辛苦   C. 危险   D. 值得学习   E. 有意义   F. 没意思

7. 这两天的用餐和住宿你还满意吗?

地点	用餐			住宿			感谢写下你的建议
	满意	一般	不满意	满意	一般	不满意	
青山绿水							
保护站							

8. 你觉得这个活动从体能和活动内容上对你来说怎么样呢?
   A. 太难了   B. 有一点难度   C. 刚刚好   D. 比较容易   E. 太简单了

9. 下次如果鞍子河还有自然教育活动,你还愿意来参加吗?
   A. 愿意原因是:
   B. 不愿意原因是:

10. 你愿意回家后,跟家人、同学、朋友分享这次活动的内容,请他们也保护野生动植物,保护自然吗?
    A. 愿意   B. 不一定   C. 不愿意

11. 你觉得这个营期,你最喜欢哪些活动呢,为什么?(可以自由写出一个或几个)

12. 在这个营期中,你觉得自己最大的收获是什么?为什么?

13. 本次营期中,有哪些地方你觉得比较无趣或让你不舒服,想要给我们提建议呢?

注:鞍子河自然教育中心由保护国际基金会(美国)北京代表处和四川鞍子河自然保护区管理处共同成立,本案例是双方共管项目下的自然教育成果。

植物篇

看，植物四季的样子

张雪 / 北京市植物园

【活动目标】
1. 通过自然观察，让小朋友们亲身感受植物的春生、夏长、秋收、冬藏的变化，体验植物观察和物候记录的方法和乐趣。
2. 通过讲座、讲解，了解植物基础知识、节气当令植物的生态习性和植物与人类之间密不可分的关系。
3. 通过自然游戏与植物科学绘画，打开五感、开动脑筋，感受植物魅力，增强保护动植物的意识和热情。
4. 通过记录表格、做学习单及自然笔记，将观察结果记录下来，形成全年的自然观察笔记。

【受众群体】7~11岁的亲子家庭
【参与人数】24人
【活动场地】北京植物园科普馆教室、室外
【活动类型】解说学习型、拓展游戏型、自然创作型
【所需材料】放大镜、卷尺、观察记录表格、彩铅
【活动时长】140分钟

活动过程

时长	活动流程内容	场地/材料
30分钟	室内植物知识及绘画讲座	教室 / 投影仪、彩铅、画纸
60分钟	室外植物观察、探索及讲解环节	室外 / 记录表格、放大镜、卷尺
20分钟	自然游戏环节	室外 / 贴纸
30分钟	做学习单、自然笔记	室内 / 学习单、自然笔记本、彩铅

首先制定活动课程时间表，在一年的四个季节中，每个季节设置2期活动，共8期。在每个季节中根据中国传统节气制定活动时间，并根据每个节气中的时令植

物来设置讲座题目和内容。植物基础知识及时令植物讲座共设置7场，植物科学绘画讲座设置2场。

1. 室内植物知识及绘画讲座

课上首先讲解临近的节气知识，如第五期，处暑节气中，讲解处暑节气由来、习俗、谚语等相关知识。

例1 植物基础知识讲座：通过生活中常见的蔬菜、水果、观赏植物讲解植物根、茎、叶、花、果实、种子的类型及特点，让孩子们了解生活中丰富多彩的植物都属于哪些器官和构造，从而了解植物的形态构造及生态习性等。

例2 夏季时令植物讲座——木槿：通过精美的木槿图片及一些文化历史典故，从木槿的植物学特点及食用、药用、观赏价值，为了更好地区分和了解其他木槿属植物，列举朱槿、吊灯花及木芙蓉，引导孩子们说出它们之间的区别。从各个角度讲述木槿的生活习性与文化底蕴。

例3 植物科学绘画讲座：专业植物科学绘画老师讲解植物笔记的绘制技巧和方法，并带领大家从彩铅画的上色步骤、绘画手法以及构图技巧等方面对自然笔记的绘画和记录过程进行教授。之后同学们根据老师所讲内容，跟随老师一步一步在课上进行彩铅色彩练习。

在各个讲座中都会穿插互动问答，比如，"我们吃的藕属于植物的哪个部分？""想一想木槿花为什么又被称为朝开暮落、无穷花呢？""请看图说出木槿与朱槿、木芙蓉之间的区别？"通过提问让孩子们动脑思考，从而了解孩子们对植

动手测量胸径

植物篇

室内植物绘画讲座

绘画老师根据植物现状当场教授绘画技巧

记录观察表格

文冠果自然笔记

物知识的理解和掌握情况，也加深了孩子们对木槿的印象。

2. 室外植物观察、探索及讲解环节

由老师引领观察11种不同植物（乔木、灌木、草本）的形态特征和物候情况，从草本、亚灌木、灌木到乔木，选取园中不同生活型的各类植物作为讲解的目标植物。活动围绕园中的赛菊芋、复叶槭、木本香薷、柽柳、白桦、丁香、文冠果、四照花、太平花、楸树及椴树11种目标植物进行，以它们的物候与形态特征变化为线索，由老师带领，重点引导小朋友们自主运用放大镜和卷尺观察测量每种植物的形态特征，以好奇心为驱动，在亲子互动互助中完成对植物的观察。并根据实际的植物状态讲解植物形态特征、生活习性、分类、环境保护及历史文化方面的知识。并在观察过程中让小朋友一边观察一边填写植物物候、形态记录表格，最后将观察结果记录下来，形成全年的自然观察笔记。通过实地观察与记录，孩子们体验了植物从发芽、开花、展叶到结实的一系列自然变化，对看似不会动的植物就会产生深入的感性认知，也逐渐对植物产生了浓厚的好奇心和兴趣。

3. 自然游戏环节

老师采用做游戏的方式让小朋友们了解更多的自然环境及植物基础知识，达到"寓教于乐"的效果。如在物候观察的过程中，为了让孩子们了解如何更细致地观

察身边的动植物,选择在高大油松树荫下较为平整的空地上,开展"猜猜看"自然游戏。游戏步骤如下。

(1)由老师介绍游戏规则和注意事项,然后两个老师演示游戏的玩法。

(2)老师在孩子和家长的背后贴上植物园中常见的动植物名牌,第一轮孩子来提出问题猜自己背后的动植物名称,其他人不准提示,只能回答"是"或"否"。等第一轮猜谜结束后,第二轮换家长以同样的方式进行猜谜。通过一问一答的快乐猜谜,孩子与家长最终都会抓住猜谜的诀窍,熟练轻松地掌握很多动植物最显著的特征,游戏也在欢声笑语中达到了了解动植物分类基础的目的。

如大家感兴趣的话,可以再进行第三轮,第四轮……

4. 做学习单、自然笔记

学习单中会提出一些问题让孩子们进行思考,比如,"植物是怎样在烈日酷暑下来保护自己的?"先让孩子和家长思考回答,之后老师再进行正确答案的解读。

绘制植物自然笔记,要求每期都画同一种目标植物。绘画老师会根据本次活动中观察到或手机拍到的植物照片,来当场绘制自然笔记,为大家演示植物叶片、枝条、树干、花朵、果实及种子的绘制过程,孩子当场观摩并学习绘画技巧。在这个过程中孩子不仅学到了知识,还得到了植物艺术的熏陶。

活动评估

活动采用家长填写问卷调查的方法,

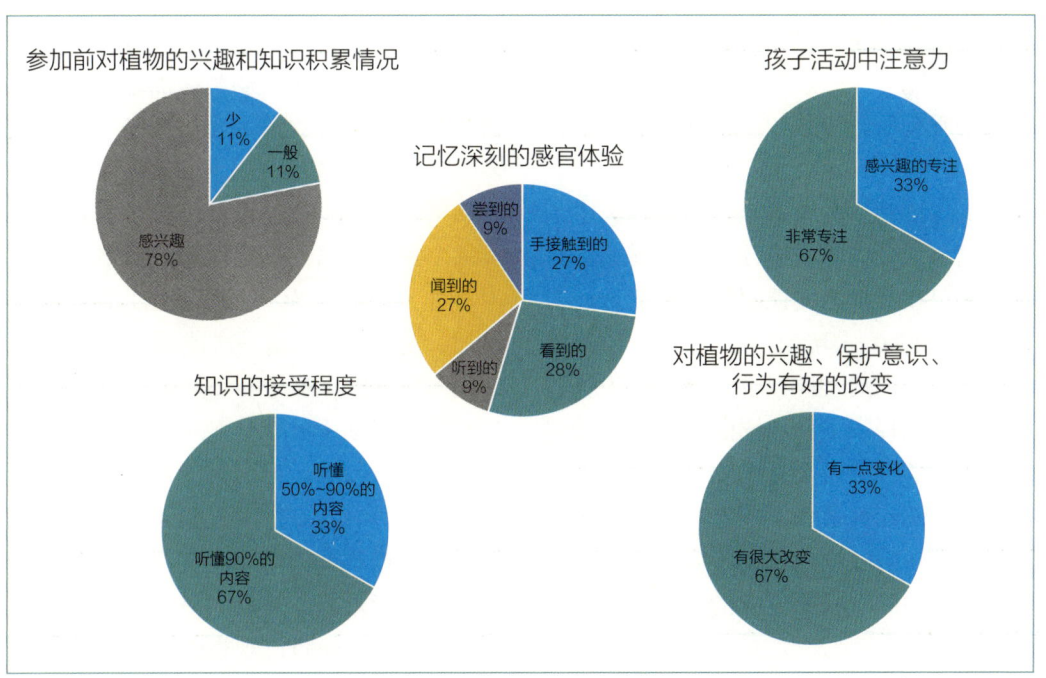

参与者活动前、中、后情况反馈

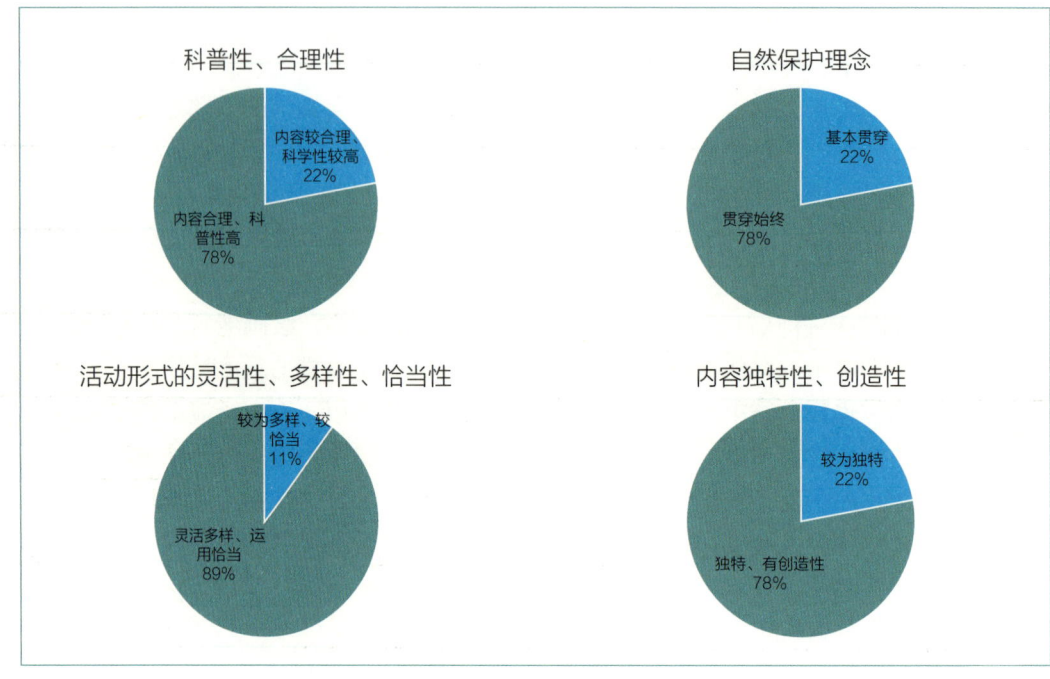

对活动内容、设计的反馈

从活动解说、内容、形式和效果等几个方面获得评价反馈。其中在活动组织、解说、知识适合性、启发性、互动性方面，获得了所有家庭一致较高的评价。评估结果如下。

参与活动家庭在对孩子活动前、中、后情况与活动内容及设计方面的反馈不尽相同。但在参加活动课程的知识适合性，组织的有序性、互动性、愉悦力和感染力，对孩子的启发性以及老师的解说技巧方面，都选择了下面相同的反馈：活动组织有序；活动解说表达清晰、与听者有较好交流；知识性适中，适合孩子，能很好地启发孩子对植物的认知；互动性强，有趣，引人回味；喜欢这样的活动，乐在其中。

活动风险点

一年中连续开展8期的活动，对于亲子家庭来说，每次活动都参加才能对植物物候变化有更直观的了解。但是，由于很多因素，很少能有家庭做到8期都参加。2018年，在活动招募微信中已经重点注明了每个家庭报名前一定要想好每节课都必须参加，但是只有一个家庭8期课程全部参加，另外2个家庭一次或两次课请假，其他多数家庭参加了4~5堂课。

科普活动中的物候观察环节需要孩子们用文字或图画记录，但忽视了小孩子文字水平还没有达到能够完整记录的程度。以后会根据观察内容，将文字记录转换为选项或图形形式，更为直观，给孩子们更多听老师讲解与自己观察的时间。

植物篇

伟岸的树

冯朋贝 / 北京市植物园科普中心

【活动目标】结合科学知识讲授、手工制作等活动方式使儿童在生动有趣的课堂中了解树木，感受自然，激发其对自然的兴趣，提升一定的观察、动手及主动学习的能力。

【受众群体】6~8岁儿童

【参与人数】15人

【活动场地】教室及户外植物资源丰富的地点，如公园等

【活动类型】解说学习型、自然创作型

【所需材料】自然物（植物叶片、花瓣等）、橡胶锤、垫板、纸胶带、帆布包等

【人员配备】主讲1人，助理兼安全员1~2人

【活动时长】90分钟

活动过程

时长	活动流程内容	场地/材料
30分钟	让我们认识"树"	教室
10分钟	谁住在树上	教室/拼图
50分钟	植物手工创作	教室/锤子、垫板、帆布包、植物叶片、胶带等

1. 让我们认识"树"

此环节将PPT图文讲解、提问互动、感官体验等多种不同的教学方式相结合，围绕着"树"主题进行多角度、全方位的知识讲解，并通过分发自然物观察、触摸等体验环节，营造轻松愉快的学习氛围，激发儿童对自然兴趣的同时也提升其一定的认知、观察与主动学习的能力。

（1）按照从整体到部分再到整体的结构，将树木进行区域划分，结合图文，对细分为如根、树干、树冠等树木基础结构知识进行讲解。在讲授过程中，分发2~3种不同品种树木且具有一定代表性的自然物（如树皮、果实、叶片等），让参与儿童进行对比观察，并鼓励儿童将

观察到的两者之间的不同之处用语言作出清晰、准确的描述，使其在学习知识的同时，观察与表达能力也得到相应提升与锻炼。

（2）由树木外观、形态、作用等延伸至树液循环、光合作用、树叶变色等知识，采用动画演示、现场实验示范等易于儿童感受、理解的方法讲授科学原理知识，激发儿童对探索自然科学的兴趣。

（3）以"生活中的树木"和"谁住在树上"分别设问，通过相关配图展示等，使参与儿童直观了解树木遭人类过度砍伐造成生态破坏的现状，为儿童树立正确的生态环保理念，且为下一环节的树木拼图游戏做铺垫。

2. 谁住在树上

此部分内容衔接上个环节"让我们认识'树'"，结合科学知识、艺术审美及游戏互动，通过合作完成树木立体拼图的游戏方式，使参与儿童在游戏中能够主动观察探索，加深对树木生态价值的认识，巩固上一阶段收获到的科学知识，同时也培养其环保意识和博物兴趣。

环节流程：

（1）根据参与活动人数每人分发1~2块拼图，游戏前讲述拼图规则，告知参与儿童通过相互合作共同完成一幅立体、完整的树木拼图。

（2）儿童完成拼图后引导其仔细观察所拼出的树木图画，使其用相对准确、简洁的语言描述出自己拼出的部分在树木中的位置以及作用，并指出这一部分有哪些"房客"住在里面。在儿童依次描述完后，延展讲授自然界中树木和其他动物、植物形成的互惠共存、美妙和谐的关系，着重突出树木的生态价值。

3. 植物手工创作

此部分为植物艺术品创作，带领参与儿童收集自然素材，利用植物的天然色素以及千变万化的优美形态进行植物敲拓手工制作。在儿童感受自然赋予的艺术魅力，了解植物、亲近自然的同时，其创造力、动手能力以及艺术审美能力也得到一定提升。

环节流程：

（1）收集植物素材。在外出前为参与儿童讲述收集规则，如选用叶片水分较多且表面无蜡质或革质的植物，并尽量选取野花野草、自然掉落的植物素材等。在采集植物素材过程中，引导儿童用手触摸叶片，感受不同植物叶片不同的质感，可在不同地点选取不同种类、颜色、形态的植物进行创作，但需再次引导及强调，使参与者不要乱踩草坪绿地，乱折花木。

（2）收集植物素材后返回教室，讲述制作规则，分发帆布包、锤子、胶带、垫板等拓印制作工具，对收集到的植物进行挑选。让参与儿童按照自己的想法及创意对挑选好的植物素材在帆布包上进行构图摆放，鼓励儿童尝试将植物叶片正反面不同摆放，或选取不同形态的植物，但不要过多对儿童的创作及构思进行干涉。

（3）将设计摆放好植物素材用纸胶带贴好，此时强调纸胶带既要完全覆盖住植物素材，但又需尽量减少相互之间的重叠。贴好后将包放在垫板上进行敲拓，并再次强调敲拓方法及注意安全。使用橡胶锤从边缘至中心，用力均匀且缓而轻地进行敲拓，在全部植物素材敲拓完成后，轻轻揭开纸胶带。敲拓时参与儿童家长可

植物篇

进行树木拼图

植物艺术品创作

提供一定帮助，完成后，讲述作品保存方法。

活动评估

评估方法：活动后家长反馈。

评估结果：课堂生动有趣，结合互动及手工制作，使孩子在轻松愉快的环境中学习知识，感知自然，热爱自然。

活动风险点

1. 气候、季节因素：进行植物拓印作品制作时所需的植物素材具有一定季节性及不确定性。如春秋季植物素材颜色、种类丰富，夏季主要以绿色为主，而北方冬季可供挑选的植物素材较少，且在一定程度上也受当日气候（如下雨等）影响。

2. 安全因素：使用橡胶锤进行敲拓时，需提前讲述并反复强调规则，避免儿童在手工制作过程中出现受伤或相互碰撞。

守护一棵树

刘冰　张晓媛 / 中国园林博物馆宣传教育部

【活动目标】

1. 知识与技能：
（1）了解植树节的来历。
（2）了解中国从古至今在树木种植、环境保护方面作出的努力。
（3）掌握北京10种乡土树种的外观形态、物候、花期等方面的特点，并且能够掌握这些要点进行树种识别。

2. 情感态度与价值观：
（1）通过游戏领悟自然环境对人类生存的必要性。
（2）通过近距离观察植物，拉近与自然的距离。
（3）养成热爱自然、保护自然的意识。

3. 素质培养：
加深对自然环境生态问题的理解，增强参与解决身边的环境问题、提升保护生态环境的社会责任感和自豪感。

【受众群体】 8~12岁小学生

【参与人数】 20人

【活动场地】 公众教育中心、中国古代园林厅、室外游览区

【活动类型】 解说学习型、拓展游戏型

【所需材料】 绿色地毯10块、树木图片10张、植物胸贴20个、学习单20份、铅笔20支、快问快答问题卡20张、"守护一棵树"木质奖牌20个

【人员配备】 主讲1人，助教（兼安全管理员）1人

【活动时长】 140分钟

活动过程

时长	活动流程内容	场地/材料
10分钟	活动开场，行前教育	公众教育中心
30分钟	生存之"站"，寓教于乐	公众教育中心 / 绿色地毯10块

植物篇

（续）

时长	活动流程内容	场地/材料
20分钟	走进展厅，知识扩展	中国古代园林厅、中国近代园林厅
40分钟	植物观察，游览学习	室外游览区／树木图片10张、植物胸贴20个、学习单20份、铅笔20支
20分钟	快问快答，深入思考	室外游览区／快问快答问题卡20个
20分钟	颁发奖牌，交流分享	室外游览区／树木守护人木质奖牌20个

一、活动开场，行前教育

1. 破冰

教师与学生分别进行简短的自我介绍，开展简单的破冰互动。

2. 行前教育开展

（1）活动开展期间请将手机设置为静音状态，以免影响他人学习体验。

（2）活动区域内不准吸烟、就餐，严禁携带无关物品或领无关人员进入活动区域内，衣冠不整者谢绝进入活动区域。

（3）活动区域内请勿奔跑、追逐、攀爬、躺卧。

（4）助教老师在活动中注意填写观察表。

二、生存之"站"，寓教于乐

此游戏名——生存之"站"，游戏方式为所有学生站立在模拟地球绿地的地毯上，随着教师不断设置的绿地被人为利用或破坏的场景，绿色地毯将被随机抽走，学生尽可能地站立地毯上，保持"生存"。通过互动游戏的方式寓教于乐，切身感受植物及生态环境的破坏带给人类的切实灾难，进而对保护生态环境这一问题引发思考。

1. 游戏规则介绍

（1）所有学生站立在绿色地毯上，身体的其他部位都不能与地毯以外的地面接触。

（2）随着教师的解说进行，辅助人员随机抽取或放置地毯。

（3）所有学生需保持站立在剩余的地毯上，若身体其他部位接触到地毯以外的地面，则无法继续"生存"，即被淘汰。

2. 游戏开展

教师：各位无忧无虑的同学们，我们现在身处美丽的大自然中，相信大家的心情也是十分的轻松愉悦。

学生：全部站在地毯上，心情放松。

教师：此时，人们为了搭建建筑需要很多的木材作为原料，来了一批伐木工砍伐了一片绿地。（辅助人员配合抽取一块绿色地毯。）

学生：全部挤在了地毯上，所有人保持"生存"。

教师：人们为了能种植更多的粮食，将原本的一片草原开垦成了农田。（辅助人员配合抽取一块绿色地毯。）

学生：一部分无法"生存"，被淘汰。

教师：人们开始建立工厂，工厂排出

的废水污染了一片土地，土地上的花草树木全部枯萎。（辅助人员配合抽取一块绿色地毯。）

学生：又有一部分被淘汰，但是"生存"下来的人也站立得十分拥挤，不舒适。

教师：人们开始意识到工厂污染的严重性，对工厂进行了改革，排出的水不再污染环境，还将周围的环境进行了整治。（辅助人员配合重新放回一块绿色地毯。）

学生："活着"的学生能够不那么拥挤地站立，"生存"环境变得舒适。淘汰的人却不能再次"复活"。

3. 游戏感悟

学生一：我是第一个被淘汰的，特别遗憾，人们污染了环境，虽然第一个伤害的是植物，但是下一个受到伤害的就是我们人类自己了。

学生二：刚开始环境被破坏的时候，我们都还能站在地毯上，但是人类不能无止境地去破坏。

学生三：我一直"生存"到了最后，但是环境破坏最严重的时候，人类自己生存得肯定也不舒服，就像我站在最中心被挤得很难受。

学生四：人们意识到环境被破坏所带来的坏处后，开始重新植树造林，环境又变得好了起来，所以我觉得我们应该从现在开始就关注环境问题，从自己做起保护我们的环境。

学生五：我被淘汰了，后来看到因为植树造林而增加的绿地我很羡慕，但是我已经被淘汰了，没有办法再享受这片绿地了。

4. 教师阶段总结

同学们的游戏感悟都很真实而深刻，虽然游戏结束了，但是我们爱护环境、保护大自然的行动不能结束。

三、走进展厅，知识扩展

教师带领学生走进中国古代园林厅和中国近现代园林厅，参观"逨鼎"、刊载"实现大地园林化"的报纸——《人民日报》等展品，聆听中国古人植树护林的故事，了解中国自古至今在爱护林木、保护环境中所作的努力以及了解中国植树节的来历。

1. 中国古代园林厅

（1）展品"逨鼎"讲解。周代的国君或王公大臣在重大庆典或接受赏赐时都要铸鼎，以记载盛况。展品"逨鼎"腹内的铭文就记载了对管治四方山林川泽官员逨的褒奖、赏赐、升迁的册命，所以早在2800多年前，"山川林泽"的管理就已经受到很高的重视。

（2）知识扩展：中国古人植树护林的故事。中国自古就有植树的意识。唐代大诗人白居易每到一处都要栽花种树，"白头种松桂，早晚见成林。"清末左宗棠率部新疆平叛，沿途大种柳树，被称作"左公柳"，有诗歌颂"新栽杨柳三千里，引得春风度玉关。"

古人还十分重视林木保护。早在春秋战国时期，管仲治理齐国时曾说"为人君而不能保守其山林菹泽草莱，不可以为天下王"；清朝雍正继位时，更要求严格保护山林"严禁非时之斧斤，牛羊之践踏，歹徒之窃盗"。

2. 中国近现代园林厅

（1）展品"人民日报"讲解。1949年中华人民共和国成立后，毛泽东主席发出"绿化祖国"的号召，北京在中华人民共和国成立初期一次性划拨了42块土地用于公园绿地建设，城市园林绿化建设规模呈现。

1958年8月，毛泽东在提出"要使我们祖国的山河全部绿化起来，要达到园林化，到处都很美丽，自然面貌要改变过来"，同时还提出"实行大地园林化"。

（2）知识扩展：新闻事实、现代的植树节来历。2019年初，美国国家航空航天局发布消息称，过去的20年，世界变得越来越绿色了，就中国一个国家的植被增加量，至少占到过去17年里全球植被总增长量的25%。因为中国的贡献，美国航天局为中国点赞。

中国植树节3月12日是怎么定的呢？这和孙中山先生密不可分。在孙中山的倡议下，最初规定每年的清明节为植树节。孙中山先生逝世后，为了纪念他在植树护林上的贡献，把他逝世的3月12日定为了中国的植树节，鼓励全国人民植树造林，造福子孙后代。

四、植物观察，游览学习

在自然科普教师的带领下，在室外游览、观察、识别北京的乡土树种，通过对植物的外观特征、生态习性等方面的讲解，让学生能够更加充分地了解家乡的环境特点。

1. 活动地点

室外展园及游览区。

2. 活动准备

为每位同学分发植物胸贴，共有10种植物胸贴；分发学习单及铅笔，方便学生在游览观察植物时及时记录。

3. 活动开展

（1）教师引入乡土树种概念，并通过互动提问的方式让学生思考身边常见树种哪些是北京乡土树种。

（2）教师沿着提前设定好的路线，带领学生游览、观察并讲解10种北京乡土树种：杨、柳、榆、槐、椿、玉兰、白皮松、丁香、榆叶梅、连翘，完成知识学习单的填写。

五、快问快答，深入思考

教师手中持有植物识别、树木保护、生态环境问题等方面的知识题共20道，依次进行提问，学生回答后再由教师对每个题目进行知识扩充。通过此环节，了解学生知识掌握情况，同时进一步扩展生态环境保护的知识内容，引发学生对环境问题的思考。

六、颁发奖牌，交流分享

经过前面环节的学习，学生保护生态环境的意识得到了进一步提高，通过颁发树木守护人奖牌，鼓励学生积极行动，从自身做起，爱护身边的花草树木、保护生态环境，同时提升学生的社会责任感和荣誉感，积极督促身边人一起加入保护环境的行动中，扩大教育效果辐射范围。

1. 颁发树木守护人奖牌

佩戴不同植物胸贴的学生自动成为该

植物的"守护人",教师为守护人颁发奖牌,学生在奖牌上写下自己的名字,以及所守护树木的名称。

2. 守护宣言

教师和守护人们一起,朗读守护人奖牌上的守护宣言:我是树木守护人×××,我自愿成为树木守护人,守护××树,守护碧水蓝天,守护我们共同的家园。

3. 交流分享

树木守护人面向其他学生或围观观众介绍所守护的树木,并分享今日参与活动的感悟,主讲老师针对有代表性的学生进行提问,助教人员做好访问表记录,以便活动后期归纳总结。

4. 教师活动总结

3月12日是植树节,在一天的活动中我们一起认识了北京10种乡土树种,学习了北方常见园林树木的有趣的知识。同时,也光荣地成为一名"树木守护人",希望大家今后将守护树木、保护环境践行到底。

学习单

植物篇

现场知识问答

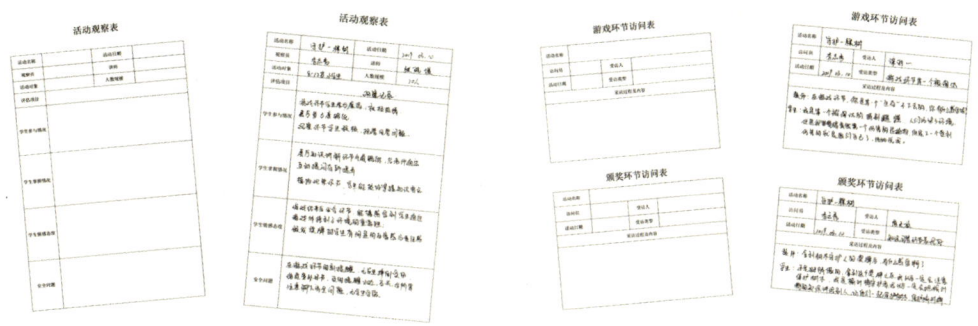

访问表　　　　　　　　　　　　观察表

活动评估

此次活动采用5种方法进行评估：现场学习单、知识问答、活动观察、活动访问以及问卷调查。

通过现场知识问答和学习单填写情况评估学生在此次活动中的知识掌握情况；通过活动观察表格分析评估学生在教学活动中的参与情况与积极性；通过活动访问表格以及问卷调查分析评估学生是否达到目标所设立的情感态度及价值观的效果。

1. 学习单：学习单上设置了关于植树节简单的填空题，以及在室外游览观察植物的过程中需要识别的10种树木。评估结果：教师查看学习单的填写情况，学生将绝大部分知识点记录在学习单上，记录情况良好。

2. 现场知识问答：快问快答卡，在知识问答环节使用。评估结果：通过20道题的回答情况，针对已学习过的树木识别类问题掌握情况优秀；而针对此前未涉及过多的生态环境保护类问题，学生了解较少，故教师根据这一反馈，补充了这一方面的知识内容，同时引导学生进一步思考。

3. 观察表：观察员在活动期间对学生进行观察，观察学生在各环节的表现及反馈情况，帮助活动后复盘。

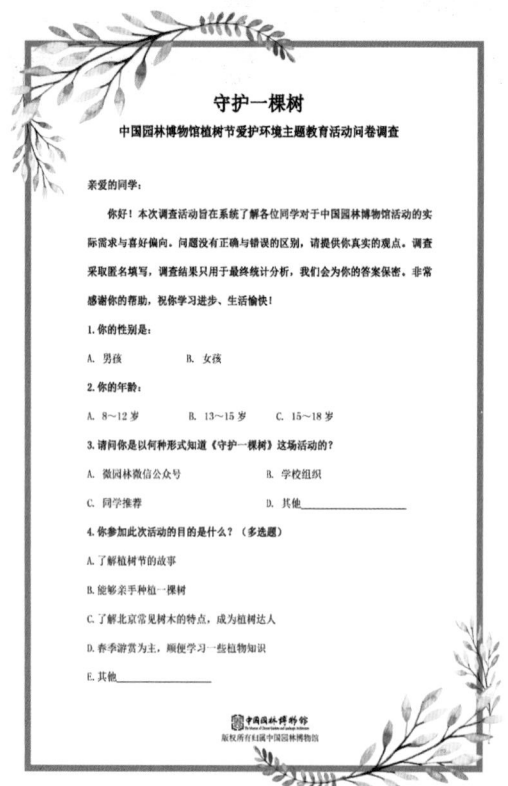

调查问卷

评估结果：根据观察员观察记录，学生在游戏环节及室外游览观察环节表现最为积极主动，且乐于与教师进行互动，主动表达的意愿强烈；在展厅讲解环节，气氛稍显沉闷，后经过教师的互动提问气氛有所提升。

4. 访问表：通过现场访问有代表性的学生，深入了解学生对课程的理解和掌握情况，准确把握课程目标达成效果。

评估结果：选取了游戏环节最先被淘

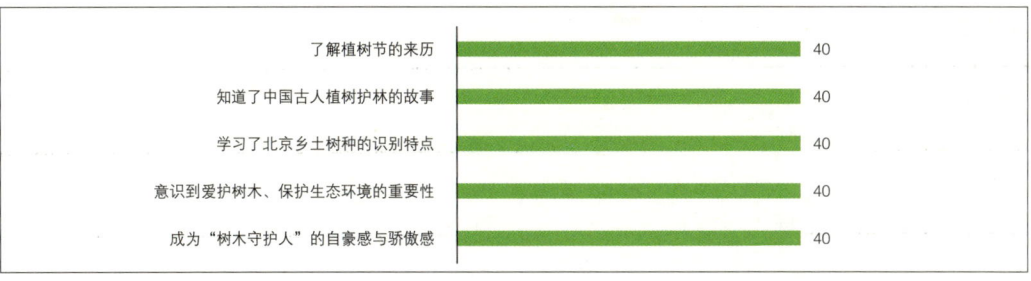

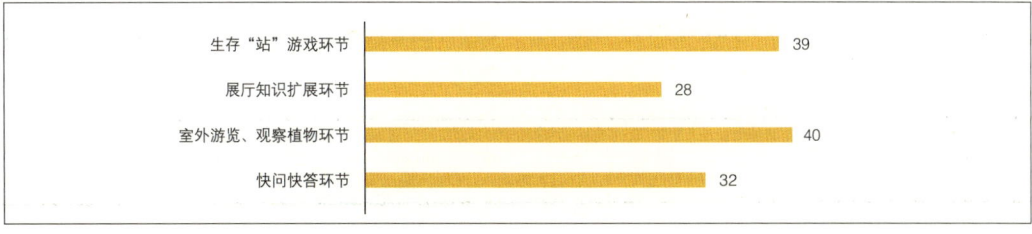

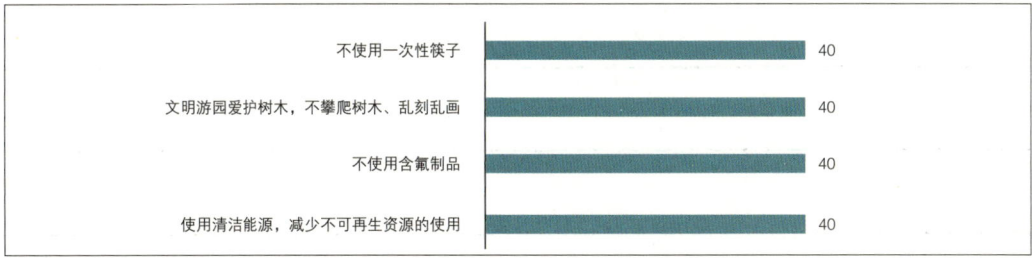

调查问卷分析

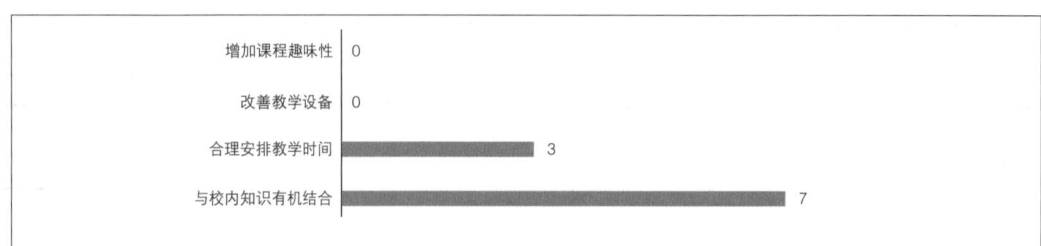

调查问卷分析（续）

汰的学生和问答环节表现优异的学生作为代表进行访问，两个学生都在爱护环境、保护自然的价值观和情感态度上做出了正确的判断。

5. 问卷调查：通过收集并整理学生活动后的问卷调查，直观了解学生对活动各环节的参与及满意程度。

（1）调查问卷填写。

（2）问卷数据统计后制成图表。

（3）评估结果：调查问卷共计发放40份，收回40份，有效份数40份。据此问卷制成图表进行分析。

①参与活动的学生均达到活动所设立的知识技能目标。

②教学环节形式多样，其中互动性较强的游戏环节和游览观察环节最受学生喜爱，展厅讲解与快问快答环节受学生喜爱程度相对较低，之后开展同类活动可加强此类环节的趣味性与互动性。

③参与活动的学生对环境保护的行为有了进一步认识和认同，达到了所设立的提高环境保护素养的目标。

④根据问卷中的提升改进意见，之后开展活动注意与学校知识体系的结合。

活动风险点

1. 游戏环节可能会出现因活动幅度大、活动场地有限而出现推搡、磕碰的可能。在游戏环节，活动辅教人员协助教师将活动场地周围的桌椅尽可能搬远，同时时刻注意学生游戏时的安全问题，并随时提醒。

2. 在室外游览观察环节，因为有些植物种植在石边、水边，有可能出现绊脚落水的情况。教师提醒学生时刻注意脚下，若有距离水边过近的植物时，可以进行远距离观察，通过教师讲解及图片展示的方式代替近距离观察。

3. 游览观察环节，有些植物具有刺状结构，比如、月季、贴梗海棠等，提醒学生注意安全，适当远离这些植物。

蜜源植物科普活动

于英钗（马兰） / 北京科普游子

> 【活动目标】
> 1. 学生能够认识至少5种蜜源植物，了解其识别特征和生活习性。
> 2. 通过专业老师讲解，提高其观察探索的能力。
> 3. 通过引导式提问激发学生主动思考，培养孩子的语言表达能力与认知能力。
> 4. 培养学生爱护和保护植物、与自然和谐相处的能力，激发学生探索花的秘密的能力。
>
> 【受众群体】6~12岁的小学生
> 【参与人数】30人
> 【活动场地】百望山森林公园
> 【活动类型】解说学习型
> 【所需材料】放大镜、记录表、笔、蜂蜜、勺子、手卡
> 【活动时长】195分钟

活动过程

时间	活动流程内容	场地/材料
30分钟	集合，签到	百望山北门
20分钟	生物课程：认识蜂蜜的产生 了解蜂蜜的产生过程，正确认识蜜蜂与植物之间的关系。	百望山北门广场 / 手卡、讲解器
60分钟	生物课程：寻找蜜源植物 在专业老师带领下，寻找百望山蜜源植物并观察其花的形态特征。观察蜜导	百望山沿路 / 放大镜
40分钟	生物课程：蜜蜂以外的昆虫 观察寻找除蜜蜂外，还有哪些昆虫喜欢吃花蜜；正确认识昆虫与植物之间的关系	百望山沿路 / 昆虫盒
30分钟	课程总结： 完成"百望山蜜源植物调查任务书"就地解散	百望山
15分钟	活动结束，集合回学校	大巴车

1. 开场介绍

介绍带领活动的主讲老师与助教老师；介绍活动的流程；强调注意事项：要践行环保理念，不踩踏花草、不摘花折枝、不影响环境等；参加活动的人员要听从统一安排，遵守规则，注意人身安全，不要随意离开队伍。

2. 生物课程：认识蜂蜜的产生

蜂蜜产生过程：蜜蜂采集花蜜放入巢房→反复吞吐，把糖分转化成葡萄糖和果糖→通过振翅，提高温度，把蜂蜜里多余的水分蒸发→酿造成熟后封盖，封盖即表示蜂蜜已经成熟（蜜蜂采集花蜜时一般选择糖分浓度大于8%，酿造成熟后水分小于23%）。自然成熟时间约1小时，有时蜂农不等蜂蜜自然成熟就采集蜂蜜（减少时间，提高产量），但蜂蜜品质下降。

3. 生物课程：寻找蜜源植物

洋槐：又称刺槐，花期10~15天。
荆条：花期约40天左右。
枣树：5~7月开花。
紫云英：4~5月。
地黄：3月底至4月。
蜜导：在花瓣形成的"隧道"入口处，有黄色的标志，并且还有条纹和斑点，一直向内延伸，直到花朵的深处。这些符号都是引导昆虫前进的标志，因为与指示花蜜有关而被称为"蜜导"（nectar guide）。昆虫在"蜜导"的指引下，钻进花朵深处"找蜜"，吃到花蜜的同时，浑身就裹满了花粉，带着一身的花粉礼物，再钻进另外一朵花寻找花蜜，顺便就帮助地黄完成了传粉的任务，植物的智慧不容小觑啊！

蜜源植物吸引蜜蜂的方式如下。

（1）依靠颜色吸引蜜蜂的蜜源植物：对于依靠颜色来吸引蜜蜂的蜜源植物来说，一般这些蜜源植物的花瓣上都有较深的点状或者片状以及线条状的标志，这些特征会吸引蜜蜂到蜜源植物的蜜腺，从而达到利用蜜蜂给其授粉的目的。

（2）依靠味道来吸引蜜蜂授粉的蜜源植物：一般我们见到的很多蜜源植物都有其独特的香味，这是很多蜜源植物的共性，比如，我们常见的刺槐就有独特的芳香类化合物，还有一些蜜源植物拥有挥发性的芳香类物质，这些香味都会吸引蜜蜂进行采蜜，同时也让蜜源植物完成授粉。

活动评估

1. 此次蜜源植物的调查活动适宜开展的时间为4~8月，单飞和亲子都很适合。

2. 活动形式为实际观测、数据记录分析，结合动手实践环节，有研有学，让孩子学到知识的同时也能提高其观察能力、动手能力等。

3. 本次活动坚持以安全、环保、专业、品质为原则，尽力保证学生们在活动过程中有更好的体验。活动结束后为不断完善活动方案和提升活动效果，都要对参加活动的家长和学生的收获、意见和建议进行收集、反馈、总结、改善。

活动风险点

1. 活动过程中，学生可能会受伤，需要随身携带急救医药包。为防止意外，在活动进行过程中，家长陪同，随队的老师需要随时强调安全；若学生无家长跟随，则需要老师与该学生成组进行。

植物篇

2. 在公园里行走的时候，植物昆虫较多，对参与的全部人员要求不破坏周围环境，爱护一草一木以及当地动物昆虫，让大家意识到保护环境的重要性及必要性。

3. 时间把控。因学生的注意点、理解能力以及自身体质、动手实践等不同，可能会使课程时间有所延长，设计活动时，要预留一部分时间。

学习认识植物，用放大镜观察植物蜜导

附件

百望山蜜源植物调研表

日期：　　年　　月　　日　　　　　　　　　　　　　　　　　　　　姓名：

种名	花期	蜜源	粉源	蜜导	类别
柳树	4~5月	++	++	（绘图表示）	辅助蜜源植物
鼠尾草	6~9月	++	++		辅助
马鞭草	6~10月	++	++		辅助
花葱	5~6月				辅助
紫堇	6~7月				辅助
白屈菜	4~9月				辅助
斑种草/附地菜	4~6月				辅助
地黄	4~7月				辅助
猬实	5~6月				辅助
鸢尾	4~5月				辅助
月季	4~9月	+	+		
构树	4~5月		+		
桑树	4~5月		+		
黄栌	5~6月		+		
锦鸡儿	4~5月	++	++		条蜂、熊蜂、太阳鸟

植物的科学考察

张毓（翠雀） / 北京科普游子

【活动目标】
1. 培养学生热爱自然、保护自然的思想意识。
2. 激发学生对大自然探索的兴趣。
3. 培养学生观察事物的能力。
4. 通过引导式提问激发学生主动思考，培养学生的语言表达能力与认知能力。
5. 提高环保理念，培养学生正确对待各种植物的方式和理念，减少不文明对待植物的行为。

【受众群体】小学生
【参与人数】30人
【活动场地】中国科学院植物研究所北京植物园
【活动类型】解说学习型
【所需材料】植物手卡、收集盒、任务书、松果
【活动时长】150分钟

活动过程

时长	活动流程内容	场地/材料
10分钟	开场介绍	植物园门口 / 急救包、签到表
20分钟	认识松柏	松柏区 / 手卡、松果
30分钟	认识被子植物	牡丹园与蔷薇园 / 手卡
30分钟	了解宿根植物	宿根园 / 手卡
30分钟	壳斗科自然收集与观察	壳斗区 / 手卡、收集盒
30分钟	作品展示与总结分享	水生园区 / 任务书

1. 开场介绍

介绍带领活动的主讲老师与助教老师、活动流程，强调注意事项：①要践行环保理念，不踩踏花草、不摘花折枝、不影响环境等；②参加活动的人员要听从统

一安排，遵守规则，注意人身安全，不要随意离开队伍。

2. 认识松柏

活动内容：植物学者带领学生学习园中不同松树、玉兰的识别特征，并揭秘裸子植物和被子植物的相同和不同之处。（讲解点：玉兰、二乔玉兰、望春玉兰，以及油松、白皮松、华山松、雪松。）

3. 认识被子植物

植物学者带领学生学习园中植物的形态特征及其种植方法。（讲解点：牡丹与芍药，玫瑰与月季、多花蔷薇的区别。）

4. 了解宿根植物

专业老师带领学生学习宿根植物和其他植物的不同特点。（讲解点：石蒜、葡萄风信子、鸢尾、秋水仙等。）

5. 壳斗科自然收集与观察

专业老师带领学生学习壳斗科植物以及其他植物的特点。并收集自己捡到的自然收集物。（讲解点：栓皮栎、槲栎、蒙古栎、柞栎的区别，壳斗科植物特征及其与象鼻虫的生物关系等。）

6. 作品展示与总结分享

请每一位参与者分享自己今天学到的印象深刻的植物。主讲老师对活动做总结，通过提问的形式考察大家对知识的掌握程度以及是否达到活动预期的效果。

活动评估

此次植物的调查活动适宜开展的时间为夏季、秋季，单飞和亲子都很适合，活动内容充实有趣，有研有玩，让学生学到知识的同时，也可提高动手、观察、想象创新、解决问题的能力，提高学生的学习兴趣，是非常适合小学生户外植物实践的课程。

活动风险点及安全应急预案

1. 活动过程中，学生可能会摔倒。为防止意外，在活动进行过程中，家长陪同，并且后勤老师在各个场馆中进行巡视并随时携带医药包。若学生无家长跟随，则需要老师与该学生成组进行。

2. 时间把控。因学生的观察点、理解能力、动手实践能力以及自身体质等不同，可能会使课程时间有所延长，提前设计活动时，要预留一部分时间。

植物果实、种子的观察

植物果实收集与认知

植物篇

附件

附件1　中国科学院植物研究所北京植物园观察活动之植物辨形计

安能辨我是
雌？ 雄？

附件2　中国科学院植物研究所北京植物园观察活动之植物大闯关

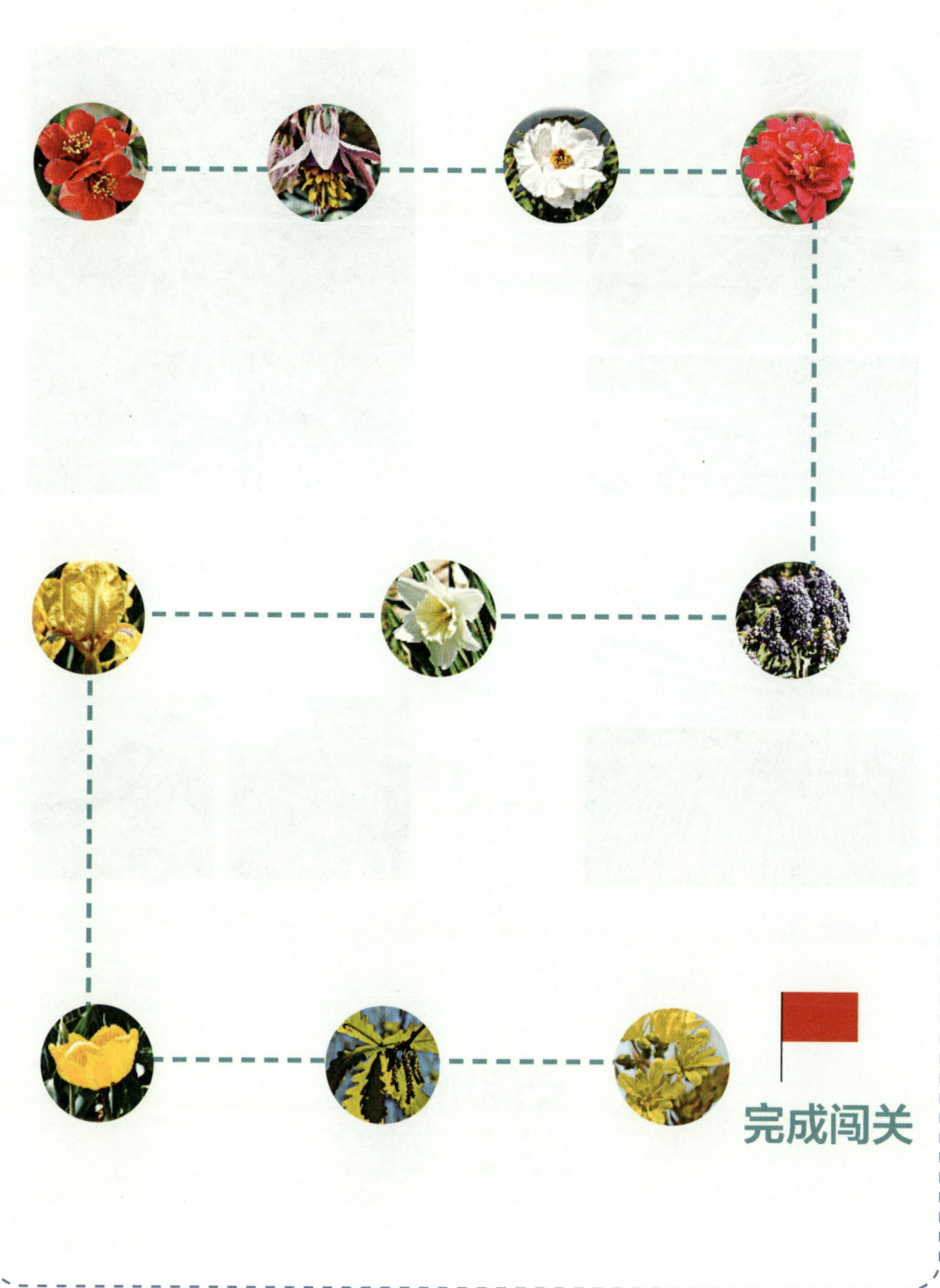

植物篇

热带植物的科学考察活动

张丁丁（坚果） / 天津科普游子

【活动目标】
1. 培养学生热爱自然、保护自然的思想意识。
2. 激发学生对大自然探索的兴趣。
3. 培养学生观察事物的能力。
4. 通过引导式提问激发学生主动思考，培养学生的语言表达能力与认知能力。

【受众群体】7~12岁的小学生
【参与人数】30人
【活动场地】热带植物园
【活动类型】解说学习型、场地实践型
【所需材料】显微镜、永久玻片、电池、游戏闯关指南、闯关手卡、植物手卡、水果道具
【活动时长】250分钟

活动过程

时长	活动流程内容	场地/材料
20分钟	开场介绍	热带植物园门口 / 药品、手卡
40分钟	热带果木学习	植物馆 / 药品、手卡、任务书、水果道具
40分钟	热带花卉学习	花神馆 / 药品、手卡、任务书
10分钟	蔬菜类植物学习	植物栽培馆 / 药品、手卡、任务书
30分钟	植物闯关环节	热带植物馆 / 闯关指南、手卡
45分钟	水培蔬菜采摘与种植	热带植物大棚 / 塑料袋、海绵、蔬菜
45分钟	植物显微观察	热带植物观察室 / 显微镜、永久玻片、植物图卡
20分钟	课程总结	热带植物观察室 / 任务书

1. 开场介绍

（1）集合整理队伍，主讲教师召集，辅助教师组织大家去卫生间。集合完毕后主讲教师整理队伍，讲解活动要求和纪律，主讲老师带队至热带馆通道门口。

（2）由辅助老师发放活动学习材料、闯关手卡和任务书，主讲老师对活动做简要说明。

2. 热带果木学习

（1）对整个热带植物园进行一个整体介绍，然后分别带领学生进入花神馆、植物馆、植物栽培馆，讲解里面的植物，做好知识铺垫。

（2）植物馆的讲解点：
①人工繁育香蕉与野生香蕉的不同点，以及香蕉的相关知识。
②植物气根的作用。
③提炼口香糖原料人心果的知识介绍，凤眼果的知识及龙眼的区别。
④南北方橘子的差异及橘子分瓣的相关知识。

（提示：在介绍知识的过程中，一定要向孩子们多加提问，让孩子大胆猜想，发挥想象力，并给予口头鼓励。最后指导孩子们完成任务单上的问题。）

3. 热带花卉学习

花神馆的讲解点：
①碰碰香散发香味的相关知识。
②铁树开花的相关知识。

③龟背竹孔洞的介绍。
④红合欢花朵的知识介绍。
⑤银叶菊白色绒毛的作用。

4. 蔬菜类植物学习

植物栽培馆的讲解点：
①水培植物的相关知识。
②花青素的相关知识介绍。

5. 植物闯关环节

寻找对应的植物。学生根据手中的闯关指南以及闯关手卡去寻找植物，找到并正确者，闯关成功。

6. 水培蔬菜采摘与种植

老师们带领学生来到水培蔬菜大棚，学生在老师带领下，学习无土栽培的知识和无土栽培技能，了解无土栽培的优点和缺点。

（1）优点：
①作物长势强、产量高、品质好，与土壤栽培相比，无土栽培的植株生长速度快、生长周期短、长势强。
②省水、省肥、省力、省工。
③病虫害少，可避免土壤连作障碍。
④可极大地扩展农业生产空间。

热带果木馆植物学习

热带果木馆手卡辅助讲解

植物篇

植物显微观察

（2）缺点：

①一次性投资成本高，运行成本高。

②技术要求高，管理人员素质要求高。

③无土栽培尤其是水培缓冲能力差，水肥供应不能出现任何障碍，必须有充足的能源保证。

（3）指导学生亲自动手利用无土栽培技术种一棵蔬菜。

（4）指导每个学生亲自采摘一棵蔬菜，活动结束后带回家。

7. 植物显微观察

用显微镜，观察植物叶片的内部结构。

（1）老师讲解显微镜的构造以及使用方法。

（2）教授学生如何使用显微镜观察玻片。

（3）讲解叶片内部结构的特征。

（4）让学生用显微镜自己动手观察植物叶片上的气孔，学生自己实践，发现植物叶片的微观结构。

8. 课程总结

主讲老师要求学生拿出任务书，带领学生回顾所学的知识，并为学生发放小纪念品作为完成任务书的奖励。

活动评估

本课程适宜在冬季开展，单飞和亲子都很适合，活动内容充实有趣，有研有玩，让学生学到知识的同时，也可提高动手、观察、想象创新、解决问题的能力，提高学生的学习兴趣，是非常适合小学生冬季户外植物实践的课程。

活动风险点

1. 活动闯关过程中，学生可能会摔倒。为防止意外，在闯关进行过程中，家长陪同并且后勤老师在各个场馆中进行巡视并随身携带医药包。若学生无家长跟随，则需要老师与该学生成组进行。

2. 时间把控。显微观察以及闯关过程，因学生的理解能力、动手实践以及自身体质等不同，可能会使课程时间有所延长，提前设计活动时，要预留一部分时间。

附件

植物王国探秘指南

嗨,小朋友,欢迎你来到植物王国!我们即将在这里完成一场闯关之旅,通关的小朋友可以获得一枚具有魔力的小礼物哦!你准备好了吗?

第一关:

1. 香蕉是草本( )木本( )。

2. 一棵植物每年结( )串香蕉。

3. 橘生淮南则为( )橘( )柿。

4. 口香糖里的果胶是从人心果( )火龙果( )里提取出来的。

恭喜你顺利通过第一关!

第二关:

1. 龟背竹的叶子上为什么有很多空洞?

A. 被害虫咬的( ) B. 为了好看,人工制造的( )

C. 为了适应生存环境,自然进化的结果( )

2. 在芙洛拉馆一共见到( )处有龟背竹。

3. 红合欢红红的丝是特化的花瓣吗?( )

恭喜你顺利通过第二关!

第三关:

1. 请你完成植物水培操作。

2. 请你完成寻找植物小游戏环节。

恭喜你顺利通过第三关!

第四关:

1. 请你完成科学实验。

2. 请你动手创作一个工艺品。

恭喜你顺利通过第四关!

恭喜你闯关成功!!

神秘小礼物正在派送中,请耐心等待……

植物篇

玉渡山动植物科学考察活动

张毓（翠雀） / 北京科普游子

【活动目标】玉渡山动植物科学考察活动旨在培养参与者对比研究与联系的思维方式。通过引导参与者对比玉渡山与北京城市内动植物种类的区别、观察不同海拔高度植物的形态特征与生长时令的不同，引入地理学中的地带性与物候概念，使得参与者能够通过对比发现问题，并在老师的引导下解决问题，进一步激发参与者对大自然的好奇心，培养学生爱护保护野生动植物的观念。

【受众群体】6~12岁的小学生

【参与人数】30人

【活动场地】北京延庆玉渡山

【活动类型】解说学习型

【所需材料】昆虫盒、记录表、垫板、笔

【活动时长】310分钟

活动过程

时长	活动流程内容	场地/材料
10分钟	开场介绍	小广场
120分钟	生物观察课程：探秘高山植物	玉渡山高山植物园 / 高山植物调查记录表、垫板、笔
60分钟	休息午餐	
120分钟	生物课程：冷水水生昆虫考察	忘忧湖 / 塑料碗或者纸碗、记录表、垫板、笔

1. 开场介绍

介绍自然解说员和安全员；介绍活动的流程；强调安全注意事项。

2. 生物观察课程：探秘高山植物

带领学生在玉渡山高山植物园，观察认识高山植物，学习高山植物的根部、树干、枝条、花朵、果实的颜色、纹理、结构等知识。了解不同植物适应玉渡山这类高海拔地区生态环境的方式。对比同一种植物在高山与北京城区内表现出不同的形态与发育特征。完成高山植物调查记录表（见附件）。

举例如下。

（1）卫矛（鬼箭羽）：灌木；小枝常具木栓翅（鬼箭羽的由来）。叶对生，卵状椭圆形、窄长椭圆形，偶为倒卵形，边缘具细锯齿，两面光滑无毛。

（2）水毛茛：可以长在水里，在繁殖时也会长出水面。在水里时，它的叶子是裂开的，这是为了适应水流的冲刷，这许多的开裂，可以减少水流对它的影响。而当它长出水面以后，叶子就会聚合起来。也就是说同一株植物，在水里时和挺出水面时的叶子是不一样的，会生出两种叶子。这表现了植物对生态的适应性。

（3）白桦：这里我们看到了两棵树，从树皮观察，它们很不一样，但是它们其实都是白桦。这棵已经开始脱皮的，是年纪大一些的白桦，它刚刚开始脱皮，要脱落的树皮颜色较深，里面的树皮是白色的。旁边光滑的是白桦"年轻"的时候，还有一种是黑桦，再抬头看，像榛子一样，和雄花很相似的是它的雄花，胖胖的是它的果实。

（4）白头翁：叶均基生，有长柄，掌状或者羽状分裂；5片假装的花瓣实际是膨大的萼片，真正的花瓣已经消失了；聚合球果形，单粒果实小，有柔毛，宿存花柱羽毛状，授粉成功后花柱还会伸长（名字由来）。

3. 生物课程：冷水水生昆虫考察

专业学者带领学生考察玉渡山水质情况，调查不同海拔、不同水质状况、不同水流速度下生活的水生昆虫，引导孩子总结昆虫对不同环境的喜恶情况。了解溪流中常见水生昆虫的名称、形态特征、生活习性等。完成水生昆虫调查记录表（见附件）。

举例如下。

（1）蜉蝣：幼期（稚虫）水生，生活在淡水湖或溪流中。春夏两季，从午后至傍晚，常有成群的雄虫进行"婚飞"，雌虫独自飞入群中与雄虫配对。产卵于水中。卵微小，椭圆形，具各种颜色，表面有络纹，具黏性，可附着在水底的碎片上。稚虫期数月至1年或1年以上，蜕皮20～24次，多者可达40次。成熟稚虫可见1～2对变黑的翅芽。其两侧或背面有成对的气管鳃，是适于水中生活的呼吸器官。吃高等水生植物和藻类，秋、冬两季有些种类以水底碎屑为食。常在静水中攀缘、匍匐或在底泥中潜掘，或在急流中吸附于石砾下栖息。稚虫充分成长后，或浮升到水面，或爬到水边石块或植物茎上，日落后羽化为亚成虫。亚成虫与成虫相似，已具发达的翅，但体色暗淡，翅不透明，后缘有明显的缘毛，雄性的抱握器弯曲不大。出水后停留在水域附近的植物上。一般经24小时左右蜕皮为成虫。这种在个体发育中出现成虫体态后继续蜕皮的现象在有翅昆虫中为蜉蝣目所仅有。这种变态类型特称为原变态。成虫不进食，寿命短，一般只活几小时至数天，所以有"朝生暮死"的说法。蜉蝣成虫在其短暂一生中负责交配，繁衍后代。

（2）石蛾：成虫称为石蛾，幼虫叫石蚕。雌体将卵产在水中，或产于水面上或水面下达岩石和植物上。数日后石蚕孵出，均生活于淡水中，以藻类、植物或其他昆虫为食，食性依种而异。多数幼虫自行以沙粒、贝壳碎片或植物碎片筑成可拖带移动的巢壳。唇腺分泌丝质物质，用以将这些材料黏结成壳。巢壳通常呈管状，两端开口；覆盖幼虫的腹部，而其被甲的

植物篇

头部和胸部突出于巢壳之外。许多幼虫经过一个发育阶段后，将巢壳黏附于固体物质上，将其两端封闭，在其内部化蛹；另一些种类则另建一个茧。蛹发育成熟后将巢壳或茧切穿或咬穿，游到水面完成变态，变为成虫。

活动评估

此次动植物的调查活动适宜开展的时间为5～11月，单飞和亲子都很适合。活动内容充实有趣，有研有玩，让学生学到知识的同时，也可提高动手、观察、解决问题的能力，提高学生的学习兴趣，是非常适合小学生户外动植物实践的课程。

1. 学生能够掌握至少5种玉渡山高山植物，水生昆虫的名称、形态特征和生活习性等相关知识。

2. 通过专业老师讲解后小组合作，培养其合作能力、观察能力。

3. 通过引导式提问激发孩子主导思考，培养孩子的语言表达能力与认知能力。

4. 提高环保理念，培养学生爱护保护野生植物以及与自然和谐相处的能力。

活动风险点

1. 活动中体验者有可能受到有毒动植物及意外伤害。

2. 玉渡山景区山深路偏，在活动中有一段路线没有信号。

3. 如遭遇暴风雨、冰雹、泥石流等天气原因导致无法进行户外活动。

4. 忘忧湖环湖道路较为狭窄，水畔活动有落水风险。

探秘高山植物

冷水水生昆虫考察

填写高山植物调查记录表

活动安全应急预案

1. 安排有经验的辅助老师在队伍最后收尾,并按需随身携带医药包。
2. 为保障活动安全,主办方为参加活动的人员购买意外伤害保险。
3. 现场安排应急车辆,现场配备专职安保人员,设置紧急撤退路线。
4. 及时查询官方天气预报,遭遇突降大雨等天气将部分活动改在室内进行。

附件

玉渡山高山植物调查记录表

姓名：_____　　　　　　　　日期：_____

序号	植物名称	植物特点
1		
2		
3		
4		
5		
6		
7		
8		
9		
10		
11		
高山植物特点		

玉渡山水生昆虫调查记录表

姓名：_____　　　　　　　　日期：_____

序号	物种名称	物种特点	生活环境
1			
2			
3			
4			
5			
6			
水生昆虫和水质的关系			

植物篇

野鸭湖动植物科普活动

张毓（翠雀） / 北京科普游子

【活动目标】学生能够认识湿地，说出野鸭湖湿地生物物种名称，了解其相关生物学特征；掌握湿地栖息地修护的方法和意义。通过专业老师讲解后小组合作，培养其合作能力、观察能力。通过引导式提问激发学生主动思考，培养学生的语言表达能力与认知能力。提高学生的环保理念，培养他们爱护保护野生植物以及与自然和谐相处的能力。

【受众群体】6~12岁的学生

【参与人数】30人

【活动场地】北京延庆野鸭湖

【活动类型】解说学习型、场地实践型

【所需材料】昆虫盒、记录表、垫板、笔等

【活动时长】270分钟

活动过程

时长	活动流程内容	场地/材料
150分钟	湿地自然课堂	野鸭湖湿地 / 记录表、垫板、笔、昆虫盒、望远镜等
60分钟	博物馆课堂	湿地博物馆
60分钟	野鸭湖水质检测	野鸭湖湿地 / 水质检测试剂、试管、滴管等

1. 湿地自然课堂

学习栖息地修护方法以及好处，采用样线法学习湿地栖息地修护的方法，学习记录沿途看到的水生动植物，完成相关记录表填写；了解湿地，认识湿地的重要性，知道为什么说湿地是地球之肺、我们为什么要保护湿地；湿地里孕育了哪些不同的生命，以及湿地生物多样性高的原因等；通过专业的方法学习湿地栖息地修护；并通过填写记录表调查湿地里的动植物，了解生物调查的方法。

湿地自然课堂

野鸭湖水质检测

2. 博物馆课堂

认识各种各样的水生植物及鸟类，学习其相关的识别特征和生物特性，提高野外识别的能力，并补充野外无法近距离或细致观察某些动物的感官体验。

3. 野鸭湖水质检测

学习水质检测的意义及方法，自己动手进行检测，并分析水质检测结果；提升孩子们的动手能力，锻炼观察与思考的能力；通过专业的实验方法、严谨的分析方法，增强孩子们对科学实验的认识，并引导孩子们将水质检测的方法与分析的方法运用到生活之中。

活动评估

1. 此次动植物的调查活动适宜开展的时间为4～11月，单飞和亲子都很适合。

2. 活动内容充实有趣，有研有玩，让学生学到知识的同时，也可提高动手能力、观察能力、解决问题的能力，提高学生的学习兴趣，是非常适合小学生户外动植物实践的课程。

活动风险点

1. 活动过程中，学生可能会摔倒或其他意外伤害。

2. 如遭遇暴风雨、冰雹、泥石流等天气原因导致无法进行户外活动。

活动安全应急预案

1. 为保障活动安全，主办方为参加活动的人员购买意外伤害保险。

2. 老师随身携带医药包。为防止意外，在活动进行过程中，家长陪同并且老师随时提醒危险位置。若学生无家长跟随，则需要老师与该学生成组进行。

3. 现场安排应急车辆，现场配备专职安保人员，设置紧急撤退路线。

4. 及时查询官方天气预报，遭遇突降大雨、冰雹或雷阵雨等天气启动雨天活动应急预案，部分活动将改在室内进行，活动时长和内容将做适当调整。大雨或持续降雨天气，活动取消或者延期。

5. 时间把控。因学生的注意点、理解能力以及自身体质、动手实践等不同，可能会使课程时间有所延长，设计活动时，要预留一部分时间。

水稻收割

李雪滢 / 天津科普游子

【活动目标】本次水稻收割活动以收割体验为切入点，弘扬农耕文化，普及农作物的生长规律等生物学知识，力求让参与者在稻田收割实践中，树立正确的劳动观点和劳动态度，使参与者"勤四体，分五谷"，树立节约粮食的意识，促进德智体美劳全面发展。

【受众群体】7～14岁的学生

【参与人数】15～20人

【活动场地】天津市北辰区

【活动类型】解说学习型、自然创作型、场地实践型

【所需材料】镰刀、手套、绘画颜料、画笔、实验器皿及试剂、pH试纸

【活动时长】280分钟

活动过程

时长	活动流程内容	场地/材料
10分钟	开场介绍	大巴
60分钟	水稻知识讲座	科普教室 / 电脑、投影仪
60分钟	草帽DIY创作	科普教室 / 草帽、相关颜料和画笔
60分钟	大米成分实验及土壤酸碱度检测	科普教室 / 检测试剂、试管
30分钟	水稻收割体验	稻田
60分钟	扎稻草人	稻田

1. 开场介绍

介绍自然解说员和安全员；介绍活动的流程；强调安全注意事项。

2. 水稻知识讲座

讲座由古人类的生产方式变迁讲起，利用"疯狂原始人"从狩猎采集至农业的故事引发参与者的兴趣，回顾起源世界三

大动植物驯化中心,切入中国古代先民对五谷的驯化过程,介绍水稻的形态结构、生长过程、农时特点,进一步介绍现代杂交水稻技术,使孩子们对于水稻的栽培历史和现代科学研究成果有所了解,学习植物学研究方法与思路。

3. 草帽DIY创作

学习草编文化的起源与发展,了解农耕活动中草帽的多种用途,并发挥想象与创造力,为自己绘制独一无二的草帽。

4. 大米成分实验及土壤酸碱度检测

通过对比试验,探究大米的主要成分,了解谷物为人类提供日常所需的哪些营养物质;学习化学检验的原理与操作方法等知识;学习pH试纸代表的含义及使用方法,并检测稻田中土壤的酸碱度,了解当地水稻的生长环境。

5. 水稻收割体验

学习镰刀的使用方法及水稻收割的技术要领,家长与孩子分工合作体验水稻收割过程;了解原始与现代的水稻收割、脱粒与脱壳方法,体验水稻脱粒劳动,感受农耕活动的辛劳与乐趣。

6. 扎稻草人

利用收割下的水稻茎秆进行稻草人制作,学习稻草人各部位制作方法,了解农耕文化。

活动评估

本次自然体验教育活动围绕"收割水稻"这一主题设计了系统课程与实践活动,活动中涉及的讲解知识通俗易懂、体验环节参与度高,具有很强的科普性,达到带领参与者走进自然亲近自然、培养参与者勤劳的劳动态度、激发参与者的动手实践能力与艺术创造力等目的。参与者可有以下几点收获。

1. 知识范围丰富与深度增强:本活动围绕水稻进行科普知识讲解,从野生水稻的发现到驯化过程,再到先进的杂交培育技术,使孩子了解水稻的前世今生;同时,将水稻的生长过程与稻农各个时期的工作相结合,学习农耕时令与文化;最后,通过草帽与稻草人的制作对水稻的其他用途有了一定的了解,在水稻相关知识上讲解范围广泛且丰富。

2. 技能与能力提升:在科学实验探究过程中,孩子们学到了严谨的对比实验思路及科学的实验操作方法,提升了逻辑推理与总结能力;在草帽DIY活动和稻草人制作活动中,孩子们锻炼了创造与想象力,提升了美术构图、配色及形态塑造等方面的技能。

3. 情感与意识培养:水稻收割与原始水稻脱粒方式的体验中,孩子们能够体会到农事的辛劳,并以此加强节约粮食的意识,减少浪费行为;学习现代农业栽培技

草帽DIY创作

植物篇

水稻收割体验

术能够启发孩子们对于科学研究与创造的兴趣，提升学习兴趣。

活动风险点

1. 本活动开展时间根据当年水稻成熟时间而定。

2. 活动中用到镰刀等利器，收割体验应在家长或教师看护下进行，避免受伤。

3. 实验探究环节中用到实验药品，应提醒儿童做好防护，避免误食误吸。

京彩燕园彩叶植物考察

万萍萍（海棠） / 北京科普游子

【活动目标】本次彩叶植物考察活动旨在提升参与者自然及艺术两方面的综合素质。在自然植物方面，通过讲授树木生长发育的过程，演示人工育苗、栽培、扦插、嫁接等园林技艺，引导学生亲手完成科学实验等手段。激发其对大自然的好奇心，提升其观察认知能力，培养其科学思维方法，提高其环境保护理念，力求培育出能与自然和谐相处的学生。

在造型艺术方面，通过鉴赏苗圃内盆景、苗木，了解园艺工作者对苗木生长发育过程的干预与改造过程，领会苗木盆景造型工作背后的美学原理，提升参与者的美学涵养。

【受众群体】6~12岁的小学生
【参与人数】30人
【活动场地】通州京彩燕园苗圃
【活动类型】解说学习型、自然创作型
【所需材料】采集袋、记录表、垫板、笔
【活动时长】240分钟

活动过程

时长	活动流程内容	场地/材料
10分钟	开场介绍	大巴
60分钟	生物观察课程：认识树与盆景	苗圃 / 讲解器
90分钟	生物观察课程：认识彩叶植物	苗圃彩叶植物区 / 手卡、收集袋
60分钟	化学实验课程：变色的秘密	科普教室 / 试管、试管架、白醋、面碱、紫甘蓝、滴管、纯净水、水壶
20分钟	彩叶画制作	科普教室 / 干燥树叶、塑封机、塑封膜、树叶画背纸、白乳胶、剪刀、镊子

植物篇

1. 开场介绍

介绍自然解说员和安全员；介绍活动的流程；强调安全注意事项。

2. 生物观察课程：认识树与盆景

在苗木区，回顾校园内、公园里、小区中、道路边的常见树木，通过提问等方式激发参与者对身边树木来源的兴趣，引入城市内树木的来源生产地——苗圃。带领孩子参观苗圃中的不同生长发育阶段的树苗，讲述苗木生长过程，介绍树木的根部、树干、枝条、花朵、果实的颜色、纹理、结构等知识，并学习双容器育苗技术等。

鉴赏苗圃内盆景，对比盆景植物与自然生长植物的造型区别，了解园艺工人干预盆景植物生长发育的方法与目的，对比国内南北园艺流派的美学意趣区别，讲述园艺造型艺术的审美原理。

3. 生物观察课程：认识彩叶植物

在彩叶植物区，带领孩子观察苗圃中培育的各类彩叶植物，认识植物叶片的宏观形状、微观结构、叶脉特征、叶片颜色等特征，讲授通过叶片鉴别常见彩叶植物的方法。通过各色叶片，引起参与者对叶片颜色变化的好奇心，讲述不同季节植物叶片变化的过程，并深入解释其原因。最后，带领参与者收集各色植物叶片，并通过提问等方法巩固知识、强化记忆。

4. 化学实验课程：变色的秘密

利用采集的各色彩叶植物，进一步探索彩叶植物叶片变色的秘密。利用准备好的实验器材，安排参与者先观看演示后，自主动手进行实验，提取叶片内决定颜色的化学物质，并添加各类化学物质，模仿气温、酸碱度等环境的变化，观察颜色的变化。通过这些实验了解叶片变色的秘

种子结构讲解

彩叶植物画制作

密，并锻炼实验动手能力。最后分组创作彩叶植物画。

5. 彩叶画制作

活动评估

此次动植物的调查活动适宜开展的时间为9~11月，单飞和亲子都很适合。活动内容充实有趣，有研有玩，让学生学到知识的同时，也可提高其动手能力、观察能力以及解决问题的能力，提高学生的学习兴趣，是非常适合小学生户外植物实践的课程。

活动风险点

1. 苗圃面积大，可能有人掉队，跟不上队伍。

2. 活动过程中，学生可能会摔倒，需随身携带医药包。

3. 围绕着苗圃走的时候，需要提前强调保护苗圃里的设施和动植物。

4. 实验过程中会用到开水，应避免学生被烫伤。

5. 时间把控。因学生的注意点、理解能力以及自身体质、动手实践等不同，可能会使课程时间有所延长，设计活动时，要预留一部分时间。

活动安全应急预案

1. 为保障活动安全，主办方为参加活动的人员购买意外伤害保险。

2. 现场安排应急车辆，配备专职安保人员，设置紧急撤退路线。

3. 及时查询官方天气预报，遭遇突降大雨、冰雹或雷阵雨等天气启动雨天活动应急预案，部分活动将改在室内进行，活动时长和内容将做适当调整。大雨或持续降雨天气，活动取消或者延期。

植物篇

古树长寿的奥秘
——中山公园的古树名木

唐硕 / 北京市中山公园管理处

【活动目标】
1. 了解北京市的古树名木的概况。
2. 以中山公园的古树名木为例，了解公园内著名古树的历史文化、树种特性、保护措施。
3. 通过问答测试、手工制作、实地观察培养学生爱护保护古树名木的情怀。

【受众群体】8岁以上的学生
【参与人数】20人
【活动场地】中山公园科普小屋（室内）、槐柏合抱和七株辽柏栽植区（室外）
【活动类型】解说学习型、自然创作型
【人员配备】自然讲解员1人，辅助工作人员4人，安全负责人1人
【所需材料】桌椅、电脑、显示屏、激光笔、演示课件、测试答卷、彩纸条、冷裱膜、干燥侧柏叶片、麻绳、彩笔、乳胶
【活动时长】120分钟（9:00~11:00）

活动背景

北京市中山公园原址是唐代古幽州城东北郊的一座寺庙，在辽金时期是都城东北郊的兴国寺。元代改名万寿兴国寺。现今公园南坛门外七株最粗大的柏树就是辽寺遗物，至今已寿达千年。明永乐十八年，按照《周礼》"左祖右社"的制度，将此修建为社稷坛。建坛初期，环绕社稷坛栽植了大量柏树，之后时有补栽，奠定了今日公园古柏森然的园林景观。根据史料记载及实地测量，可以确定柏树的树龄"四世同堂"。园内古树参天，苍劲挺拔，规则排列，气势磅礴，除了辽柏景观，公园还有槐柏合抱的奇特景观。依托公园古树名木的历史文化背景和物种资源优势，对公众开展宣传保护古树名木的科普活动。

活动过程

时长	活动流程内容	场地/材料
40分钟	课程讲解（PPT讲解）	中山公园科普小屋室内 / 桌椅、电脑、显示屏、激光笔、演示课件
15分钟	课堂测试	中山公园科普小屋室内 / 测试答卷、笔
15分钟	制作纪念书签	中山公园科普小屋室内 / 彩纸条、冷裱膜、干燥侧柏叶片、麻绳、彩笔、乳胶
50分钟	实地观察，现场交流	室外 / 按照设计路线参观：科普小屋南广场—槐柏合抱—七株辽柏

1. 课程讲解

课程讲解（PPT讲解）的主要内容：

（1）什么是古树名木？通过问题引入，以《北京市古树名木保护管理条例》《古树名木评价标准》为依据讲解古树名木的确认、分级和现行古树名木标识牌的意义，过程中穿插讲解古树树龄的鉴定方法，以及北京市古树名木的概况，北京坛庙园林的造景手法等。

（2）中山公园古树名木的基本情况，包括公园古树名木的历史文化、分布格局、树种特性和保护措施等。重点介绍公园著名古树景观七株辽柏和槐柏合抱。

（3）古树长寿的奥秘。从五个方面简要说明古树长寿的原因，并配以公园古树景观的欣赏。

（注：学生单独参加。）

2. 课堂测试

对同学听课情况的检验，结合讲解内容提前准备3道题目：①北京市的古树分几级？红色牌和绿色牌分别代表什么意思？②列举中山公园最有代表性的古树名木。③中山公园的古树名木有哪些树种？再次巩固古树名木的相关科普知识，让同学们不虚此行。

（注：学生单独参加。）

3. 制作纪念书签

用事先准备好的干燥侧柏叶片，在彩纸条上摆出自己喜欢的图案，用少量胶水固定，再用彩笔在剩余部分写下爱护古树保护环境的宣传语，最后用冷裱膜封好纸面，在书签边角处打孔穿麻绳，完成书签作品（PPT同时辅助提示宣传语和书签成品的样例）。

（注：学生单独参加。）

4. 实地观察，现场交流

重点讲解：①古树标识牌的意义；②侧柏和桧柏的区别；③槐柏合抱的生长过程，害虫诱捕器、保护措施等；④依次观察七株辽柏的单株特点，树瘤、蛀孔、树皮、共生植物、保护措施等；⑤现场解答同学与家长的问题。

（注：学生和家长同时参加。）

植物篇

活动评估

通过课堂测试答题了解到同学们对于古树方面的知识还有欠缺，一些概念比较容易混淆，在公布正确答案的时候，老师重新做了讲解。同学们的答题情况也为今后课程教案的设计工作提供了重要参考。

通过简单的动手制作，让同学再次熟悉侧柏树种的知识，了解侧柏叶的结构特点。用简洁的语句表达自己保护环境的心声。同学们集思广益，整个制作过程非常认真，在老师们的简单指导下，每个人都做出了自己独一无二的作品，很有成就感！

活动风险点

1. 室外活动环节，易受天气影响，需关注天气情况。如遇恶劣天气需要及时调整活动时间。

2. 室内制作纪念书签环节，所需材料种类比较多，特别要注意胶水的用量和冷裱膜的粘贴。需要多名工作人员现场辅助，保证每位同学都能做出成品。

同学们自制的纪念书签

工作人员在展室内讲解古树课程

森林树木

北京西山国家森林公园

【活动目标】本次森林体验活动以认识森林树木为主题,在森林环境中互动体验,通过打开五感的方式,走进自然、观察自然、感受自然,培养孩子们热爱自然的态度,唤醒孩子们保护自然的生态意识。

【受众群体】亲子家庭(儿童年龄6~12岁)

【参与人数】10个家庭

【活动场地】西山国家森林公园森林大舞台及自然观察径

【活动类型】解说学习型、自然创作型

【所需材料】动物挂饰、帐篷、活动手册、镜子、眼罩、胶水、木材、长锯、电子秤、树苗、水桶、铁锹、手套、森林手工包

【活动时长】330分钟

活动过程

时长	活动流程内容	场地/材料
5分钟	开场介绍:介绍自然讲解员及今日活动安排	森林大舞台对面草坪
20分钟	我是谁?破冰游戏	森林大舞台对面草坪/动物挂饰
40分钟	搭建场地:小朋友和父母一起搭建帐篷	油松林/帐篷
15分钟	镜像树冠:在森林中漫游,体验迷人的树冠世界	油松林/镜子
30分钟	认识树皮:感受不同树木的树皮纹理	油松林/眼罩
30分钟	构建根系:团队合作,了解不同种类的植物根系	油松林/胶水
40分钟	锯材游戏:体验锯木材,了解不同种类树木的软硬、密度	森林大舞台对面草坪/木材、长锯、电子秤
30分钟	亲子午餐:亲子森林午餐	森林大舞台对面草坪
30分钟	亲子植树:每个家庭种植一棵树	森林大舞台附近/树苗、水桶、铁锹、手套
40分钟	森林手工:利用树叶、树枝、果实等森林物品创意制作手工品	森林大舞台对面草坪/森林手工包
30分钟	作品展示及分享	
20分钟	收拾活动场地	

1. 教学活动：我是谁

教学目标：①了解森林动物特性并模仿；②父母与孩子间的默契配合。

教学场地：开阔的场地。

教学对象/人数：10个亲子家庭。

教学时间：20分钟。

教学器材：动物挂饰20个。

教学流程：

（1）教师开场：请小朋友围成一个圈，参与的一名家长站在身后。刚才在签到时都选择了你们喜欢的动物挂饰，当作你们的自然名，并藏在书包中。每一位小朋友和家长一起通过表演，让其他小朋友猜动物挂饰名称。猜出动物挂饰名称后，将动物挂饰挂在书包上，并将挂饰名称作为自然名。在活动期间，可以用参与者们自然名称呼他们。

（2）小朋友和家长依次进行肢体表演。

（3）被猜出名字的小朋友的家长，发同款挂饰一个，挂在背包上。

2. 教学活动：搭建场地

教学目标：①培养动手能力；②父母与孩子间的默契配合。

教学场地：开阔的场地。

教学对象/人数：10个亲子家庭。

教学时间：40分钟。

教学器材：帐篷10个、防潮垫10个。

教学流程：

（1）活动讲解师示范搭建帐篷。

（2）参与者根据随机领取帐篷的颜色分组搭建，同一颜色的分为一组，可相互帮助进行搭建。

（3）搭建完成的家庭领取教学活动背包（活动手册1本、镜子1个、眼罩1个、森林手工包1个，扇子1把）。

3. 教学活动：镜像树冠

教学目标：从不同的角度观察树冠、认识树冠。

教学场地：一段林下道路，一段园路。

教学对象/人数：10个亲子家庭。

教学时间：40分钟。

教学器材：手持小镜子10个。

场地准备：

（1）第一段路选择植被种类丰富的林下道路，乔灌、阔叶常绿均有，便于观察对比。

（2）第二段园路选择树木较少，无遮挡的大路。与第一段路区别较大。

教学流程：

（1）教师开场：大家拿出背包里面的小镜子，今天老师带领大家从一个新的角度观察森林。

（2）第一段路走林下道路，第二段路走园路。

①参与者前后站成一排长队，后者把一只手放在前面的肩膀上，另一只手拿着镜子。

②参与者把镜子放在鼻子和眼睛之间，调整位置，直到能看到树冠为止。

③带队的讲解师沿着预先选好的森林小路前进。行进速度要慢，让参与者充分观察树冠。

④行走过程中，参与者注意力放在镜子上。

（3）提问：咱们刚才走的这两段路，你们看到的有什么区别，你们来谈一谈感受。

建议事项：①观看树冠时注意学生的

安全，选择较平坦道路，避免摔倒；②学生们最好排好队行走，要配有老师在旁负责学生安全。

4. 教学活动：认识树皮

教学目标：① 认识不同树种的树皮结构特点；②认识年轮；③会测量胸径。

教学场地：有多种树木的开阔场地。

教学对象/人数：10个亲子家庭。

教学时间：30分钟。

教学器材：眼罩10个。

教学流程：

（1）教师开场：下面这个环节，要让小朋友们去用手感受森林里的树木，看看每棵树摸起来都是什么感觉呢。

（2）参与者统一带上眼罩，由家长领到树旁，用手感受树皮。参与者摘下眼罩，通过观察和触摸，找到自己摸到的树种，并站在树旁。参与者讲述自己的判断依据，并公布选择是否正确。

（3）老师讲解年轮的故事。

（4）用胸径尺测量摸到的树木胸径。

年轮的故事示意图

5. 教学活动：构建根系

教学目标：了解植物根系的结构。

教学场地：有桌椅的场地，方便动手操作。

教学对象/人数：10个亲子家庭。

教学时间：30分钟。

教学器材：白色硬卡纸10张、树枝松针等若干、白乳胶10个、彩笔10支。

教学流程：

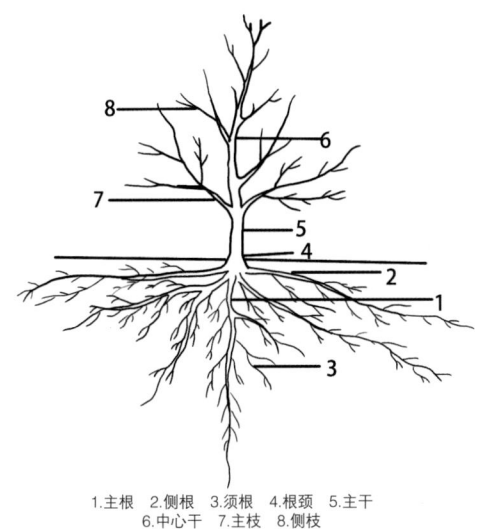

1.主根 2.侧根 3.须根 4.根颈 5.主干
6.中心干 7.主枝 8.侧枝

树木树体结构

根据所给图片构建树木根系。

（1）把参与者分成三组。每一组在活动讲解师的带领下，在森林中收集干树枝或松针。

（2）利用干树枝或松针和所给根系类型图构建出树木根系的形状。

（3）完成后进行讲解，在造林过程中不同的土壤类型选择相适应根系的树种。

建议事项：可以结合根系吸水实验，更清晰地了解植物根系的作用。

6. 教学活动：锯材游戏

教学目标：体验锯木材，了解不同种类树木的软硬、密度。

教学场地：开阔的场地，避免拥挤。

教学对象/人数：10个亲子家庭。

教学时间：40分钟。

教学器材：木材10根、手锯10个、电子秤1台。

教学流程：

（1）请每个家庭从不同原木上锯下自己估计的500克重的木段。

（2）将不同的木段放在天平上称重。这个环节比较紧张，参与者不知道他们锯下的木盘是否与事先要求的重量相符。

（3）活动讲解师讲解不同类型的树木，其软硬、密度都存在区别。

（4）活动讲解师讲解年轮中显示的信息。

建议事项：小朋友要在家长的指导下使用手锯，注意安全。

7. 教学活动：亲子午餐

教学场地：有桌椅的场地。

教学对象/人数：10个亲子家庭。

教学时间：30分钟。

教学器材：自备午餐。

教学流程：小朋友和家长一起在森林中享受午餐。

8. 教学活动：亲子植树

教学目标：①认识树木结构；②培养动手能力。

教学场地：提前选好植树的场地，避免在游客多、人员聚集的地方。

教学对象/人数：10个亲子家庭。

教学时间：30分钟。

教学器材：树苗10株、水桶10个、铁锹20把、手套20双。

教学流程：

（1）教师开场：小朋友们，在刚才的活动中，我们已经认识了树木是由哪几部分组成，接下来将由你们和家长一起亲手种一棵小树吧。

（2）种植步骤：①挖坑。根据根系的长、宽挖大小适宜的树坑。一般应比根幅范围或土球大，周围应加宽40～100厘米，高度加深20～40厘米。挖坑时要将表面的熟土、下面的黄土分倒在坑两侧。树坑的好坏对栽植质量和日后的生长发育有很大影响，因此要格外注意，树坑以圆柱形最好，以树干为圆心画圈，沿圈边向下垂直挖掘，直到达到规定深度，要保持上下垂直，大小一致，切忌挖成上大下小的锥形或锅底形，否则栽植踩实时会使根系劈裂、拳曲或上翘，造成不舒展而影响树木的生长。

②回填。种树前应该按树根的长、宽及其根系顶端长度的情况，在坑内先回填部分熟土。一般情况下，回填20～30厘米的熟土。

③栽植。为了确保植树成活，林业和园林绿化专家细化植树要领，提出植树的要诀——"一垫二提三埋四踩"：一垫是在挖好的树坑内再垫一些松土，树木栽种的时候要轻提树茎、抖松，以保证树根的呼吸畅通，起到梳理树根的作用，而埋树的土要分3次埋下，每埋一次要踩实土壤，其间至少要踩4次。在第3次填土后，尽量保证与坑面平齐。然后，在坑面上围一个大圆盘，便于浇水养护。

④浇水、覆土、保墒。栽后应立即灌水，无雨天不要超过一昼夜就应浇头遍水。水一定要浇透，使土壤吸足水分，有助于根系与土壤密接，才能确保成活。浇完水后，覆盖一层薄土，减少水分蒸发，保持水分。

树木种植步骤

9. 教学活动：森林手工

教学目标：认识到森林"废弃物"的创意利用。

教学场地：森林手工坊。

教学对象/人数：10个亲子家庭。

教学时间：40分钟。

教学器材：森林手工包。

场地准备：

说明：①活动开始前提前发布好占用场地信息（活动海报），防治与游客发生冲突；②手工工具提前摆放在活动地点。

教学流程：

（1）教师开场：每人手里都有一个森林手工包，里面有工具和手工材料，大家可以用这些材料，发挥自己的想象力做一个独一无二的手工作品。老师这里也有一些作品，可以给大家展示一下，供大家参考。等大家做完后，请每个人与大家分享你们的作品，我们会给每位成员和作品进行拍照。现在大家就开始创作吧。

（2）作品展示：老师提问，"你做的是什么呀？跟大家介绍一下。各部分都是什么做的？"本次自然体验教育活动围绕"森林树木"的主题设计的一系列环节，达到了带领孩子走进自然、观察自然、感受自然的目标，同时培养了孩子们热爱自然的态度，唤醒了孩子们保护自然的生态意识。活动中涉及的讲解知识通俗易懂、体验环节参与度高，具有很强的科普性。

活动评估

本次自然体验教育活动围绕"森林

认识树木的年轮

树木"的主题设计的一系列环节,达到了带领孩子走进自然、观察自然、感受自然的目标,同时培养了孩子们热爱自然的态度,唤醒了孩子们保护自然的生态意识。活动中涉及的讲解知识通俗易懂、体验环节参与度高,具有很强的科普性。

活动风险点

1. 活动中人员受到意外伤害。
2. 活动遇意外情况需紧急疏散。
3. 天气原因导致无法进行户外活动。

活动安全应急预案

1. 为保障活动安全,主办方为参加活动的人员购买意外伤害保险。
2. 现场配备专职安保人员,设置紧急撤退路线。
3. 现场安排救护车应急。
4. 突降小雨或阵雨天气启动雨天活动预案,部分活动将在大帐篷或茶舍进行,活动时长和内容将做适当调整。大雨或持续降雨天气,活动取消并延期。

小朋友和父母一起搭建帐篷

每个家庭种植一棵树

植物篇

此生无悔，"植迷不物"

赵安琪（熊猫）／北京林学会

【活动目标】了解中国传统，学习植物扎染，感受古人的智慧。
【受众群体】小学生、中学生、亲子家庭均可
【参与人数】每组10~15人
【活动场地】山区林地，北京密云长峪沟自然休养林
【活动类型】解说学习型、自然创作型
【所需材料】铲子、染好的手帕1块（用于展示）、纯白色手帕每组15~20块、白板、马克笔等
【人员配备】每组1位老师、1位助教
【活动时长】8小时

活动过程

时长	活动流程内容	场地
10分钟	开场介绍	自然学校门前空地
20分钟	互相认识——破冰游戏	自然学校门前空地
120分钟	自然解说、原料采集	东沟自然观察径——百草药园
30分钟	整理物料、知识分享	自然教室
90分钟	生机午餐	自然教室
180分钟	植物扎染	手工坊
30分钟	分享总结	自然教室

1. 开场介绍

说明活动背景意义，介绍整个活动流程及活动过程中的注意事项。

2. 互相认识——破冰游戏

学生围成一圈坐好，起自然名，说出自己对活动的期待，以及之前对植物染的了解和认识。

3. 自然解说、原料采集

对具有染色功能的植物进行解说，如牡丹、板蓝根、茜草、苏木等，结合历史典籍、文学作品；学生在解说员指导下自

已动手采集植物染原料需要的植物叶、根等部位。

4. 整理物料、知识分享

将采集到的原料清理干净备用，围成圈分享每个人对植物的认知及植物功能利用。

5. 生机午餐

利用午餐和休息的时间，创造出轻松的氛围，分享上午的感触以及生机午餐的意义和垃圾分类。

6. 植物扎染

讲解植物扎染的背景及步骤，学习简单的打结，制作染液，印染。

7. 分享总结

相互展示作品，分析制作成功/失败的原因。

植物扎染的步骤

1. 介绍植物扎染的背景：牡丹、板蓝根、茜草、绿茶、红茶、柿子叶、苏木、五倍子、紫草、荔枝皮、山竹等植物，有些是我们常见的，有些是中药材，你知道这些都可以为布料染色吗？下面就跟大家分享一个植物扎染布DIY详细教程。（先展示一张成品图。）

这是用苏木和五倍子套色染的小方巾，方巾的料子是斜纹的野蚕丝料子。

2. 准备材料：丝巾，白色丝巾；草木染的中药材（以苏木为例）；明矾（固色用的，食盐也可以，明矾比较好），药店有卖，染一条丝巾时，只需要5克到10克，溶解在烧杯中备用；不锈钢的小锅1只，最好选用深一点的锅，这样可以将布浸得深一点；烧杯1只；玻棒1只，用来搅拌媒染液；竹木筷1双，用来翻煮丝巾；绳子若干，最好剪成长30～40厘米的小段，用来扎丝巾。

步骤一：用准备好的小绳将丝巾绑好，可随意绑扎，出来的效果各不相同。

步骤二：把明矾放到开水中溶解。把扎好的丝巾浸泡在明矾液中，大概半小时后，取出晾干。

步骤三：用小的不锈钢锅加水和苏木后，慢慢地煮大概1小时，水变得很红了。然后将煮好的水倒在另一个小锅中。再把苏木加水继续煮，这时需要半小时到一小时也就够了，捞出苏木不用，然后将第一次煮出的水加回到锅中，烧开，将丝巾放进去煮。水开后只需要10分钟就可以，然后转成小火继续煮，将近1小时，将丝巾捞出晾干。注意在灶台上铺一些纸或布，因为染液的染色性很强。然后就可以解绳子，在水里冲一下，再用洗衣液将浮色洗去。洗的时候会掉很多颜色，水都是红的，不过最后红色的丝巾还是做出来了。

活动评估

活动后的问卷满意度调查。可以根据自己所希望了解的内容设计调查问卷。

活动风险点

1. 植物扎染过程中需注意防火、防烫伤等安全问题。

2. 危险工具尽可能由老师统一发放和回收。

3. 3～4个人为一个小组，每小组派一名安全员或指导员。

植物篇

舌尖上的长峪沟

赵安琪（熊猫） / 北京林学会

【活动目标】远离水泥城市，感受森林福祉。
【受众群体】小学生、中学生、亲子家庭均可
【参与人数】每组10～15人
【活动场地】山区林地，北京密云长峪沟自然休养林
【活动类型】解说学习型、自然创作型
【所需材料】植物解说移动展板、拼图3张、分组旗、任务单（见附件1）及不同形状和纹路的种子各3套、每种4颗（依据人数分多少组就准备多少类别的种子）
【人员配备】每组1位老师、1位助教
【活动时长】300分钟

活动过程

时长	活动流程内容	场地
10分钟	开场介绍	自然学校门前空地
20分钟	互相认识——破冰游戏	自然学校门前空地
70分钟	舌尖上的森林	森林体验径
20分钟	整理物料、知识分享	自然教室
90分钟	生机午餐	自然教室
60分钟	描绘大森林、分享自己的森林画	自然教室
30分钟	分享总结	自然教室

1. 开场介绍

说明活动背景意义、介绍整个活动流程及活动过程中的注意事项。

2. 互相认识——破冰游戏

寻找好朋友——种子分组游戏：参与活动的12人，每人闭眼在老师的神秘布袋里领取一粒种子，不可以看，只能通过手

的触觉感受种子的样子；然后背对背寻找跟自己手里一样种子的"好朋友"；寻找成功后，即分出"红果果组、黄莺莺组、绿泡泡组"。

3. 舌尖上的森林

（1）活动开始前做长峪沟自然休养林的简单介绍。

（2）渲染森林中的丰富物产。

（3）领取任务单。

（4）分组完成任务——森林大搜索（寻找拼图及相关植物的元素）。

（5）完成猜谜及拼图。

（6）植物解说。

4. 整理物料、知识分享

依照任务单完成拼图后的植物图板即为本次活动"舌尖上的森林"的植物内容，大家根据自己所了解的知识内容进行分享。分享完成后可领取小茶点或小礼品（用所学习到的植物加工成的食品或物品）。

5. 生机午餐

利用午餐和休息的时间，创造出轻松的氛围，分享上午的感触以及生机午餐的意义和垃圾分类，倡导无痕山林，将垃圾背出大山。

森林大搜索——寻找拼图

拼好图片进行知识分享

植物篇

绘画大自然

6. 描绘大森林

用画笔将孩子们眼中的森林进行描绘，并写上对森林的寄语。

7. 分享总结

相互展示作品，讲述自己作品的含义。

活动评估

活动后的问卷满意度调查。可以根据自己所希望了解的内容设计调查问卷。

活动风险点

1. 户外森林需注意蚊虫、蛇、走失等安全问题。

2. 每小组选派一位安全员或小组长。

3. 如果以食品作为奖励，一定要选择具有食品认证的成品。

附件

附件1　任务单

任务单一（黄莺莺组）

任务一：搜索大森林

线索一：看花不像花，结出胖娃娃。

线索二：似鱼鳞，非鱼鳞，方方正正小块块。

线索三：一年四季变化多，春去秋来笑呵呵。

线索四：金灿灿，黄澄澄，卖到市场成饼饼。

任务二：描绘大森林

任务单二（绿泡泡组）

任务一：搜索大森林

线索一：当我年幼时，我的肢体有光滑的外衣；当我成年时，不再光滑，我的外衣出现了纵横的裂痕。

线索二：我的头很硬，这不算什么，重要的是，我还有一层厚厚的帽子保护着。

线索三：我的手比周围的朋友都大，风一吹来，我就尽情摇摆。

线索四：我很厉害，是世界著名的"四大干果之一"。

任务二：描绘大森林

任务单三（红果果组）

任务一：搜索大森林

线索一：幼枝紫、老枝灰，细细的小刺长满身。

线索二：白花花、绿叶叶，打着小伞逛林子。

线索三：自从有了它，吃饭就是香。

线索四：酸酸甜甜就是我！

任务二：描绘大森林

附件2　答案及解释

一、柿子（可做成便携小展板）

　　1. 知识点

　　柿子原产地在中国，柿树喜欢温暖的气候，充足阳光和深厚、肥沃、湿润、排水良好的土壤。

柿子树的花有雌雄之分，黄白色，并不起眼。

柿子虽然好吃，但吃的时候有很多禁忌。比如：不要空腹吃柿子，不要大量吃柿子，不要连皮一起吃……因为柿子含有较多的果胶、鞣酸，上述物质与胃酸发生化学反应生成难以溶解的凝胶块，易形成胃结石，而柿子中的鞣酸又绝大多数集中在皮中。

柿蒂、柿霜、柿叶均可入药。

柿子可以鲜食，也可制成冻柿子、柿饼等。

2. 线索

树皮深灰色至灰黑色，裂成长方块状；果实嫩时绿色，成熟后变为橙黄色，现在还能看到挂在枝头或落在地上。

二、核桃

1. 知识点

核桃树的叶子是奇数羽状复叶，长25～50厘米，小叶5～9个。树皮灰色，幼时不裂，老时浅纵裂。核桃树的花有雌雄之分，长得很不一样。核桃与扁桃、腰果、榛子并称为世界著名的"四大干果"。核桃营养价值高，又有药用价值，还可以用于雕刻、制成工艺品。

2. 线索

树皮灰色，浅纵裂；树叶很大，有长长的柄，在地上可以找到它们；果实球形，青色的外果皮成熟后脱落，内果皮十分坚硬。

三、山楂

1. 知识点

山楂的花是白色的，开时像一把伞。果可生吃或做果脯果糕（糖葫芦、山楂糕、果丹皮等），干制后可入药，是中国特有的药果兼用树种，具有降血脂、血压、强心、抗心律不齐等作用，同时也是健脾开胃、消食化滞、活血化痰的良药。

2. 线索

树皮粗糙，有时有刺，果实近球形，花是白色的。

奇妙的树冠之旅

雷旭红

【活动目标】让团队成员通过不同的视觉观察树冠，体验迷人的树冠世界，了解树冠带给人们的益处。

【受众群体】6岁以上人群

【参与人数】每组10人

【活动场地】选择树木茂密、种类繁多且道路平坦的林间小路

【活动类型】拓展游戏型

【所需材料】镜子

【活动时长】25分钟

活动过程

时长	活动流程内容	场地/材料
5分钟	让团队成员前后站成一排，后者将左手放在前者的肩膀上，每位成员右手拿着镜子	茂密且种类繁多的林间小路 / 镜子
5分钟	让团队成员把镜子放在鼻骨中央，使眼睛刚好看见镜面，在行走的过程中只能看见树冠为止	茂密且种类繁多的林间小路 / 镜子
10分钟	走在最前边的成员带领队伍一起沿着预先选好的一条富有变化的、有趣的小路前进，期间排头者要走得慢，这样以便更仔细地观察树冠，团队成员才能充分体验所看到的树冠世界	茂密且种类繁多的林间小路 / 镜子
5分钟	手持镜面，将镜面朝下，观察森林地面，在行走的过程中要求团队成员注意力集中在镜子上，感受森林地面与树冠的不同	茂密且种类繁多的林间小路 / 镜子

活动评估

1. 体验带着镜子在3D世界中漫步。
2. 用镜子从不同的角度观察树冠与森林地面。
3. 让团队成员主动说出自己的感受。
4. 给团队成员介绍树冠带给人们的益处。

活动风险点

确保树枝高于成员身体的高度，避免发生事故，移开沿路散落在地上的枯枝、石子，避免摔跤。

植物篇

体验者在林间小路行走

探寻树木生命的轨迹

安芸

【活动目标】认识环境对树木生长的影响（体现在年轮上）。
【受众群体】适合10岁以上人群
【参与人数】每组20人
【活动场地】选择有抚育砍伐痕迹的林地中
【活动类型】解说学习型
【所需材料】树干薄片、作业表附件、小三角旗或者大头针
【活动时长】35分钟

活动过程

时长	活动流程内容	场地/材料
5分钟	向团队讲解树木生长的规律。用问答的方式和团队互动：树木在天气干旱的时候、密不透风的时候、疏伐的时候、潮湿多雨的时候、病虫啃食树叶的时候、畸变的时候、树木长伤口的时候树木生长会发生怎样的变化	抚育过的林地内
5分钟	向团队展示一个树木薄片并且形象地说明这个"活生生"的样品中木质构造的几个不同类型。与团队讨论早材、晚材、心材、边材以及分枝方式、形成层、树皮结构等	树木薄片
5分钟	让团队成员数一数树桩的年轮，用小三角旗标出年龄、个体数据	小三角旗或者大头针
20分钟	分成几个小组，每组4~5人，分发作业表，让团队成员独立完成，之后小组成员讨论补充完整	分发作业附件

活动评估

1. 了解树木断面的年轮与结构。
2. 认识早材、晚材、心材、边材。
3. 环境对树木成长的影响及作用。

活动风险点

注意林中蚊虫叮咬，避免成员受到伤害。

植物篇

来访者进行小组讨论

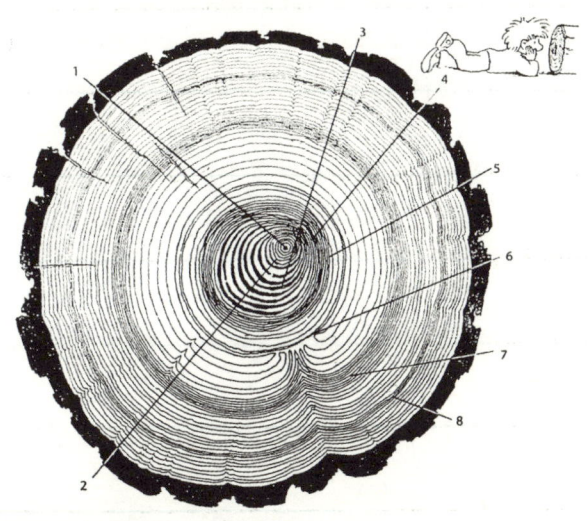

这是一棵62岁的松树。它的生命就像一本书一样,可以从它的年轮中读出来。为了确切地了解它的年长历程,1993年研究人员将这棵松树伐倒。

请尝试:按顺序排列树干切面上的小图片
把数字1至8填入到正确的方框中,并补充完整所缺失的年份。

(1) 森林发生了地面火灾,幸运的是这棵树活了下来。它的树皮保护了里面的组织,它只是受了点伤,这个伤口会一年年地被新的木质覆盖。

(2) 当树6岁的时候,有什么东西压到了它的身上,它斜靠向一边并且形成"畸形木"来支撑自己。

(3) 在它周围生长的其他树木被疏伐,更多的养分和日照让它加速成长。

(4) 这个紧密的生长年轮展现的可能是一个长期干旱的结果。仅仅一个或两个夏季的降水贫乏期几乎使土壤无法再干润了,更重要的是土壤发育能力也减弱了。

作业表

当芹菜遇上小朋友们
——基于小学校园内的自然教育

刘建霞

【活动目标】

1. 知识和能力目标：

（1）利用大自然的媒材，是自然科学内容，是科学启蒙教育；通过"探究—体验"的活动模式，让小朋友们经历知识形成的全过程，获得更多的基本的自然常识；科普教育。

（2）运用芹菜来唤醒孩子们"视、听、味、触、嗅及身体和心灵"的感觉，带领小朋友们通过观察、触摸、折断掰开、闻味、品尝等感官感受，运用语言表达出来，开发了孩子们的各种感统能力。培养了小朋友们语言交际与表达能力（作文能力），观察力，创造力，想象力，专注力（听力），动手能力（触感的发展），手眼协调能力，手脑协调能力，坚持不懈的毅力等。

2. 过程和方法："五官（视、听、味、触、嗅）六感（心灵感受）直接感官刺激"与"教师启发讲解""体验与探究"相结合。

情感态度与价值观：善待资源，减少浪费，增强环保意识；亲近自然、爱自然，培养亲社会的利他性（科学实证香气可促进利他行为的产生）。学会利用自然界的媒材玩耍可以有效避免网瘾及体验成功的喜悦；提高学习效率。放松减压。让小朋友们从小学科学，用科学，形成科学的价值观。

活动重难点：改善小朋友们果蔬的摄入量；科普教育，七感（视、听、味、触、嗅、身体、心灵）训练；热爱自然，科学环保。

3. 注意事项：

（1）带领老师需要有敏锐的目光与较好的听力，适时发现亮点给予赞赏。

（2）接纳小朋友们的不同想法，赞赏即可。避免打击性语言，如瞎说、胡说八道等，以免挫败求知欲。

（3）引导自主探索、自主发现、完整表达。

（4）提示小朋友们注意听，不要说出重复的内容。这不仅是听力训练，还是专注力训练，也有助于孩子们听到更多的自然科学知识并记录在大脑里。

植物篇

- 【受众群体】1年级小学生
- 【参与人数】36人
- 【活动场地】教室内
- 【活动类型】解说学习型、五感体验型、自然创作型
- 【所需材料】在家洗干净芹菜，控干水；用保鲜膜密封（避免接触细菌）
- 【活动时长】50分钟

活动过程

趣事：这次活动课前一天学习查字典，五人没带；转天的芹菜全员带，足以证明小朋友们对于喜欢的事记得很清楚。而且个子很矮，需要扛着芹菜来学校，形成了一道亮丽的风景线。

1. 亲密接触芹菜（25分钟）

师：小朋友们，我们可以对香芹做些什么？

小朋友：吃，闻，看，摸，尝，玩儿，等等。

师：嘘！安静！把芹菜的每个茎都掰下来，再像这样（老师手势动作）对折折断一根。你想说什么？

小朋友：芹菜太大了得使劲掰、有咔咔的声音、（一个男孩儿跑到前面说）像小船……

师：还真是小船啊！好，那么我们仔细观察芹菜各部分发现什么？

小朋友们：绿色的、掰开的地方可以看到丝、叶脉；茎朝外面的鼓，里面是凹下去的；有根茎叶，茎越往下颜色越浅，叶子正反面颜色不一样……

师：为什么反正面颜色不一样？

活动前

像小船

小朋友们：上面晒得多的那面颜色重，下面晒得少的颜色浅呗。

师：反面背光，正面太阳晒得多。所以，妈妈们、阿姨们、姐姐们用防晒霜、打伞是怕晒黑了。

师：轻轻地摸一摸芹菜各部分想说什么？

小朋友：叶子软软的、滑滑的，茎不平，茎硬硬的、凹凸不平，茎软软的……

师：为什么有些小朋友的芹菜茎软软的？

小朋友：缺水了吧！

师：没保存好，水分流失了，就是缺水了，蔫了。所以，我们要注意该喝水的时候喝水，可以保证我们的健康；但是也不要一次接很多水喝不了倒了，这样太浪费了。注意节约用水。

师：好，把芹菜放在鼻子附近闭上眼睛，慢慢地深深吸气，连续做3次，想说什么？

小朋友们：好香啊！淡淡的香气，很浓的香气，老师不放在鼻子这里闻，也能闻到香气，我觉得教室里都是香味了……

师：为什么有的小朋友闻的香气是淡淡的？有的是很浓的？

小朋友们：每个人的鼻子不一样啊！嗅觉不一样！每个人的感觉不一样……

师：闻到香气，身体或者心里会有什么感觉？

小朋友们：很高兴，喜欢，放松，清凉，舒服……

师：对，自然的香气会让人心情很放松。

师：揪下一片叶子放在左手心里，然后拿走，闻一闻左手心，你发现什么？

小朋友们：左手心还是有淡淡的香气。

师：右手捏碎叶子，闻一闻；再闻一闻左手心，你又发现什么？

小朋友们：右手味道浓。因为沾着芹菜汁水了。

师：芹菜对我们人体有什么好处？

小朋友们：是蔬菜，有维生素。

师：芹菜含有丰富的蛋白质、胡萝卜素、维生素、钙、磷、铁等，特别是含有钠，钠是食盐的成分，所以做芹菜的美食时要少放盐，免得过多地食用了钠对身体不好。芹菜叶营养价值很高，含有芹菜茎

闻香

品尝芹菜

植物篇

没有的维生素E，但是很多家庭择菜时把芹菜叶扔掉了。回家以后，我们可以告诉家长芹菜叶的好处，扔了太浪费了。芹菜可以预防高血压，动脉硬化，并且有辅助治疗作用，还可以助消化，镇定安神等。

小朋友们：哇！

师：芹菜有这么多的好处，可以怎么吃？

小朋友们：芹菜炒肉、凉拌、炒鸡蛋、包饺子……（一个小朋友：这么多好吃的，老师，我都要流口水了；大部分小朋友舔舔舌头，咂咂嘴。）

设计意图：把品尝芹菜放到最后的目的就在这里，了解到芹菜对人体的好处，再谈如何吃，有效地刺激小朋友们的感官；小朋友们会很期待老师下令"开吃"。先接受，后期待，最后得到允许可以"吃"，有效提升效果。

师：但是我们做芹菜美食的时候要注意，尽量不要过火，就是不要煮烂了，这样会破坏营养价值。下面我们可以干什么了？

小朋友们：开吃！尝尝芹菜！

解析：引导小朋友们从视觉、听觉、味觉、触觉、嗅觉、身体感觉和心灵等不同感官感觉植物的颜色、形状、气味、触感以及带给身心的感受等；辨别掰下和折断的声音等（五感的顺序依照小朋友说的顺序进行，因势利导；只是这次故意把品尝放到最后）。小朋友们通过观察、聆听、品味、触摸、闻一闻、尝一尝发现很多平时不知道的知识，同时发展形象思维；叶片有叶脉；叶子正反两面颜色不一样；可以生吃。很多小朋友的感觉和发现不尽相同，允许不同的见解，拓展思路。活动可以促使小朋友们互相带动积极体验，开启智慧之门发挥想象，鼓励大胆的表达。不同的感官刺激，提高小朋友们的身体敏感度，促进感觉统合能力的协调发展。

2. 芹菜变身玩耍媒材（18分钟）

师：我们可不可以玩儿一下芹菜？怎么玩儿？

小朋友们：做图案……

师：好，玩儿吧。

解析：小朋友们开始玩儿的时候非常安静，很专心，不要去打扰他们。教会小

芹菜拼图

朋友们瞎鼓捣，置身于现实中玩耍可以有效避免和克服迷恋手机、迷恋网络。貌似看上去很多小朋友的图案乱七八糟的，但是人家都有名字，还有一些有小故事。所以，不要以我们成人的眼光去评判、去理解，以小朋友自己的说法为准。让小朋友们简短分享作品，欣赏其他小朋友的作品。

3. 追溯芹菜从哪里来（7分钟）

师：哪位小朋友知道芹菜怎么来的？
小朋友们：种出来的、买来的……
师：种子种出来的，芹菜种子很小，比我们种的小白菜种子小；一般在21~24摄氏度播种，2~3周发芽出苗儿；我们的小白菜和小油菜3天左右就钻出来了，一个月左右就可以收割；芹菜约3个月长成，时间较长，很不容易啊！

设计意图：感受生命，亲近自然；生命教育，提升绿色环保意识。活动进行到这里，最后一个问题，小朋友们自己就知道怎么做。

师：我们玩儿过的这些芹菜怎么办？
小朋友们：带回家吃，扔了太浪费了。
补充说明实践结论：

（1）活动后发信息通知家长，回家小朋友讲芹菜要耐心地听完，并且表示赞赏；芹菜不要扔掉。就那一天，大部分家庭都吃了芹菜的各种美食，当天没来得及吃的转天吃了。让活动效果延续回家，提升效果。

（2）参与活动的是天津市津南区咸水沽第四小学301班小朋友们，亲密接触各种果蔬，种植蔬菜，参与亲自然教育以及各种园艺疗法系列活动5个学期（第六个学期，因疫情影响，小朋友们都在家，未开展集体活动）。笔者是心理师，原本的目标是"用果蔬做感觉统合训练"；做园艺疗法，捎带做了自然教育。这个实践结论是意外收获。

2020年6月初对同年级六个班小朋友的问卷统计结果见下表。在喜欢的水果、蔬菜和肉类下面打钩（301班36人、302班36人、303班36人、304班35人、305班36人、306班36人）。

显而易见，301班小朋友对于果蔬喜欢程度大大超过没有参与活动的同年级其他五个班，且对于肉类的喜欢程度也超过大部分班级，也就是这个班小朋友的营养会更均衡一些。

而感觉统合失调中的味觉和嗅觉失调，或多或少地会造成挑食偏食现象，即便不存在这方面问题的孩子也有一些挑食偏食的。所以，亲密接触大自然，亲密接触果蔬，参与系列的亲自然活动和园艺疗法活动都有助于避免挑食偏食现象的发生，对有挑食偏食现象的同样具有纠正作用。301的扬扬就是从小不吃蔬菜的，自从班里种了小白菜，开始吃蔬菜，这样的例子很多。

问卷表格中的香蕉、生菜、白萝卜、圆白菜、大白菜、小葱是没有集体亲密接触过的，但是小朋友们喜欢程度同样也超过其他班。也就是说小朋友们不一定是对亲密接触过的果蔬喜欢，而是对于其他的果蔬也喜欢。积极参与类似于这样的活动，了解到各种果蔬及大自然带给我们的好处，都有助于培养环保意识，有助于科普教育，有助于小朋友们感觉统合能力的发展，有助于小朋友们身心健康等。

植物篇

各班对果蔬肉喜欢积度统计表

班级	果蔬肉喜欢程度百分比（%）									
	白萝卜	圆白菜	洋葱	菠菜	大白菜	小葱	牛肉	羊肉	猪肉	鸡肉
1班	50.0	77.8	61.1	80.6	91.7	44.4	80.6	63.9	58.3	94.4
2班	23.5	50.0	35.3	50.0	55.9	20.6	61.8	52.9	47.1	85.3
3班	47.2	47.2	27.8	52.8	41.7	19.4	72.2	50.0	47.2	83.3
4班	28.6	45.7	31.4	54.3	42.9	17.1	71.4	51.4	42.9	82.9
5班	25.0	27.8	25.0	30.6	41.7	16.7	63.9	61.1	63.9	80.6
6班	16.7	27.8	36.1	50.0	38.9	16.7	80.5	58.3	69.4	86.1

班级	果蔬肉喜欢程度百分比（%）									
	西红柿	芹菜	香菜	小白菜	胡萝卜	橘子	柠檬	香蕉	黄瓜	生菜
1班	91.7	72.2	75.0	94.4	80.6	100.0	80.6	97.2	94.4	77.8
2班	73.5	27.8	52.9	52.9	47.1	94.1	47.1	76.5	79.4	52.9
3班	75.0	33.3	50.0	52.8	55.6	97.2	58.8	83.3	77.8	58.3
4班	82.9	37.1	42.9	40.0	45.7	42.9	54.3	88.6	77.1	54.3
5班	22.2	33.3	44.4	33.3	36.1	72.2	38.9	69.4	66.7	38.9
6班	77.8	30.6	41.7	41.7	66.7	86.1	50.0	83.3	72.2	61.1

活动评估

一、前测问卷

选出你喜欢的蔬菜。

小白菜（ ）油菜（ ）土豆（ ）莜麦菜（ ）生菜（ ）

胡萝卜（ ）黄瓜（ ）洋葱（ ）西红柿（ ）芹菜（ ）

二、后测问卷

1. 你了解到哪些知识？

_____

2. 选出你喜欢的蔬菜。

小白菜（ ）油菜（ ）土豆（ ）莜麦菜（ ）生菜（ ）

胡萝卜（ ）黄瓜（ ）洋葱（ ）西红柿（ ）芹菜（ ）

3. 活动中你的心情如何？

不怎么样（ ）还可以（ ）非常棒（ ）

4. 下次还想参加吗？

再也不想（ ）可以参加（ ）非常想参加（ ）

活动风险点

教室内几乎不存在其他风险，只是最后打扫卫生需要些时间。

注：本案例所写受众群体是当时实际参加者的年龄，实际上男孩3岁半及以上、女孩3岁及以上均可参与；成人也可以参与；最佳参与人数在20～30人。

全身是宝的植物"活化石"——荷

付佳楠 / 北京市植物园科普中心

【活动目标】
1. 引导青少年走近荷花，学习荷的相关植物学知识，了解荷的发展历史及其内在的文化内涵，认识荷各部分在人类生活中的应用。从而增加青少年对荷的认识，感知植物生存的智慧。
2. 将手工制作与植物科普教育融为一体，利用简单材料模拟荷花的结构和形态特征制作纸艺仿真纸艺荷花，在动手制作工艺品的同时，加深对所学知识的理解和记忆，感受自然植物之美。
3. 通过亲子合作进行手工制作，增加家庭间交流和协作。

【受众群体】8~10岁亲子家庭
【参与人数】10组家庭，共20人
【活动场地】北京植物园活动教室内
【活动类型】解说学习型、自然创作型
【所需材料】投影仪、部分新鲜植物素材、放大镜、剪刀、双面胶、花艺铁丝、皱纹纸、仿真泡沫莲蓬、仿真荷叶、花艺绿胶带等
【活动时长】120分钟

活动过程

时长	活动流程内容	场地/材料
15分钟	是荷还是莲的疑问	教室内 / 投影仪
10分钟	荷的前世今生	教室内 / 投影仪
40分钟	全身都是宝的荷	教室内 / 投影仪、莲藕及荷叶等新鲜植物素材、放大镜、胡椒粉、水
45分钟	手工制作纸艺仿真荷花	教室内 / 剪刀、双面胶、花艺铁丝、皱纹纸、仿真泡沫莲蓬、仿真荷叶、花艺绿胶带等
10分钟	活动总结	教室内

1. 是荷还是莲的疑问

模仿植物形态进行手工制作之前需要同学们先认识这种植物，了解它背后的故事。荷花、莲花、睡莲、王莲，这些我们常见的水生植物却常常被混为一谈。它们是荷还是莲？荷与莲是同一种植物吗？它们之间又有哪些区别，该如何区分呢？本次活动就从这些问题入手，结合课件，通过照片、视频以及实物展示，逐一解答大家的疑问，并向同学们介绍水生植物的分类，以及荷、睡莲、王莲等水生植物各自的特点、区别等。

2. 荷的前世今生

以在地球上生活了一亿多年，有植物界"活化石"之称的荷（即莲）为主题，向同学们介绍荷的栽植、演变历史，文人墨客笔下象征清廉纯洁的品质，以及从古至今深受人们喜爱的荷文化等知识，了解荷背后的小故事。

3. 全身都是宝的荷

借助图片与实物展示，讲解荷各部分结构名称，尤其是明确莲蓬、莲子、莲藕等特殊结构的正确名称。并通过莲藕藕断丝连实验观察发现"藕断丝连"的秘密。随后举例介绍荷的花瓣、叶、果实、地下茎等部位在我们人类生活衣食住行中的应用。如荷花瓣、荷叶、莲子、莲藕的食用价值及药用价值，荷叶结构特征对人类发明创造的启示等。让同学们通过荷叶自洁实验观察并探究荷叶自洁效应的现象和原理，并通过视频和事例向同学们介绍如今荷叶自洁效应在科技创新方面的应用，让大家感知自然中植物生存的智慧。

4. 手工制作纸艺仿真荷花

根据前面所学植物知识，模拟荷各部分的形态和结构特征，利用彩色皱纹纸、花艺铁丝、剪刀、双面胶、花艺绿胶带等简单材料，引导同学们一步步学做仿真纸艺荷花，并在制作的同时加深对所学植物知识的记忆。首先，用2号花艺铁丝模拟荷的茎，将仿真泡沫莲蓬与茎间接在一起并用双面胶固定粘牢。将黄色皱纹纸剪出雄蕊部分，用双面胶粘贴在花托（莲蓬）与茎的连接处。然后用浅粉色皱纹纸剪出荷花的花瓣，分两至三层逐一粘贴到花托根部，并用绿色花艺胶带缠绕在整个茎上。最后，整理花朵造型，用几片大小不同的仿真荷叶与2号花艺铁丝连接做出荷叶。挑选喜爱的花盆，将荷花与荷叶组合在一起即可。

5. 活动总结

引导同学们对本次活动进行总结与回顾，分享他们的收获和感悟。最后，由老师总结活动中的重要知识点，带领同学们学会发现大自然中植物的奇妙与智慧，认识到植物与人类生活的密切关系，感受并欣赏大自然的美丽。

活动评估

本活动通过对活动参与者的调查访谈、讲课老师的反馈，以及活动组织者同事间的评价等方式进行了活动内容、形式、效果等方面的评估，收到了良好的活动效果，得到了参与者的喜爱和好评。

活动风险点

1. 由于活动中需要使用剪刀、铁丝等

较尖锐工具，可能产生安全隐患，因此在手工制作的操作过程中要叮嘱参与者安全操作，以免发生危险。

2. 手工制作过程需要参与者具备一定的动手能力，因此不适合太低年级学生操作。同时，除主讲老师外，建议安排1~2名助教老师协助同学们完成制作过程。

手工制作荷花纸艺仿真

趣味植物花事

张秀丽

【活动目标】趣味植物花事自然体验教育活动通过引导及观察，让参与者了解植物花的结构及组成，进一步了解植物的花形、花色、开花时间及花期长短的不同。认识先花后叶的植物，如山桃、山杏、连翘、迎春、玉兰等，了解先花后叶现象的形成原因，了解花儿与昆虫的关系，唤起体验者对花、草、树木及自然的兴趣。提高他们欣赏植物、热爱自然、爱护环境的意识，并影响他们的环保行动。

【受众群体】8岁以上中小学生

【参与人数】每组20~25人

【活动场地】八达岭国家森林公园（以及其他城市公园与郊野公园）

【活动类型】解说学习型、自然创作型、五感体验型

【所需材料】放大镜、笔记本、木质小圆牌、线绳、小剪刀、空白书签、双面胶、彩笔、干花材料、剪刀、压膜机、塑封膜、废旧报纸

【人员配备】每组自然解说员（主讲）1人，助教（兼安全管理员）1人

【活动时长】210分钟

活动过程

时长	活动流程内容	场地/材料
10分钟	活动开场介绍	集合小广场
20分钟	制作自然名牌	森林体验馆／木质小圆牌、线绳、彩笔、小剪刀
20分钟	"破坏与恢复"——撕报纸生态游戏	体验馆／废旧报纸
30分钟	植物专题讲座	体验馆／显微镜、投影仪、PPT课件
10分钟	感恩自然	树林中
60分钟	走进森林，探寻植物花儿的奥秘	松鼠小北五感体验径／放大镜、笔记本
30分钟	手工制作干花书签	森林大本营／干花材料、剪刀、压膜机、塑封膜
30分钟	活动讨论，分享总结	森林大本营

1. 活动开场介绍

自然解说员和安全管理员做自我介绍，拉近与参与者之间的距离；介绍此次活动的目的意义及日程安排，进一步强调活动中的重要事项。

2. 制作自然名牌，讲述自然名的故事

每人给自己起一个喜欢的自然名字，可以是蓝天白云、花草树木、鸟兽鱼虫、岩石河流等各种自然物，用彩笔在小圆木片上书写绘画制作独一无二的自然名牌，然后用线绳穿好，佩戴在胸前位置。引导体验者分享自己的自然名，讲述我和自然名之间的故事。要求大家在整个活动中称呼彼此的自然名。此项活动可以拉近体验者之间的距离，也实现了人与自然的初次联结。

3. "破坏与恢复"——撕报纸生态游戏

此游戏分组开展3轮活动，每组人数基本相等，分别发一张废旧报纸。首先将报纸撕开，然后组与组之间交换，最后快速拼接，计时。要求第1～3轮每组分别将每张报纸撕成10、20、30块，要将报纸尽量撕得大小、形状不规则，让拼图具有一定的难度和趣味性。撕报纸代表破坏生态的过程，拼接报纸代表恢复生态的过程。启发学生们通过游戏讨论生态的破坏与恢复等问题，进而增进生态保护的自觉性。

从撕报纸到复原报纸的游戏过程中，同学们体会到，撕报纸很容易，大家很快就把报纸撕成了若干小块，但拼接起来难度却大得多，用的时间也更长。而且1～3轮随着报纸被撕成10、20、30块，拼接的难度逐级加大。从游戏中让大家体会到生态破坏容易恢复难，无论怎么恢复也不会像原来那么完整，破坏越严重恢复就越困难。所以每个人都要从我做起、从现在做起，爱护自然、保护生态环境，实现可持续发展、人与自然和谐共生。

4. 植物专题讲座

在森林体验馆用PPT的形式，图文并茂讲解植物的基础知识，重点讲解花的类型、结构，花色、花系、花期以及先花后叶等现象，山桃与山杏有何区别、连翘与迎春有何区别、早开堇菜与紫花地丁如何区分等。虫媒花在利用美丽的花被、芳香的气味、甜美的蜜汁招引昆虫的同时，在形态结构上也和传粉的昆虫形成了互为适应的关系，如花的大小、结构和蜜腺的位置与昆虫的大小、体形、结构和行动等都是密切相关的等有趣知识。介绍北京地区常见的植物，结合我们要在户外重点观察的开花植物。用显微镜观察植物花儿的细微结构。

5. 感恩自然

宣誓仪式，大家围成一圈，把手放在胸前，共同感恩大自然，增强尊重自然、爱护野生动植物、保护生态环境的意识。这种仪式会加深参与者对自然的敬畏感。

6. 走进森林，探寻植物花儿的奥秘

给每个体验者发一个放大镜，在森林中沿着事先选择好的观察路径徒步，引导体验者打开视觉、听觉、嗅觉、触觉、味觉去认识自然。沿途寻找黄色花、红色花、白色花和紫色花等不同花色的植物，用放大镜观察3~5种开花植物花朵形状，寻找花香的来源，讨论植物花儿与蜜蜂等昆虫的关系。探究山杏、山桃、榆叶梅、连翘等植物为什么有先花后叶的现象，植物为什么要开花，为什么花会在不同的时间开放。如何区分同科同属的相似植物等。鼓励大家把自己产生的垃圾带下山，保持森林环境的整洁。

7. 手工制作干花书签

利用空白书签，用植物的干花、叶，经粘贴、绘制及塑封制作成精美的手工书签，作为活动纪念品送给每个参与者。无论何时每当他们看书的时候就能看到这个书签，便会勾起与森林相处的一段美好记忆，既培养了体验者的艺术创作与动手能力，也培养了同学们欣赏植物、热爱森林、感恩自然的情感。

8. 活动讨论，分享总结

请每一位参与者分享自己手工作品的制作过程与创作思路，谈谈对参加整个活动的感想和体会，对森林和自然的认识，今后如何爱护森林、保护环境等。自然解说员对活动做总结，通过提问的形式看看大家对知识的掌握程度以及是否达到活动预期的效果。

活动评估与反馈

本次自然体验教育活动围绕"趣味植物花事"的主题设计一系列课程，达到了带领孩子走进自然、观察探究、了解花的结构与先花后叶等知识，激发了孩子们观察探究植物的学习方法，同时培养了孩子们热爱自然的态度，唤醒了孩子们保护自然的生态意识。活动中涉及的讲解知识通俗易懂、体验环节参与度高，具有很强的科普性。

活动结束前对学生进行提问式访谈，他们认为活动时间更充分的话，能获得更深的体验感受，了解大自然更多的内涵。同时他们谈了在参加活动后获得的新的收获有以下几点。

1. 观察了植物花的结构及组成，认识了山桃、山杏、榆、油松、华山松、连翘、迎春等5种以上的植物，了解了哪些植物是先花后叶的，为什么早春开黄花的植物较多等，探究了这种现象的形成原因，对植物有了一个新的认识，并了解了昆虫与花儿的关系。恢复、重建游戏与讨

手工制作自然名牌

用放大镜观察山杏的花

用放大镜观察山杏的花

户外携带的急救包

用放大镜观察元宝枫的花朵

干花书签

"破坏与恢复"——撕报纸生态游戏

论，更形象地说明了大自然被破坏后需要恢复的难度。鼓励大家把自己的垃圾带下山，意识到保护环境需要大家共同的努力。只要每个人都参与进来，环境才会变得更加美好。

2. 通过这样的体验式学习，同学们获得了保护环境的亲身体验逐步形成了一种在日常学习与生活中对环境乐于探究、努力求知的心理倾向。激发了学生运用所学知识解决人类与环境如何共处的实际问题。学生在一种开放的环境中应用发散思维自主地发现和提出问题，提出解决问题的设想，提高综合应用能力，形成了良好的环境保护意识和生态道德观念。

活动风险点

1. 活动中体验者有可能受到有毒动植物及其他意外伤害。

2. 如遭遇暴风雨、冰雹、泥石流等天气原因导致无法进行户外活动。

活动安全应急预案

1. 为保障活动安全，主办方为参加活动的人员购买意外伤害保险。

2. 自然解说员要教大家认识蝎子草等有毒的植物，以及马蜂、蛇等有毒动物。

3. 现场安排应急车辆，现场配备专职安保人员，设置紧急撤退路线。

4. 及时查询官方天气预报，遭遇突降大雨、冰雹或雷阵雨等天气启动雨天活动应急预案，部分活动将改在室内进行，活动时长和内容将做适当调整。大雨或持续降雨天气，活动取消或者延期。

探秘野生暴马丁香

张秀丽

【活动目标】通过引导体验者观察八达岭国家森林公园特色植物——暴马丁香，寻找花香的来源与奥秘，提高体验者对暴马丁香等野生植物的兴趣，了解森林中植物的多样性。通过进一步科普引出森林对于生态环境的重要性，促使体验者增强自觉保护野生植物资源的意识。

【受众群体】中学生、成人

【参与人数】20人

【活动场地】分布有野生暴马丁香的森林公园、郊野公园、自然风景区、自然保护区等（以八达岭国家森林公园为例）

【活动类型】解说学习型、五感体验型

【所需材料】显微镜、茶具、小蜜蜂麦克、瑜伽垫等

【活动时长】185分钟

活动过程

时长	活动流程内容	场地/材料
15分钟	开幕式	小广场 / 小蜜蜂麦克
20分钟	自然名相见欢	小广场
30分钟	参观森林体验馆	森林体验馆 / 显微镜
30分钟	丁香谷探秘	丁香谷
10分钟	森林冥想	林中休息平台 / 瑜伽垫
20分钟	我的树——与树共情	林中
60分钟	丁香草本茶艺与活动闭幕式	森林体验馆 / 茶具

1. 开幕式

丁香节活动开幕仪式，介绍八达岭国家森林公园丁香节的来历、特色及森林文化相关活动。介绍带领本次活动的自然解说员和安全员；介绍活动的意义、流程与相关重要事项。

2. 自然名相见欢

大家围成圆圈站好，每个人给自己起个动物的自然名字，并设计一个代表动作或叫声，用身体动作（模拟叫声）向大家介绍自己的自然名，然后小组成员共同叫出发言人的自然名，并且模仿发言人的动作。此项活动可以由自然解说员开始示

暴马丁香—西海菩提树

暴马丁香的花香很浓,是蜂蜜的美味,可以制作花茶,治疗咳嗽。它不仅花香,而且连木材都有特殊清香,用来制作茶叶罐特别适合。树皮、树干及茎枝入药,具消炎、镇咳、利水等作用。

暴马丁香有"西海菩提树"之称,是爱情和幸福的象征,被人们誉为"爱情之花""幸福之树"。

叶

花

范,带领大家依次介绍,介绍到了中间再回过去快速复习前面成员的名字和动作,让大家迅速熟悉并放松下来,为后面的活动做铺垫。

3. 参观森林体验馆

了解八达岭森林与古长城的历史与变迁,重点介绍第二展厅暴马丁香展台,了解野生植物暴马丁香的生态文化与野生植物保护的相关知识。

解说知识链接

北京八达岭国家森林公园丁香谷是华北地区面积最大的野生暴马丁香观赏区和丁香生态文化体验区。丁香谷总面积达700多亩(1亩=1/15公顷),有野生暴马丁香20000多株。暴马丁香是一种高大乔木,素有"西海菩提树"之称,现北京法原寺内的暴马丁香树,据传是明代的遗物。塔尔寺的那棵奇异的暴马丁香距今也有600多年的历史了。

丁香花也是爱情和幸福的象征,被人们誉为"爱情之花"和"幸福之树"。春末夏初的丁香谷成为丁香花的海洋,谷内香馥醉人,被老百姓称赞为"北京最香的山谷"。最佳观赏期6月,园内漫山遍野的暴马丁香群芳怒放,漫谷溢香,是园区的独特景观植物。景区不仅野生暴马丁香林效果震撼,还能远观长城,尤其是踏上丁香仙子岭,抬头就能看到雄伟的古长城。

4. 丁香谷探秘

走进八达岭森林公园丁香谷,探秘华北地区面积最大的野生暴马丁香林。引导大家打开自己的感官,用视觉、听觉、嗅觉、触觉、味觉全面感受森林之美。行走于丁香谷森林健康体验径,沿途为体验者讲解一些关于怎样分辨暴马丁香和北京丁香等知识;在花瀑观景台欣赏与古长城相伴的丁香林,与体验者共同探讨暴马丁香等野生植物的保护。讲解暴马丁香的文化与美丽传说。介绍芳香植物的特色,让参与者通过植物来源的芳香体验,提高"嗅觉"能力。植物芳香体验在培养孩子感性能力和想象力的同时,也向孩子传授人和植物的关系,让孩子懂得自然的重要性。通过香味让大家亲近植物,理解植物的恩惠以及植物与生活的关联,培养自然保护意识。在自然解说员的引导下,沿途仔细观察探秘,完成《暴马丁香自然观察学习单》,做自然观察笔记。

5. 森林冥想

在休憩平台或林下平坦地面铺上瑜

伽垫，做一下深呼吸与森林冥想。冥想是心理学中放松的一种方式，它可以帮助我们进入潜意识，是解除心理疲劳的有效措施。它的理论基础是21世纪60年代发展起来的生理自我控制技术。在冥想时，脑内各种细胞以新的方式联系起来，对肌体的其他器官起到新的调节作用，以改变它们的功能活动，从而提高人体的免疫功能。在森林里做冥想体验是非常舒服的一种状态，相对于再室内封闭的环境中做冥想，森林环境是一个开放的环境，也是一个系统循环平衡的环境，在宁心静气对自我产

用显微镜观察暴马丁香的花

暴马丁香花草本茶

盛开的暴马丁香

我的树——与树共情

植物篇

生专注力时，还有森林环境与五官通道进行对流，舒适的森林声音、水声、鸟声、虫鸣声作为森林冥想的背景音乐，让大家可以更好地打开五感六觉与自然深度联结。

6. 我的树——与树共情

在森林中，每个体验者细心观察找到最吸引自己、和自己有缘的树木，然后拥抱它、抚摸它、与"我的树"同频呼吸，感受植物的生命力，以友好的方式接近它、拥抱它、依靠它，跟它做自我介绍，和它对话，跟它交朋友，并反馈给它你收到了什么信息。注意在你的脑海中出现了什么，也许你浮现出一连串的影像、记忆、身体感觉和想法，细心倾听树木的声音，让你们的友谊在丰富的想象中成熟。然后，对"我的树"表示感谢，如果下次再来到这片森林，再来拜访你的树，如同老友重逢那般亲切。

7. 丁香草本茶艺与活动闭幕式

拿出漂亮的茶具，冲泡一壶清香的丁香花草本茶，聆听丁香仙子的美丽故事，感受茶文化的博大精深，端起茶杯，观其色、闻其香、品其味，在轻松祥和的氛围里进行活动总结与分享，谈谈对探秘野生暴马丁香的感想和收获，畅谈保护野生植物的意义。制作并循环播放活动照片、视频，举行活动闭幕式。

活动反馈

本次活动围绕探秘八达岭地区野生暴马丁香林的主题设计活动，大家反馈，通过活动认识了高大的乔木暴马丁香，通过实地观察与老师讲解，分清了暴马丁香与我们以前在公园看到的灌木丁香的不同，还品尝了丁香草本茶，了解了暴马丁香的多种功效，学习了芳香植物的知识以及森林对人身心的疗愈功效。

通过森林徒步、寻找、探秘等方式让参与者观察到暴马丁香的形态，如树形、花、树皮、叶子等特征，通过走进森林、欣赏丁香、感恩自然、登山锻炼、眺望长城，让体验者共同亲近森林，回归自然，体验户外运动，感悟丁香生态文化及长城历史文化。以后我们应该更好地保护野生植物，爱护森林，有时间多到森林中走走，既可以学习自然知识，又可以提高身体的免疫力，倍感守护地球家园、保护森林的重要性。

活动风险点

可参照《趣味植物花事》。

附件

暴马丁香自然观察学习单

朋友们，请仔细观察，寻找下列关于暴马丁香的有趣问题。

1. 暴马丁香的花香散发于它的哪个部位？
   A. 花蕊   B. 花骨朵   C. 花瓣
2. 请找出2种八达岭野生的植物。
   A. 暴马丁香   B. 银杏   C. 山杏
3. 暴马丁香是先开花还是先长叶？那么山杏呢？
   A. 暴马丁香先开花后长叶，山杏先长叶后开花
   B. 暴马丁香先长叶后开花，山杏先开花后长叶
   C. 都先开花后长叶
   D. 都先长叶后开花
4. 暴马丁香的树皮有什么特征？
   A. 有皮孔   B. 有花斑   C. 光滑
5. 暴马丁香有什么用途？
   A. 蜜源植物   B. 制作花茶   C. 治疗咳嗽   D. 制作茶叶罐
6. 暴马丁香的花序是哪种类型？
   A. 圆锥花序   B. 头状花序   C. 伞形花序
7. 暴马丁香的小花通常有几个花瓣？
   A. 3个   B. 4个   C. 5个   D. 6个
8. 暴马丁香为什么会散发浓郁的香气？

   _____
   _____
   _____

9. 我们怎样识别暴马丁香？与灌木丁香有哪些区别？

   _____
   _____
   _____

10. 暴马丁香为什么叫作"西海菩提树"？

    _____
    _____
    _____

植物篇

我和秋天有个约会

马媛媛 / 北京陶然亭公园

【活动目标】秋天是美好的时节，色彩缤纷的秋叶，晶莹可爱的果实，无不让人沉醉其中，让我们停下脚步，与自然来一场特殊的约会吧。活动通过视觉、触觉、听觉的三重体验，与自然亲密接触，唤醒对自然的感知。
【受众群体】13～15岁的中学生
【参与人数】40～60人（每组10～15人，共4组）
【活动场地】森林公园，城市公园内植被类型丰富、平坦开阔的绿地
【活动类型】五感体验型、拓展游戏型
【所需材料】胸卡、"自然寻宝图"题板、眼罩、蓝牙音箱
【活动时长】95分钟

活动过程

时长	活动流程内容	场地/材料
活动前准备	场地勘察、活动预演、物品准备	
5分钟	人员集合并进行分组，分发胸卡，强调活动注意事项	户外广场 / 胸卡
30分钟	第一环节：探索自然	户外绿地 / 题板
30分钟	第二环节：感知自然	户外绿地 / 眼罩
30分钟	第三环节：聆听自然	林下休息区 / 蓝牙音箱
活动小结及分享	梳理活动内容，回顾内心感受	

1. 活动前准备

场地勘察：选择秋色植物较丰富的区域作为"探索自然"的活动场地；选择平坦开阔绿地为"感知自然"的活动场地；选择相对安静的林下休息区作为"聆听自然"的活动场地。

活动预演：为保证活动安全，活动前需组织科普人员进行模拟演练，确保场地适用性及活动可操作性。

物品准备：根据观察区域内的植物制作"自然寻宝图"，线索照片为植物的局部特写，如树干纹理、叶脉、果实等，设置一定难度。

2. 探索自然

实施内容:"自然寻宝"挑战赛。

游戏规则介绍:每组发放"自然寻宝图"题板,根据图中给出的植物线索,找到对应的植物,并用手机拍摄完整照片。每个小组有15分钟的时间进行寻宝,用时最短且答案完全正确的小组,可适当给予奖励。

活动小结:通过游戏,培养参与者的观察力,加强团队协作意识。游戏结束后,老师需对题目中出现的植物进行讲解,介绍植物的特征、用途以及秋天树叶变色的原理。

3. 感知自然

实施内容:蒙眼毛毛虫(本活动根据康奈尔经典游戏适当改编)。

游戏规则介绍:所有人戴上眼罩,以小组为单位,将手放在前一个人的肩膀或腰间,组成一只毛毛虫,在老师带领下进入自然体验区。根据老师设置的4处观察点,停下脚步亲自去触摸、聆听、体味自然的世界。走回到出发地后,所有人摘下眼罩,每组负责寻找4处观察点中的一处,看看是否能正确找到。

活动小结:本环节增加了小组挑战内容,老师不要事先告知。等蒙眼观察部分结束后,老师再给出挑战内容,引导参与者回忆和加深之前体验的内容。

4. 聆听自然

实施内容:"森林之声"音乐会。

游戏规则介绍:所有人围坐在绿地内,以接力的方式,每个人说出一个可以发声的自然物的名称,看看能讲出多少。

之后由老师播放台湾音乐人吴金黛的《森林狂想曲》,第一遍可以让参与者自己尝试找出里面的自然元素。第二遍播放时老师可以配合讲解,带领大家再次感受音乐中出现的蛙鸣、蝉鸣、鸟鸣等自然的声音,并讲解曲子的创作故事。

最后将音乐关掉,所有人闭上眼睛,一起聆听周围,感受大自然的声音。

活动小结:本环节通过游戏引入,将人为创作的自然之声和现实环境的自然之声有机融合在一起,进一步激发参与者的自然融入感。

"自然寻宝"挑战赛

自然游戏——蒙眼毛毛虫

植物篇

5. 活动小结及分享

实施内容：活动最后，由老师带领大家一同梳理3个环节的活动内容，回顾内心的感受。号召大家多多留心观察周围的世界，努力将热爱自然的种子播撒在每个人心中。

活动评估

本活动重点在于活动的现场组织，由于参与人数较多，要提前强调活动纪律和注意事项，增加组织人员数量，及时处理突发情况。

活动评估表

项目	内容	参与者打分	专家打分	评估结果
活动内容（30分）	活动主题及内容设置（10分）			
	活动形式（10分）			
	老师讲解水平（10分）			
组织管理（50分）	活动秩序（20分）			
	物品准备（10分）			
	人员配合度（10分）			
	突发情况应对（10分）			
活动效果（20分）	活动参与度（10分）			
	知识接受程度（10分）			

活动风险点

1. 由于受众群体为中学生，在内容设置中加入了分组挑战环节，便于吸引参与者的注意力，增强团队协作意识。

2. 活动前强调组织纪律，过程中如出现调皮、制造骚乱的参与者，可委派其特殊任务，如协助工作人员现场组织、分发物品等工作。如果有人对蒙眼环节存在心理恐惧，可进行疏导，如依旧无法进行，也可让其参与组织工作。

3. 聆听自然的音乐也可以选择其他自然乐曲。

4. 活动要做好场地准备和活动预演，特别是蒙眼毛毛虫环节，要让每个工作人员体验，才能在现场更好地把控，以确保参与者安全。

5. 由于活动为室外活动，如出现突发天气，可更换为室内落叶手工活动，提前准备好相关材料。

露地梅花及相近春花的辨识与赏析

孟令旸 / 北京市中山公园管理处

【活动目标】
1. 通过讲解，了解梅花在我国的起源、分布、栽培简史以及类别划分。
2. 通过讲解及实物观察，了解梅花的形态特点及辨认方法，了解梅花与其他相近春花乔灌木的辨识要点。
3. 通过讲解及实地体验，体会春季梅花开花期的氛围，获得欣赏梅花的感受，理解公园露地栽培梅花养护修剪工作的不易。

【受众群体】15岁以上人群
【参与人数】20人
【活动场地】中山公园科普小屋（室内讲解部分）、中山公园梅园、秋实园（室外讲解体验部分）
【活动类型】解说学习型
【所需材料】笔记本电脑、投影仪或大型液晶电视、梅花及相近植物种子（室内讲解部分）；开花期的露地梅花植株（近30个品种约100株）及其他相近春花乔灌木（室外讲解部分）
【人员配备】自然讲解员1人，辅助工作人员4人
【活动时长】春季露地梅花开花期（3月中下旬至于4月上旬）0.5天（9:00～11:30）

公园优势及活动特色

中山公园地处北京市中心，东邻天安门，占地面积23.8公顷，是一座具有纪念性的古典坛庙园林。公园从20世纪80年代起露地栽植梅花，特别是近20年来不断引进的诸多品种，逐渐适应了北京市区的气候。公园逐年因树因势精细造型，应用整形修剪及嫁接技术，形成了自然型、屏扇形、垂枝型、盆景式等丰富多样的造型，梅园也渐成规模。每逢早春百余株梅花竞相绽放，清香四溢，成为公园标志性的植物景观，也标志着"南梅北移"设想在北京取得了成功，吸引了大量游客及花卉爱好者前来赏梅，中山公园梅园因此成为北京地区特有的赏梅胜地。目前有'中

植物篇

山杏'梅、'江南'和'江梅'等知名品种，包括江梅、宫粉、朱砂、绿萼、玉蝶、丰后等三大梅花种系10个类型梅花近30个品种，100余株。除梅花外，公园其他与梅花相近的春花乔灌木种类众多，包括山桃、碧桃、海棠、榆叶梅、杏花等，花期与梅花接近。公园每年举办的"梅兰文化节"赏花活动，在展示公园特色花卉文化的同时，多次组织梅花及相近春花识别赏析科普活动，向公众宣传"科学赏花、文明游园、尊重自然"的理念，介绍相关植物花卉知识，获得了广大游客及花卉爱好者的一致认可与好评。

活动过程

时长	活动流程内容	场地/材料
50分钟	讲解	中山公园科普小屋 / PPT讲解稿、笔记本电脑、投影仪或大型液晶电视、梅花及相近植物种子
10分钟	互动	同上
60分钟	参观体验	中山公园梅园、秋实园 / 春季开花期的露地梅花植株（近30个品种约100株）及其他相近春花乔灌木、《中国梅种系（系统）、类、型检索表（1998）》
15分钟	互动	同上
15分钟	分享	同上

1. 讲解

以PPT的形式讲解以下内容。

（1）梅花在我国的起源、分布、栽培简史。

（2）现行的梅花的分类系统及类别划分，包括真梅、杏梅、樱李梅三大种系及各个类、型。

（3）梅花的形态特点及辨识，以及梅花与北京地区常见相近春花乔灌木（如山桃、碧桃、海棠、樱花、榆叶梅、李、杏等）的辨识要点，包括芽、小枝、树皮、叶片、花朵、果实6个方面的详细外观特征及辨别方法。

（4）梅花观赏的相关注意事项。

2. 互动

参与者对讲解相关问题进行提问，由讲解者进行答疑。

3. 参观体验

（1）实地对照开花期的各类型梅花植株，现场讲解回顾梅花的形态特点（芽、小枝、花朵）。

（2）实地对照相近春花乔灌木（如山桃、碧桃、海棠、樱花、榆叶梅、李、杏等），现场讲解辨识要点（包括芽、小枝、树皮、叶片、花朵等详细外观特征及

公园里的梅花

梅花知识讲解

辨别方法）。

（3）实地对照各个类型的梅花植株（真梅种系的江梅型、宫粉型、绿萼型、朱砂型、玉蝶型及洒金型等，杏梅种系的单瓣杏梅型和丰后型，樱李梅种系的美人梅型），讲解各类型的外观特征、简要区别方法及观赏特点。

（4）引导参与者观察梅花的花朵，欣赏开花梅花植株的形态及香气，体验开花期梅园的氛围。

（5）对照梅花植株，简要介绍公园露地梅花的日常养护及修剪工作。

4. 互动

参与者对讲解相关问题进行提问，由讲解者进行答疑。

5. 分享

引导参与者交流梅花辨识观赏的感受和体会，指导参与者完成课程任务单（观察记录表格）的填写，倡导"尊重自然、科学赏花"的理念。

活动评估

通过对每一位参与者发放调查问卷的形式，获取对活动的反馈信息，并及时进行汇总整理，作为今后完善活动方案、提高活动质量的重要参考依据。

活动风险点

1. 根据当年春季气候情况，持续关注露地梅花物候变化趋势，预估开花花期，确定尽可能合适的活动日期，避免在梅花开花之前或衰败之后组织活动。

2. 提前关注天气预报，如遇强风、大雨、空气重度污染等不良天气，考虑推迟或取消活动。

3. 活动信息发布内容中应明确告知"花粉过敏者不宜参加本活动"。

4. 提前制订活动安全应急预案，辅助人员落实配备到位，活动期间做好秩序维护及安全防范工作。

自然插花与葡萄汁创意绘画体验活动

张秀丽

【活动目标】体验利用自然材料进行插花与葡萄汁绘画，陶冶情操，静心感受自然万物的美好。

【受众群体】成年人（25～60岁）

【参与人数】15～20人

【活动场地】北京延庆伴月山谷（郊野公园、森林公园、自然保护区）

【活动类型】自然创作型

【所需材料】花瓶、绘画纸

【活动时长】150分钟

活动过程

时长	活动流程内容	场地/材料
30分钟	森林漫步捡拾自然物	山林中
30分钟	插花艺术讲座	伴月山谷会议室
30分钟	自然插花体验	伴月山谷活动室/花瓶
30分钟	葡萄汁绘画	伴月山谷活动室/绘画纸
30分钟	作品展示与总结分享	伴月山谷活动室

1. 森林漫步捡拾自然物

在延庆伴月山谷林中漫步，捡拾喜欢的落叶、树枝、干花、果实、松果球等，为自然插花准备材料。

2. 插花艺术讲座

插花的分类与技巧。自然插花可以作为艺术来让大家欣赏和学习，因为它可以被赋予很多特殊的意义。鸟语花香，各种颜色的材料会给人以不一样的感觉，想来真的很美妙。希望这些技巧能帮助大家更好地装饰生活，体验自然的美好。插花艺术的种类很多，按艺术风格不同，有东方式插花、西方式插花以及现代自由式插花；按艺术表现手法不同，有写景式插花（盆景式）、写意式插花与装饰性（抽象式）插花等。

为了达到插花作品的生动自然和保持重心平衡，对花材的布局有一定的要求，那就是插花基础六法，即高低错落，疏密有致，虚实结合，仰俯呼应，上轻下重，上散下聚。六法是以艺术形式美原理，总结历代插花的理论，结合现代中国插花的实践而得出的造型具体原则。基础六法主要是针对不对称构图的插花造型而言的。

这次活动我们用大自然的果实、树枝、干花等材料来创作自然插花，它们虽然没有鲜花那样水灵和富有生机，但却具有独特的自然色泽和质地，用它们做成的插花作品摆放在居室，既能起到装饰作用，又比较经济实惠，而且环保、简洁、易学，保存时间长。

3. 自然插花体验

2人一组合作完成自然插花作品，挑选花瓶与材料，选定主题，分享创作过程和感悟。自然艺术插花过程既疗愈，成果也疗愈。

4. 葡萄汁绘画

老师事先制作好葡萄汁颜料，体验者用山中捡拾的小树枝作画，大家创作了荷花、小鱼、竹林、树叶、花草，葡萄汁颜料有美丽的紫色，并有晕染的效果，很受参与者的喜爱。

5. 作品展示与总结分享

每个组分享作品主题、创作过程与灵感的产生，以及与伙伴的配合，对活动的感悟与感受。老师与大家一起解读，总结活动的亮点与收获启示。

特别提醒事项

1. 注意葡萄汁绘画时不要让颜料弄到衣服上，否则不好清洗。

2. 自然插花创作材料，要尽量捡拾林中落下的松果、树枝等材料，或者森林经营者修剪树木的废弃材料。老师需要提前准备一些备用材料，丰富材料的多样性。

3. 不要过分强调绘画艺术水平，而要让大家感受在一起共同创作和分享交流的快乐体验。也不要只关注于特定的个人，这样容易使得其他参加者产生被忽视的感觉。尽可能关注更多的参加者，观察照顾好每一个人，2~3位老师共同带领活动，既要有分工也要有合作，尽量满足大家的需求。

活动反馈

活动结束前对参与者进行了访谈，大家对活动课程及带队老师给予了充分肯定，希望下次再来参加这样的系列活动。

体验者紫杉（自然名）的体会：今天我的心里是满满的感谢，感谢老师们，让一群有相同热爱的人走到一起，感谢大自然，让我们捧雪撒欢、撷草插花，感谢朋友们，让我收获了快乐和友谊，独运的匠心，自然的联想，也让我对人生有更好的感悟，愿与朋友们再度相逢！回归自然，我会记住你们每一个自然名，像今天的清茶一样回味有甘。

植物篇

体验者百合（自然名）的体会：团队老师们辛苦了，多次的踏查，用心筹划这次活动，不一样的自然插花与葡萄汁绘画体验，专业的自然解说语言艺术，跟随老师们开启五感与自然艺术创作……春已临近，我们一起期待下一次课题！

体验者野百合（自然名）的体会：谢谢老师为我们精心策划的这项活动，通过活动结识很多新朋友，这一天过得特别有意义！让我放松心情，陶冶情操，增长知识，收获友谊，期待我们下次再相逢！

葡萄汁绘画作品

自然插花作品

自然插花作品

春风里，悦自然

陈子君 / 保护国际基金会（CI）

【活动目标】
1. 能说明春季时自然（含生物、环境）的特征。
2. 能开启对自然的五感敏感度。
3. 能发现日常生活里被忽略的自然的奇妙、美好和趣味。
4. 能运用2~3种自然观察的方法，如触摸、静观、变换视角等。

【受众群体】8岁及以上亲子家庭

【参与人数】20人

【活动场地】鞍子河保护地自然教育中心室内及周边户外场域

【活动类型】解说学习型、五感体验型、自然创作型

【所需材料】

器材：

对讲机（1个/组）、小蜜蜂（4个）、急救包（1个/组）、放大镜（1个/人）、方巾（1条/组）、自然收集盒（1个/组）、坐垫（1个/人）、折叠凳（1个/人）、写字板（1个/人）

耗材：

垃圾袋（1个/组）、自封袋（1个/人）、签字笔（1支/人）、打印纸（3张/人）、小人偶（1个/人）、大白纸（1张/组）、素描纸（3张/人）、彩铅（1盒/人）、橡皮擦（1块/人）、卷笔刀（2个/组）、剪刀（2把/组）、固体胶棒（2个/组）、油性水彩笔（1盒/组）、线索卡（1份/人）、寻宝清单（1份/人）

【活动时长】600分钟

植物篇

活动过程

时长	活动流程内容	场地/材料
3.5小时	春天花花同学会	自然教育中心旁平台／名牌（1个/人）、签到表（1份）、签字笔（1支）、水彩笔（1套）、小蜜蜂（1套）、植物贴纸（1份）
2小时	春日物语	自然教育中心室内及周边户外场域／线索卡（1份/人）、小人偶（1个/人）、放大镜（1个/人）、眼罩（1个/人）、毛巾（2块）
1.5小时	夜启宝藏	住宿地室内及户外场域／投影仪（1部）、放映笔（1支）、夜观PPT、手电筒或头灯（1个/人）、雨衣（备用1套/人）、对讲机（2个）、急救包（2个）
2.5小时	森林秘语	自然教育中心室内教室及周边户外场域／方巾（1块/组）、寻宝清单（1份/人）、自然物收纳盒（1个/人）、自封袋（1个/人）、折叠凳（1个/人）、写字板（1个/人）、素描纸（2张/人）、素描铅笔（1支/人）、彩铅（1套/人）、橡皮擦（1个/人）、卷笔刀（2个/小组）、大白纸（1张/小组）、剪刀（2把/小组）、固体胶棒（2个/小组）、油性水彩笔（1盒/组）
0.5小时	观察到的春天	自然教育中心室内教室／反馈表（1份/人）、签字笔（1支/人）

1. 春天花花同学会

（1）鞍子河欢迎你。2位自然教育教师引导学员报到，本环节主责自然教育教师代表中心欢迎学员的到来，简要介绍本次课程的主题。借由鞍子河场域图向学员简要介绍会用到的场域设施，做好安全提醒，强调孩子和家长都是"同学"（家长需要把注意力从孩子身上转到自己，享受与自然、孩子相处的时光）。

（2）初相识。自然教育教师通过花的线索带领学员认识身边的每位朋友和工作人员。彼此熟悉氛围活跃后，邀请学员根据名牌背后的线索找到自己组的小伙伴（名牌背后贴上鞍子河植物），并请小组一起讨论自己组的"春花"组名，有什么特征，然后分享告知其他小组。

2. 春日物语

（1）基础介绍。自然教育教师邀请学员进入室内教室，通过PPT引导学员回想崇州市—鸡冠山乡—鞍子河保护地的环境变化（如景色、天气、温度等），以此为引子，进行鞍子河保护地周边基础设施、自然环境、生态系统等基础介绍。

（2）深度讲解。通过室内讲解，激发学员对自然观察操作的兴趣；并强调自然观察过程须秉持尊重、安静的态度，降低对生态的干扰。

活动流程：①串联学员刚才对环境变化的响应，说明观察与发现现象，是人类文明与科学发展的第一步；②运用自然观察PPT说明自然观察的精神、目的与方式（PPT主要内容为自然观察的内涵、对象和角度、方法、记录、安全与伦理原则等）；③讲解期间引导学员表达是否有过自然观察经验、如何观察、有何心得与感受；④分发"春日物语"线索卡，请学员步入龙灯沟开启自然观察之旅。

（3）开启自然之旅。带领学员在户

外开启一场多维度的自然观察之旅，进行自然观察练习。

活动流程：①自然教育教师将户外观察学员分成4小组，每小组搭配1位小组自然教育教师；②先由本环节主责自然教育教师说明本活动的安全注意事项（如步道湿滑狭窄、蜱虫、荨麻等）及活动时间，并将时间交给各小组自然教育教师；③小组自然教育在一开始需要引导学员进入观察状态，利用步道周边的各项资源（如花草、昆虫、地质纹理、生物痕迹等），比如分享一进去看到的植物，邀请学员一起讨论观察到的这株植物，进而发现不同的观察角度，产生各异其趣的发现；④当学员进入观察和任务开展的状态后，小组自然教育教师仅在旁作辅助，帮忙解答观察过程中的小疑问，促进观察过程中适当的亲子、小组的互动，需要确保给予学员充分自由观察、练习的空间。

（4）自然观察分享。本环节主责自然教育教师在终点平台带领学员进行"春日物语"观察分享，丰富每个人观察的内容（每个人的不同视角分享，让彼此收获更多），简要小结大家的观察，以及自然观察的方法和态度。

（5）化身"小小人"。带领学员以"小小人"的视角进一步观察自然的小细节，开启不同角度和尺度的自然观察。

学员根据线索找到分组，通常会很激动

通过引导，使学员熟悉自然观察的方式及守则，适时给予支持并鼓励分享互动

通过视觉进行观察

用"小小人"的视角去观察森林

植物篇

盲径，通过触觉进行观察

通过嗅觉进行观察

活动流程：①邀请学员化身"小小人"，去观察身边微小的自然（与春天），尝试以它的角度去看这片森林，收获更多的春日物语；②返程时，在队伍最前和最后各安排一位控制时间与安全的自然教育教师，给学员充足自由的观察时间；③在返程必经之路设置"盲径"（盲行体验的一段线路），2位自然教育教师负责引导、确保安全和控制人员，带领学员尝试再换"视角"去观察这片森林；④本环节主责自然教育教师于终点平台集合学员，邀请学员分享换角度、方式观察到的感受；⑤小结到目前为止用到的自然观察角度和方法，请学员多去关注微小的自然——包括容易被我们忽略的自然，多换角度去观察自然，会有不一样的收获。

3. 夜启宝藏

（1）聆听"夜自然"。本环节主责自然教育教师以提问结合夜间生物图片、视频的方式，引导学员一步步了解夜晚除了一些生物在休息外，还有昆虫、两爬类等夜行性动物在活动，有些植物也可以观察到有趣的现象。然后为学员讲解可以在哪些地方，以什么方法，用什么工具观察哪些主题和内容。最后强调夜晚观察活动中要特别注意的安全事项，如外部环境、危险生物、手电筒使用礼仪等。

（2）夜间野外"寻宝"。室内课程之后，学员在小组自然教育教师的带领下到夜间的户外进行观察。小组自然教育教师一方面可以主动找到一些生物后让学员聚拢来一起观察，并讲解一些与被观察对象相关的生态知识；另一方面鼓励学员自己去观察发现，并对他们的发现予以回应。另外，小组自然教育教师还需要在此过程中特别留意一些危险环境、危险生物、学员的危险行为，以避免发生意外伤害。

4. 森林秘语

（1）"看一眼找回来"游戏。通过暖身游戏，唤起学员的热情，并为接下来的户外自然观察做铺垫训练。

活动流程：①主责自然教育教师先准备9种从周边自然环境中找到的自然物，1位小组自然教育教师配合，并用方巾将自然物盖好；②让每个小组的学员分别前来观察这些自然物（每个小组只能看10秒钟）；③每个组都看完后，分散到周边的

小组学员观察时,其他组成员帮忙数10秒钟,时间到方巾就盖下来

小组合作将自然笔记的素材汇集为一幅"森林地图"

自然环境中寻找回方巾上的自然物,时间为10分钟;④时间到后,各小组回到室内教室,将自然物放在各小组的方巾上;⑤本环节主责自然教育教师由易到难逐一揭晓各项自然物,并检验每组考验情况。

(2)自然寻宝。自然中充满了各种"宝贝",很多能够与学员建立联系,邀请学员接受"寻宝挑战",与自然产生更深入的联结。

活动流程:①分小组到森林中寻宝,学员根据寻宝清单仔细观察去的区域,找到跟自己、家人有联系的珍宝,并进行小组分享;②小组自然教育教师讲解户外自然笔记的方法,请学员回到代表"最开心的自己"的自然物旁边,用自然观察笔记记录下它的样子;③小组自然教育教师视学员完成情况,召集学员集中,强调自然生物与环境的关系及其重要性;④请学员绘制"森林地图",记录每个成员"开心的自己"在哪里,方便以后去跟朋友分享这段美好的遇见,以后再来鞍子河也能很快找到它(在户外仅标注"森林地图"方位、路径,记录代表性样貌植物等,回到室内教室再具体完成)。

(3)绘制"森林地图"。透过"森林地图"记录学员所观察的森林和自己当时的联结(最开心的自己),让学员从单一物种的观察,上升到更大的范围内,发现生物之间的联系。

活动流程:①在动手制作前,教师先引导小组进行成员分工(谁画大白纸上的地形地貌图,谁补充加工素材,谁负责剪贴等);②小组讨论作品的名字;③各小组完成后,分享本组的"森林地图",包括最开心的自己在哪里,跟这片森林的关系;④自然教育教师进行小结,强调"森林地图"的意义,自然生态环境里的生物之间、生物与非生物之间互相关联,缺一不可,这些都是自然观察的对象,也是需要我们珍惜爱护的对象。

5. 观察到的春天

(1)观察分享。自然教育教师邀请学员分享这两天观察到的最为喜欢的春天画面、此时想要表达的感受,自然教育教师对学员的分享进行适当回应,也分享自己的真实观察感受。

(2)观察延续。自然教育教师带领学员回顾两天课程中运用到的自然观察方法及理念,和请学员在森林中观察到和自己、家人有关系的自然物，鼓励学员课程结束回到日常生活中继续做自然观察（观自然、观他人，也观自己）。

活动评估

分不同活动版块进行。

1. 春天花花同学会：

（1）能通过互识环节，熟悉身边的朋友，并逐渐进入放松的状态。（评估方法：现场观察。）

（2）能通过PPT讲解，明确本次活动的主题，了解自然观察的精神、目的与方法；发现自然观察的乐趣；懂得尊重、安静、不打扰的观察态度。（评估方法：现场观察+问卷调查。）

2. 春日物语：

（1）能利用线索卡的指引，进行春天的自然观察，能描述出观察对象的特征。期间使用2~3种自然观察的方法，如视觉、触觉、听觉。能采用多元视角，对微观世界产生好奇和兴趣。（评估方法：现场观察+现场问答+问卷调查。）

（2）能认同和践行尊重、安静、不打扰的自然观察原则。（评估方法：现场观察。）

3. 夜启宝藏：

（1）能打破对黑夜的常态心理和认知，充满好奇地探索黑夜中的自然世界，观察春天的植物、昆虫、两爬类物种在夜间的状态和特征。（评估方式：现场观察。）

（2）能遵守手电筒/头灯使用礼仪进行自然观察；能以不伤害、不破坏的态度观察夜间自然生物和环境，尽量安静，不过度打扰动物活动或休息。（评估方式：现场观察。）

4. 森林秘语：

（1）能根据寻宝清单仔细地观察森林里的一方小天地，建立自己和自然、家人的联结。（评估方式：现场观察+现场问答。）

（2）能以自然笔记的方式记录下自己的观察，认识到记录也是自然观察很重要的一部分。（评估方式：现场观察+作品查阅。）

（3）能小组协作，学会以森林地图记录一个自然小环境，建立由个体到整体的自然观察观，认识到自然观察需要关注物种之间、物种与环境之间的关系。（评估方式：现场观察+作品查阅。）

5. 观察到的春天：能对整体活动有所触动，有想要分享的意愿，也愿意在生活中延续自然观察。（评估方式：现场观察+问卷反馈。）

活动风险点

本活动适合在春季进行，春季万物复苏，植物中有些需要学员特别注意，比如荨麻，误触摸会有瘙痒、疼痛等反应，还有一些动物，如蚂蟥、蜱虫、蛇，活动中可能遇见，如果处理不当，可能需要送医救治。因此需要提前进行场勘，清理步道中太近/容易接触到的"危险"植物。活动行前，需要提前准备好急救包、蛇夹（蛇夹应包裹保护物，防止夹蛇时，让蛇受伤），以备受伤紧急处理；同时户外活动中，每组自然教育教师携带对讲机，如遇紧急状况（被蛇咬）应立即报告活动主要负责人和站上值班人员，确保第一时间送医救治，相应救护消息第一时间传给相关人员。活动中，应在学员进入森林前，进行安全提醒，也强调不用过度紧张，告知处理对策，如遇见及时上报教师处理。

附件

附件1 活动评估表（孩子版）

1. 你喜欢参加这个活动吗？
   A. 很喜欢　　B. 喜欢　　C. 一般　　D. 不喜欢　　E. 很不喜欢

2. 你喜欢观察什么呢？（可多选）
   A. 植物　　B. 昆虫　　C. 蛙类　　D. 鸟类　　E. 兽类　　F. 其他　　G. 都不喜欢

3. 你在这次活动中发现了哪些有趣的自然现象呢？请你描述2~3个。
   _____
   _____

4. 你学习到哪些自然观察的方法呢？
   _____
   _____

5. 在自然观察中我们需要注意什么？（可多选）
   A. 保障自己的安全　　B. 尊重和友好对待观察的对象　　C. 把喜欢的动植物带回家观察
   D. 夜观时灯光长时间照着动物　　E. 不了解的昆虫不要轻易触摸　　F. 记录也很重要

6. 你觉得这次活动中的后勤住宿、餐饮方面怎么样呢？

供应方	很满意	满意	一般	不满意	很不满意
青山绿水住宿					
青山绿水用餐					
保护站用餐					

7. 你愿意以后在学校、小区、公园、自然野地等地方继续观察和记录自然吗？
   A. 愿意，为什么 _____
   B. 不愿意，为什么 _____

8. 这个活动里，哪些地方你觉得比较无趣或不舒服，想要给我们提建议呢？
   _____
   _____
   _____
   _____

附件2 活动评估表（家长版）

1. 您喜欢参加这个活动吗？
   A. 很喜欢   B. 喜欢   C. 一般   D. 不喜欢   E. 很不喜欢

2. 您是本人对自然观察有兴趣，或只是为了陪伴和培养孩子？
   A. 自己本身就很有兴趣   B. 自己没有兴趣，只是作为孩子的陪伴者参与活动
   C. 以前没兴趣，这次活动后产生了一点兴趣

3. 您喜欢观察什么呢？（可多选）
   A. 植物   B. 昆虫   C. 蛙类   D. 鸟类
   E. 兽类   F. 其他   G. 都不喜欢

4. 您在这次活动中发现了哪些有趣的自然现象呢？请您描述2~3个。
   _____
   _____

5. 您学习到哪些自然观察的方法呢？
   _____

6. 在自然观察中我们需要注意什么？（可多选）
   A. 保障自己的安全   B. 尊重和友好对待观察的对象   C. 把喜欢的动植物带回家观察
   D. 夜观时灯光长时间照着动物   E. 不了解的昆虫不要轻易触摸   F. 记录也很重要

7. 您觉得这次活动中的后勤住宿、餐饮方面怎么样呢？

供应方	很满意	满意	一般	不满意	很不满意
青山绿水住宿					
青山绿水用餐					
保护站用餐					

8. 您愿意以后自己或是和孩子一起继续观察和记录自然吗？
   A. 愿意，为什么 _____
   B. 不愿意，为什么 _____

9. 您觉得这个活动里，哪些地方比较无趣或让您不舒服，想要给我们提建议呢？
   _____
   _____

注：鞍子河自然教育中心由保护国际基金会（美国）北京代表处和四川鞍子河自然保护区管理处共同成立，本案例是双方共管项目下的自然教育成果。

我们的彩色家园

彭奎莉 / 北京京彩燕园苗圃

【活动目标】
1. 让学生切身感受大自然的鬼斧神工。
2. 增加亲子与大自然的互动。
3. 学会从叶片的形状、质感等特征鉴别树木。

【受众群体】3~6年级小学生,亲子

【参与人数】15组家庭

【活动场地】"京彩"景观区和阳光教室

【活动类型】解说学习型、自然创作型

【所需材料】2份盲盒加新鲜的叶片(10种左右);显微镜15个;载玻片提前压好的不同种树叶多片;透明袋子15个;剪刀、白乳胶、镊子、小刷子、团扇、贺卡或卡片各15个

【活动时长】150分钟

活动过程

时长	活动流程内容	场地/材料
10分钟	自我介绍	阳光教室
20分钟	我们认识的植物叶片	阳光教室 / 盲盒2个;2份10种左右不同的新鲜叶片;PPT
30分钟	叶片变色的奥秘	阳光教室 / 调试好的显微镜;植物叶片解剖结构;铅笔和A4纸15个
30分钟	寻找美丽的彩色叶	"京彩"景观区 / 透明袋子15个
20分钟	制作叶片标本	阳光教室 / 压花器套装15套
30分钟	DIY手工制作	阳光教室 / 团扇或贺卡或卡片若干;压好的叶片和花朵、镊子、刷子、白乳胶、剪刀各15个
10分钟	分享成果、留念	阳光教室 / 相机

植物篇

1. 自我介绍

主讲老师进行简单自我介绍，并介绍活动助教老师，主要的活动流程及活动期间的注意事项（纪律性、配合性及安全性等内容）。

2. 我们认识的植物叶片

主讲老师通过准备的PPT的精美图片先引导到今天的主题"我们的彩色家园"，并结合蒙眼摸叶片的小游戏提升起孩子们的兴趣，也起到了破冰的作用。游戏的主要方式是每位小朋友双手同时伸进两个装着同样叶片的盲盒里，通过触感，摸索叶片的形状，同时抓出认为相同的叶片，抓出后对叶片的颜色、形状、触感等信息进行表达。这个过程没有对与错之分，只是利用趣味的方式和孩子们一同去寻找树木叶片异同的答案。

3. 叶片变色的奥秘

主讲老师首先以秋天植物叶片变色为由，讲述植物叶片显色的主要因素，以及引起植物叶片变色的原因。从而引导孩子们利用事先调试好的显微镜去观察植物叶片的组织结构，亲眼验证叶绿素产生的场所，并通过纸和笔将所看到的细胞结构画出来，体验显微镜下肉眼看不到的魅力。这里需要助教老师协助，确保每位孩子都观察到叶片的结构，并在不懂得绘制时，提供想法和绘画，引导孩子用纸和笔表达出自己看到的细胞样子。

4. 寻找美丽的彩色叶

首先，由主讲老师讲述在室外寻找叶片的注意事项：规划采叶片的区域，不能离开家长的视线，不能强摘树上的叶片，捡散落在地上漂亮的、多彩的叶片，并规定返回教室时间。然后，由助教老师给每个小朋友发一个透明袋子，带领他们一起到户外规定的场地寻找秋季散落的漂亮叶片。这也是亲子之间一同切身体验大自然带给我们多彩的生活的最淳朴、最真实的方式。

5. 制作叶片标本

组织好采叶片回来的每组家庭，将所采摘的叶片放在桌子上。然后由助教操作演练是如何将新鲜的叶片通过压花器的底层+吸水板+衬纸+标本+海绵+……最终

用显微镜观察叶片的组织结构

DIY手工制作

捆绑成待完成的标本的。然后，让孩子和家长一同按照所看到的流程制作叶片的标本。因标本需要静置3天左右，之后可以让孩子和家长自行过来看自己做的标本并带回去。

6. DIY手工制作

每组家庭随机发放事先准备好的叶片和干花，给他们展示一下精美的作品案例，然后引导他们通过之前的活动，将所学到、所看到、所体验到及自己真实的对自然的感情表达出来，这不仅开发了孩子的想象力，也是他们动脑创作表达情感的方式，同家长们一起创作出属于他们的"彩色家园"。

7. 分享成果、留念

各组家庭均制作完毕后，首先，由助教老师将自己的作品进行展示和表达，抒发自己对自然的情感。其次鼓励各组家庭对自己的作品进行介绍表达。最后合影留念，每组家庭将作品带回，活动结束。

活动评估

1. 评估方式：问卷调查。
2. 问卷调查表具体内容见附件。

活动风险点

1. 活动举办场地有室外开放式的，注意道路、车辆等危险源，应避免各组家庭受到外界环境带来的伤害。
2. 孩子年纪相仿，第一次见面相处，在活动中应注意遵守纪律，避免追跑打闹、私自离队等原因造成人身伤害等事故。
3. 在手工活动中，有剪刀、镊子等尖锐的工具，所以家长陪伴孩子一同创作，避免受伤。

附件

"京彩燕园苗圃"自然解说活动调查表

您是家长 / 孩子：			孩子的年级：		
	完美	很好	好	可以	不好
您喜欢这次的自然体验解说吗？					
您觉得提供的活动怎么样？					

您最喜欢的活动（或游戏）是什么？

您最不喜欢的活动（或游戏）是什么？

在将来的自然体验互动中您希望参加什么活动（或游戏）？

对本次活动的回顾和建议：

对解说员的回顾和建议：

参加活动前对自然的认识：

参加活动后对自然的感受：

希望 / 激励 / 改进意见：

自然体验活动
课程案例集

NATURE EXPERIENCE ACTIVITIES
AND PROGRAMS

2 动物篇

与生命共同体展园的7个小主人不期而遇

刘艺　周彬欣 / 易草（北京）生态环境有限公司

【活动目标】大自然的奥秘一直被人类所关注，尤其是自然中的动物，人们都在不停地探索中，随着社会的发展和人们生活水平的不断提高，生态环境所遭到的破坏也日趋严重，社会呼吁全人类要提高环境保护意识，维护生态平衡，要提高环保意识，应从小培养。
1. 认识和熟悉展园里7种小动物的名称、不同的特点及与周围环境的关系。
2. 探索它们的外形特征、住所及生活习性。
3. 了解与7个小动物相关的故事，并主动与小伙伴分享，增强爱护动物的责任感。
【受众群体】5~7岁儿童
【参与人数】15人
【活动场地】北京市延庆区世界园艺博览会蒙草生命共同体展园
【活动类型】自然创作型、解说学习型
【所需材料】探索任务卡15份，备用白纸及铅笔、彩笔适量
【活动时长】135分钟

活动过程

时长	活动流程内容	场地/材料
活动前 9:30~10:00	签到、起自然名、分发探索任务卡	签到表、任务卡
活动导入 10:00~10:15	带领者与参与者围成一个圆圈，介绍当天活动内容、纪律、注意事项等，参与者自我介绍	
展开预备活动1 10:15~10:45	自然观察	平坦、安全的场地
10:45~10:55	活动中场休息，强调集合时间	洗手间附近
展开主体活动2 10:55~11:45	定向寻找、自然笔记 每组一位引导员，负责引导参与者积极寻找、观察、思考、认识特定动物，并了解它们的特征，以及它们和周围环境的关系	白纸、铅笔、彩笔

动物篇

（续）

时长	活动流程内容	场地/材料
分享总结 11:45~12:00	分享感受、合影留念	

1. 活动预热、活动导入

集合签到、引导参与者起自然名。介绍当天活动内容、活动纪律、注意事项等；参与者依次进行自我介绍（名字及自然名）。

2. 开展活动1

按照探索任务卡提示的内容，在园中指定的区域，找到相对应的小主人，每个特征至少找到一个小主人，找到后在相应处打"√"，找全7个小主人后找展园工作人员盖章（要求：在探寻的过程中不可采摘、踩踏等破坏园中的自然物）。

3. 中场休息

4. 开展活动2

每组5人，共分为3组，继续完成探索任务卡其他内容，找全7个小主人经常生

探索任务卡示意

根据《探索任务卡》找寻园子里的小主人

土壤秘境里探索花鼠居住的生活环境

活的地方及它们各自生活的习性，有哪些小主人有它们的小故事，熟记7个小主人的名称。找全所有的小主人信息后，请每个参与者选择一种自己最喜欢、印象最深刻的小主人画在白纸上，完成后请参与者添加时间、地点、天气、必要的说明及标注等（如果定向寻找时间较长，这部分内容可省略）。

5. 分享总结

请参与者分享对活动总体的感受，带领者总结自然观察与自然笔记的重要性，点明活动主旨，合影留念。

活动评估

"与生命共同体展园的7个小主人不期而遇"活动反馈表

亲爱的家长，感谢您参与本次反馈调查。调查仅仅为了收集您最真实宝贵的意见。您的每一个意见和建议都是我们下一次改进的动力，谢谢！

1. 您对本次活动整体满意吗？
   A. 非常满意　　B. 较满意　　C. 一般　　D. 不满意
2. 您觉得本次活动还有待改进的方面是什么？（多选）
   A. 报名沟通工作　B. 活动讲解　C. 活动内容　D. 现场组织安排
3. 您觉得本次活动对孩子是否有一定的教育意义？
   A. 非常有意义　　B. 有意义　　C. 没有什么意义
4. 您对本次活动的带领老师讲解是否满意？
   A. 非常满意　　B. 较满意　　C. 一般　　D. 不满意
5. 您觉得带领老师还需要在哪些方面继续提升？（多选）
   A. 专业性　B. 语言表达　C. 与孩子互动　D. 趣味性　E. 场面控制能力
6. 对于蒙草组织的其他类型的活动，您会有兴趣参加吗？
   A. 会　　　　B. 不会
7. 您觉得本次活动如需做得更好，最需要改进的方面是哪些？

活动风险点

潜在风险：①展园地势高低起伏，入口处的滑草坡因地形呈现有很大坡度，但现场工作人员配备齐全；②展园中心处约有2米的水潭，在水潭旁设有醒目的警示标牌。

虫虫王国历险记

张楠 / 北京南海子麋鹿苑博物馆

【活动目标】认知领域,了解虫类的生物多样性和生存环境。情感领域,认为虫类具有生态价值,与人类生活息息相关。动作技能领域,掌握观察昆虫的基本方法。活动各个环境的具体教育目标如下表所示。

【受众群体】亲子团体。孩子年龄限定在6~18岁,单个家庭孩子与家长的比例为1∶1或1∶2

【参与人数】单场活动招募的家庭总数不超过15个,游客总人数不超过50人,配套科普人员不少于5人

【活动场地】北京南海子麋鹿苑,包括博物馆室内科普教室、户外科普活动区、湿地栈道等

【活动类型】解说学习型、自然创作型、场地实践型

【所需材料】竹签及麻绳、捕虫网、昆虫观察盒、昆虫图鉴、学习单、铅笔、橡皮、芦苇、胶水

【活动时长】5小时

"历险记"活动的知识点和教育目标

活动环节	知识点	学科	教育目标		
			认知领域	情感领域	动作技能领域
样方虫类考察	蚂蚁、蝼蛄、螳螂等是常见的北京乡土虫类;虫类有彼此的生态角色	动物学 生态学	认识常见的虫类	接受虫类是种类众多、分布广泛的动物	昆虫观察的方法;考察单的记录;昆虫图鉴的使用
神秘伪装者	虫类有保护色和拟态;虫类的伪装是用来捕食或自保的	昆虫学 生态学	知道虫类有保护色和拟态	对虫类的保护色和拟态产生兴趣	自然观察的方法
变形毛毛虫	虫类形态多种多样;昆虫多有卵、毛毛虫、蛹、成虫等几个生命阶段	动物学	知道虫类有多种形态;知道昆虫的几个生命阶段	对虫类产生兴趣和好感	小组合作的能力

（续）

活动环节	知识点	学科	教育目标		
			认知领域	情感领域	动作技能领域
虫虫的故事	蜜蜂、苍蝇如何为花朵授粉；蝗虫如何危害庄稼；霍氏啮小蜂怎样消灭害虫	动物学 昆虫学	知道虫类对于农业生产的作用；知道用益虫防治害虫的案例	接受虫类与人类的生活紧密相关；认为虫类是有价值的	记录课堂笔记的能力
昆虫芦苇画制作	虫类处在环环相扣的生物链中	昆虫学 植物学	领会虫类在生态系统中的作用	认为保护虫类是有必要的	手工制作的能力

时间安排	活动类型	活动环节	内容简介
9:30		抵达麋鹿苑	发放"自然名"樟木驱蚊牌，取自然名，自我介绍。做好防虫保护
9:30~10:30	专题研学（户外）	样方虫类考察	全体参与 在回归纪念园道路边设立3米×3米的样方，记录、绘画在样方中搜寻到的虫类。初步了解虫类的多样性
10:30~11:00	科普游戏1（户外）	神秘伪装者	全体参与 在回归纪念园道路两侧寻找隐藏的昆虫模型。了解昆虫的保护色及拟态
11:00~11:30	科普游戏2（户外）	变形毛毛虫	以小组为单位 一边缓行走，一边用身体组合、变形成各种虫类的相貌。了解虫类多样化的外形
11:30~12:30		午餐及午休	
12:30~13:30	科普讲座（室内）	虫虫的故事	全体参与 聆听科普讲座，了解当地、当季常见的虫类，了解虫类在农业生产中的价值。回答问题，获得奖品
13:30~14:30	自然手工（室内）	昆虫芦苇画制作	以家庭为单位 利用天然芦苇材料，制作"螳螂捕蝉"主题芦苇画
14:30		离苑	

活动过程

活动伊始，向游客发放"自然名"驱虫樟木牌，喷涂防虫药水，做好防护。样方考察阶段，主要通过探究式学习，引导受众主动发现问题、收集数据、讨论问

动物篇

题。科普游戏环节主要采用"团队合作—分组竞争"模式,调动受众的学习热情与积极性。活动的实施方案见下表所示。

环节名称	活动场地	时长	所需材料
样方虫类考察	麋鹿回归纪念园	1小时	竹签及麻绳、捕虫网、昆虫观察盒、昆虫图鉴、学习单、铅笔、橡皮
神秘伪装者	麋鹿回归纪念园	0.5小时	昆虫模型、学习单、铅笔、橡皮
变形毛毛虫	科普楼北侧广场	0.5小时	
虫虫的故事	科普楼"四不像"教室	1小时	铅笔、橡皮
昆虫芦苇画制作	科普楼"四不像"教室	1小时	芦苇、胶水、黑绒布等

1. 样方虫类考察

步骤:科普教师在回归纪念园道路边设立3米×3米样方,使用捕虫网搜寻虫类,并讲解当季常见昆虫的外形及习性,如中华剑角蝗、中华大刀螳、马陆、斑衣蜡蝉等。游客将昆虫放置于自己的昆虫观察盒中,记录、绘画所观察的虫类,活动结束后放归自然。

任务:在学习单上记录、绘画所观察的虫类。

总结:分享自己记录的虫类,了解虫类的生物多样性,以及它们在生态圈中的角色。

2. 神秘伪装者

步骤:科普教师在回归纪念园选取一段20米长的道路,在道路两侧的草丛中、石头下、树木上放置仿真昆虫模型(一比一等大,并选择真实生境),如蜻蜓、蝉、天牛、犀金龟等。游客从小路走过,记录观察到的昆虫模型种类和生活环境。

任务:尽可能多地找到昆虫模型,在学习单上记录昆虫的保护色和拟态,以及它们的生存环境。

总结:分享自己发现的昆虫,介绍它们的保护色和拟态。

3. 变形毛毛虫

步骤:家长与孩子分开,各分为3个小组,在科普人员的引导下,小组成员用身体组成各种虫类的形象,按照老师所讲的故事情节,模拟蜻蜓、蝴蝶、蜈蚣等虫类的外形和运动、捕食行为。

任务:尽可能仿真地模拟虫类的外形、姿态、行为。

总结:分享虫类外形、姿态、行为设计理念。

4. 虫虫的故事

步骤:游客在科普教室中聆听科普讲座。讲座介绍仿生学及人与昆虫的关系。

任务:记录课堂笔记并回答科普教师的问题。

总结:展开讨论,总结昆虫与人类生产生活的关系。

5. 昆虫芦苇画制作

步骤：利用芦苇、胶水等材料，制作"螳螂捕蝉"主题芦苇画，并进行装裱。

任务：制作精美纪念品。

总结：展开讨论，分享蝉和螳螂的形态特征。

"样方虫类考察"学习单内容见附件1。

活动反馈

"历险记"活动对孩子采用科普人员以一对一访谈形式进行意见调查，针对家长采用不记名纸质调查问卷形式收集反馈，形成改进意见，不断优化活动方案。调查问卷设计见附件2。

2019年7月，"历险记"活动启动公开招募，至9月初累计接待团体2个，游客约60人。科普人员以一对一访谈形式，对儿童进行意见调查，儿童对该活动普遍给予了肯定评价。依据反馈信息，活动方案进行了调整和优化，缩短了部分科普游戏的时长，增强了昆虫观测环节的防护。活动中向家长发出12份调查问卷，回收10份问卷，有效问卷10份，有效率83.3%。

参加活动的家长之中，男性占80%，女性占20%，年龄为35～65岁，教育程度集中在大学及本科水平。他们对活动的总体评分为97.5分，关于虫类的7个核心知识点，每个知识点均有80%以上的家长确认活动中已经覆盖。90%的家长认为活动的道具方便使用。100%的家长愿意再次来参与"历险记"活动。同时，现有调查还收集到了"增加学习单图片，照顾儿童识字量""户外参观时间较短""讲解时照顾后排听众"等活动建议。

活动风险点

1. 防暑/防寒/防虫："历险记"活动包含近2小时的户外活动内容，在盛夏或严冬季节，应做好防暑或防寒对策，及时组织游客休息，准备防暑药剂，避免身体不适。由于户外活动时间长，麋鹿苑野外环境蚊虫较多，需要准备防虫药剂，减少蚊虫叮咬。

2. 防止拥挤：变形毛毛虫环节由全体参与，游客随机方向缓步走动，又时而需要变形、互动可能出现扎堆和拥挤。工作人员应加强秩序组织，防止孩子之间以及大人、孩子之间的拥挤情况。

3. 防止被芦苇割伤：芦苇画制作环节需用到芦苇、纸张等材料，部分芦苇片边缘锋利，应提醒游客在操作中注意安全，防止被割伤。

附件

附件1 "虫虫王国历险记"活动学习单

1. 画出一种你观察到的虫虫,并画下它的生存环境。

2. 向你所画的虫虫提两个问题。
_____
_____
_____

3. 你认为它会怎样回答你?
_____
_____
_____

4. 你找到了哪些昆虫"伪装者"?
_____
_____
_____

5. "伪装者"们各自隐藏在什么环境?
_____
_____
_____

附件2 "虫虫王国历险记"活动调查问卷

亲爱的游客朋友：

　　欢迎你参加调查！答卷不记名，数据仅用于改善活动，请放心填写。题目选项无对错之分，按照实际情况选择即可。感谢你的帮助！

　　请在选择的答案字母上画"√"

1. 您的性别是： A. 男　　　　B. 女
2. 您的年龄是：_____岁
3. 您教育程度是：

A. 小学以下　　B. 小学　　C. 初中　　D. 高中或中专　　E. 大学或大专

F. 硕士研究生　　G. 博士研究生及以上

4. 满分100分，您对"虫虫王国历险记"活动的总评分是：_____分
5. 参加活动之后，您学到了哪些知识？请在学到的知识前的"□"里打钩。

（1）□ 虫类有各种各样的身体外形。

（2）□ 虫虫的生活环境多种多样。

（3）□ 昆虫的身体有头、胸、腹三部分，且有三对足。

（4）□ 一些虫类通过保护色和拟态隐藏自己。

（5）□ 蝴蝶的一生有卵、幼虫、蛹、成虫四个阶段。

（6）□ 有些昆虫有趋光性。

（7）□ 虫类在自然界中有独特的生态价值。

您的其他收获和感受，可以写这里：_____

6. 活动的道具，比如昆虫观察盒、捕虫网，使用方便吗？

A. 好用　　　　B. 一般　　　　C. 不好用

7. 您愿意再次参加"虫虫王国历险记"活动吗？

A. 愿意　　　　B. 不愿意

8. 想对我们说的话，您的意见和建议，可以写在下面：

_____

动物篇

蜻蜓姐姐，豆娘妹妹

屈月 / 衡水湖国家级自然保护区自然体验教育中心

【活动目标】
1. 初步了解蜻蜓的生长过程，了解蜻蜓和豆娘幼虫是什么样子，蜻蜓和豆娘的幼虫有哪些区别，长大的蜻蜓是益虫，要保护蜻蜓。了解蜻蜓和豆娘在湿地中的作用。
2. 带孩子去户外的捕捞点捕捞蜻蜓和豆娘的幼虫，仔细观察蜻蜓和豆娘幼虫，讲解两者的区别。并让孩子用图文并茂的方式进行观察记录，做自然笔记。
3. 可以用感官去感受一下蜻蜓和豆娘的幼虫，通过这种方式激发孩子们对水下世界的探索。引导孩子说出自己知道的跟蜻蜓和豆娘类似的昆虫。

【受众群体】7~9岁儿童和家长
【参与人数】10组家庭（20个人）
【活动场地】室内、户外
【活动类型】解说学习型、拓展游戏型
【所需材料】影音教室、投影仪、电脑、彩纸、马克笔、小夹子、放大镜5个、密眼抄网5个、观察盘5个、清水瓶5个、镊子5个、小奖品
【活动时长】150分钟

活动过程

时长	活动流程内容	场地/材料
30分钟	室内观看蜻蜓成长的图片和视频资料	影音教室 / 投影仪、电脑、相关资料（视频以及图片等）
30分钟	室外进行起自然名的破冰小活动	彩纸（可以剪成动植物的样子）、马克笔、小夹子（尽可能选用环保材质）
60分钟	户外实践，前往指定地点进行捕捞活动	放大镜（5个）、密眼抄网（5个）、观察盘（5个）、清水（5瓶）、镊子（5个）
30分钟	蜻蜓捕食游戏	相对平淡开阔的地方

首先要进行行前提点，户外活动的注意事项等。

1. 室内观看蜻蜓成长的图片和视频资料（为一会儿的户外活动做准备）

（1）目的：初步了解蜻蜓和豆娘的生长过程和外形特点。

（2）步骤：老师通过图片和视频资料引导学生观察，为一会儿的室外捕捞活动做准备。

2. 室外进行起自然名的破冰小活动

（1）目的：集中注意力，记下别人的自然名，快速熟悉认识对方。

（2）步骤：

①每个人自我介绍为什么要叫这个名字，并用声音和动作来模仿这个名字。

②当每个人介绍完毕后，老师指一名学生，大家一起说出这个学生的名字，并做相应的动作和声音。

③把写有自己自然名的纸片用小夹子夹在衣服上，并要求学生和家长在这个活动结束之前都用自然名称呼对方。

3. 前往指定地点进行捕捞活动

（1）目的：
①实地观察蜻蜓幼虫的生长环境。
②培养学生的自我动手和观察能力。
③激发学生对大自然的兴趣，促进亲子互动。

（2）步骤：

①1、2、3、4、5报数，数字相同的家庭为一组。

②每组一个密眼抄网、观察盘、清水、镊子等工具。家长辅助学生捕捞。

③把捕捞上来的幼虫放到观察盘中，用清水稀释泥沙，用放大镜观察。

④老师、学生和家长一起近距离观察蜻蜓和豆娘的幼虫。看看它们是什么样子？蜻蜓的幼虫尾巴有几瓣？蜻蜓幼虫生活在水里用什么呼吸？蜻蜓和豆娘长大为什么又会飞了呢？

⑤观察完以后，在不伤害幼虫的情况下，在哪儿捕捞的就放回到哪儿去。

4. 蜻蜓捕食游戏

（1）目的：

①促进亲子之间的互动。在活动中让家长发现自己孩子的另一面。

②了解蜻蜓在维持生态平衡中的重要性。

（2）步骤：

①学生和家长围成一个圈。

②一名学生扮演蜻蜓，其他人员扮演蚊子。

③蜻蜓和蜻蜓碰到变成蚊子，蚊子和蚊子碰到没事，蚊子碰到蜻蜓变成蜻蜓。

活动评估

本次活动选择了学生们喜欢的户外捕捞为主题，符合学生们的兴趣，提高了学生们的积极性和参与度。近距离地接触大自然，激发了学生对大自然的兴趣，热爱大自然，保护大自然。活动全程注重家长的参与和陪伴，更好地体现亲子互动，为活动的开展奠定了很好的基础。

动物篇

捕捞蜻蜓和豆娘的幼虫

活动风险点

1. 安全是活动的重中之重，因为活动地点靠近水边，活动中一定要提醒家长注意学生的安全。

2. 为参加活动的每个人都购买人身意外险。

动物园的科学考察活动

马庆宇(猫头鹰) / 北京科普游子

【活动目标】
1. 学生能够说出动物园内鸟的名称,了解其识别特征和生活习性。
2. 通过专业老师讲解,提高学生观察鸟的能力,提高耐心和专注度。
3. 通过引导式提问激发学生主导思考,培养学生的语言表达能力与认知能力。
4. 提高环保理念,培养学生正确对待各种动物的方式和理念,减少不文明对待动物的行为。

【受众群体】6~12岁的小学生
【参与人数】30人
【活动场地】动物园
【活动类型】解说学习型、场地实践型
【所需材料】鸟类参考书、记录表
【活动时长】120分钟

活动过程

时长	活动流程内容	场地/材料
10分钟	开场介绍、望远镜使用介绍、记录表填写介绍	动物园门口 / 签到表、药包、讲解器
50分钟	生物课程:认识我们,了解我们的生活习性	水禽湖 / 任务书、手卡、望远镜
30分钟	生物课程:鸟类识别	生态馆 / 任务书、手卡、望远镜
30分钟	自由参观 总结:完成动物园鸟类调查任务书	鸟苑 / 任务书、笔

1. 开场介绍

强调注意事项:

(1)本次活动不需要自己购买门票,老师会统一帮大家购买。

(2)动物园水鸟观测调查过程中,为了动物和您自身的安全,不要距离水池太近,互相之间不要嬉戏打闹,不要挑逗动物，与动物保持安全距离。同时，为了动物们的健康，请不要往水池里面扔垃圾废纸等。

（3）整个过程中，为了更好地观察、认识水鸟，请大家不要大声喧哗，全程听从老师指挥。

（4）进入鸟苑后，请大家不要投喂鸟笼里面的鸟，也不要试图通过拍打鸟笼惊吓鸟。

（5）动物园内有各种植物，我们要爱护一草一木，不随便践踏和采集。

（6）请大家自备1个双筒望远镜和1支填写观测记录表时需要的笔。

（7）此次活动不提供午餐和水，大家可以自己携带水和食物。

2. 生物课程：认识我们，了解我们的生活习性

（1）夜鹭：

有点胖胖的；

脖子短；

背部颜色是深灰色，比其他部位（腰、翅、尾浅灰色；脸颊靠近眼睛部位是白色）要深；

嘴是黑色；

眼睛是红色；

亚成鸟颜色偏暗褐色，还有一些白色斑点，而且这个时期它的嘴是黄绿色。

为什么会被称为夜鹭呢？一般在夜间活动。

主要取食蛙类、小鱼、虾、水生昆虫等水生动物，偶尔吃一些植物性食物。

（2）苍鹭：

一种大型鹭，脖子很长，白色；长腿；长嘴，嘴的颜色是黄色；

停歇的时候可以看到黑色的斑块；尾巴的羽毛是暗灰色；

站立时单脚站立，另一脚缩于腹下。

被称为"长脖子老等"，因为往往它在捕食的时候，能等很久，可达数小时之久而不动。

飞行时两翼鼓动缓慢，颈缩成"Z"字形，两脚向后伸直，远远地拖于尾后。

主要以小型鱼类、泥鳅、虾、蛙和昆虫等动物性食物为食。

多在清晨和傍晚外出觅食。

（3）白鹭：

白鹭分为大白鹭、中白鹭、小白鹭。

大白鹭：体形大，口裂延至眼睛的后方（与中白鹭区别）；

中白鹭：中白鹭体形中等，嘴裂止于眼下；

小白鹭：体形小，繁殖期，嘴是黄色；

全身羽毛为白色，嘴黑色，脚趾是黄色。

以各种小鱼、黄鳝、泥鳅、蛙、虾、水生昆虫等动物性食物为食。白天觅食，晚上休息。

（4）绿头鸭：

家鸭的祖先之一，雄鸭子比较漂亮，颜色比较鲜艳，头部和颈部是黑绿色，带有金属光泽，翅膀和腹部都是灰白色；嘴是黄绿色。

雌鸭子是棕黄色；嘴是橙色，上面还有一个黑色的斑块；能看到一条黑色的线从眼睛上穿过去，叫过眼纹。

湿地、浅滩，成群活动，杂食性动物，多在清晨和黄昏觅食，以野生植物的叶、芽、茎、水藻和种子等植物性食物为食，也吃软体动物、甲壳类、水生昆虫等动物性食物。

（5）斑嘴鸭：

嘴是黑色，嘴端有个黄色的斑块，脚是橙黄色，头部颜色比较深，脸、脖子、胸部颜色较浅。

具有黑色的过眼纹和白色眉纹。

杂食性，以植物性食物为食。常见的食物主要为水生植物的叶、嫩芽、茎、根和松藻、浮藻等水生藻类，以及草籽和种子。此外也吃谷物种子、昆虫、软体动物等动物性食物。

（6）鸿雁：

我国家鹅的祖先，与家鹅相似，但是上嘴基部没有疣状的突起。

嘴黑色，头部到脖子后面这一块是暗棕色，前脖子是白色，在草地上走动的时候能看到身体是棕色，上面有一条一条的白色横纹。

成群活动，以各种草本植物的叶、芽（包括陆生植物和水生植物）芦苇、藻类等植物性食物为食，也吃少量甲壳类和软

水禽湖鸟类观察识别

总结，记录表填写

动物篇

体动物等动物性食物。

一般咱们看到的空中呈"人"字形排列或者"一"字形排列飞行的大雁指的就是它。

活动评估

此次鸟类的调查活动适宜开展的时间为春季、夏季、秋季（冬季比较冷）。单飞和亲子都很适合，活动内容充实有趣，有研有玩，让学生学到知识的同时，也可提高动手能力、观察能力、解决问题的能力，提高学生的学习兴趣，是非常适合小学生户外鸟类实践的课程。

活动风险点

1. 活动过程中，学生可能会摔倒。为防止意外，在活动进行过程中，家长陪同并且后勤老师在各个场馆中进行巡视并随身携带医药包。若学生无家长跟随，则需要老师与该学生成组进行。

2. 围绕着水禽湖的时候，管理好纪律，不能拥挤，避免孩子掉进水里。

3. 时间把控，因学生的注意点、理解能力以及自身体质及动手实践等不同，可能会使课程时间有所延长，提前设计活动时，要预留一部分时间。

附件

附件1 北京动物园水鸟调查报告

调查背景及目的	迁徙：部分鸟类因季节和繁殖每年春季返回繁殖地，秋季迁往越冬地，做水平方向一定路线的周期性迁移，每种鸟类的迁徙路线不变，一般常沿食物丰富的地区迁移	
	候鸟：很多鸟类具有沿纬度季节迁移的特性，夏天的时候这些鸟在纬度较高的温带地区繁殖，冬天的时候则在纬度较低的热带地区过冬。夏末秋初的时候这些鸟类由繁殖地迁移到越冬地，而在春天的时候由越冬地北返回到繁殖地。这些随着季节变化而迁移的鸟类称为候鸟	
	冬候鸟：冬候鸟指冬季在较暖地区过冬，次年春季飞往北方繁殖，幼鸟长大后，正值深秋，又飞临原地区越冬，对该地区而言，这类鸟称冬候鸟	
	留鸟：终年生活在一个地区，不随季节迁徙的鸟统称留鸟。它们通常终年在其出生地（或称繁殖区）内生活	
	动物园水禽湖：北京动物园距今已有100余年的历史，是中国最大、开放最早、饲养动物最多的动物园之一，其位于西城区西直门外，全园占地面积90公顷，动物活动场地 6万平方米。动物园内有一大片水域，后来搞起万牲园，最后发展成了动物园。水禽湖面积约有 16 亩（1亩=1/15公顷），这里有需要人工补饲的半野生鸟类，也生息繁衍着许多真正的野生鸟类	
	调查目的：每年冬季，这里的鸟类密度很高，本次活动将对这里的鸟种、数量、生存状况以及对城市和人类的影响做出调查分析	
	其他：	
调查方式	时间	
	地点	
	人员	
	方法	
	参考资料	

附件2 北京动物园冬季水鸟调查报告

序号	中文名	学名	数量	行为	备注
1	鸳鸯	Aix galericulata			
2	赤麻鸭	Tadorna ferruginea			
3	绿头鸭	Anas platyrhynchos			
4	赤嘴潜鸭	Netta rufina			
5	红头潜鸭	Aythya ferina			
6	赤颈鸭	Anas penelope			
7	翘鼻麻鸭	Tadorna tadorna			
8	白眼潜鸭	Aythya nyroca			
9	凤头潜鸭	Aythya fuligula			
10	针尾鸭	Anas acuta			
11	花脸鸭	Anas formosa			
12	大天鹅	Cygnus cygnus			
13	小天鹅	Cygnus columbianus			
14	疣鼻天鹅	Cygnus olor			
15	黑天鹅	Cygnus atratus			
16	斑头雁	Anser indicus			
17	白额雁	Anser albifrons			
18	加拿大黑雁	Branta canadensis			
19	灰雁	Anser anser			
20	鸿雁	Anser cygnoides			
21	豆雁	Anser fabalis			
22	蜡嘴雁	Cereopsis			
23	卷羽鹈鹕	Pelecanus crispus			
24	斑嘴鹈鹕	Pelecanus philippensis			
25	白枕鹤	Grus vipio			
26	丹顶鹤	Grus japonensis			
27	灰鹤	Grus grus			
28	夜鹭	Nycticorax nycticorax			
29	白鹭	Egretta garzetta			
30	其他	—			

附件3　北京动物园冬季水鸟调查报告

讨论	1. 不同种类的鸟群聚集位置有什么不同？（如夜鹭集中在树枝上；绿头鸭集中在水面） 2. 动物园鸟类的食物主要来源于什么地方？（如人类投喂、湖里小鱼、昆虫等） 3. 什么种类的鸟成群出现？（如绿头鸭等） 4. 是不是所有鸟都成对出现？如若是，请举出例子；不是，也请举出例子。 5. 鸟类与城市、人类的关系是什么？（如鸟给人们带来什么好处和坏处？鸟多是否会传播疾病？）
结论	提示：结论应包含数据、现象以及自己对该现象的看法。

闻声识蝉科普活动

马庆宇（猫头鹰） / 北京科普游子

【活动目标】
1. 学生能够认识至少3种北京常见的蝉，了解其识别特征和生活习性，能简单分辨它们的叫声。
2. 通过专业老师讲解，提高其观察探索的能力。
3. 通过引导式提问激发学生主导思考，培养学生的语言表达能力与认知能力。
4. 培养学生爱护保护动物的意识，人与自然和谐相处的能力。

【受众群体】小学生
【参与人数】30人
【活动场地】北京百望山森林公园
【活动类型】解说学习型
【所需材料】记录表、笔、手卡、捕虫网、昆虫盒
【活动时长】120分钟

活动过程

时长	活动流程内容	场地/材料
10分钟	开场介绍	百望山北门
40分钟	认识北京的蝉	百望山北门广场 / 手卡
30分钟	寻找蝉蜕	百望山北门树林 / 收集盒
30分钟	闻声辨蝉	百望山北门沿途 / 记录表
10分钟	活动总结	百望山北门广场 / 手卡

1. 开场介绍

介绍活动主讲老师与辅助老师；介绍活动的流程；强调注意事项：①倡导无痕山林原则，请将自己产生的垃圾带出山林；②进山活动时一定要尊重自然，不大声喧哗、不干扰动物的生活、不踩踏花草、不摘花折枝、不影响环境等；③参加活动的人员要听从统一安排，遵守规则，注意人身安全，不要随意离开队伍。

2. 认识北京的蝉

活动内容：借助手卡对北京的蝉的种类进行系统讲解，使参与者对蝉的生活史及蝉的基本特征有初步了解。

3. 寻找蝉蜕

活动内容：学生自由寻找与老师带领寻找相结合，通过蝉蜕进一步认识蝉的身体特征，学习蝉从若虫变为成虫的过程，通过蝉蜕分析蝉的分布特征。

4. 闻声辨蝉

活动内容：寻找蝉蜕的过程中，带领学生通过听蝉鸣的声音，分辨有几种蝉存在，讲解不同蝉的叫声存在着哪些差异，让学生学会如何通过叫声分辨蝉。

5. 活动总结

指导学生完成百望山蝉类调查任务书，主讲老师对本次活动进行总结后宣布解散。

活动评估

1. 此次闻声识蝉的调查活动适宜开展的时间为5~9月，单飞和亲子都很适合。

2. 活动形式为实际观测、数据记录分析，结合动手实践环节，有研有学，让孩子学到知识的同时也能提高其观察能力、动手能力等。

3. 本次活动坚持以安全、环保、专业、品质为原则，尽力保证客户在活动过程中有更好的体验。为不断完善活动方案和提升活动效果，活动结束后，都会对参加活动的家长和学生的收获、意见和建议进行收集、反馈、总结、改善。

活动风险点及安全应急预案

1. 活动过程中，学生可能会受伤，需要随身携带急救医药包。为防止意外，在活动进行过程中，家长陪同，随队的老师需要随时强调安全；若学生无家长跟随，则需要老师与该学生成组进行。

2. 在公园里行走的时候，植物和昆虫较多，对参与的全部人员要求不破坏周围的环境，爱护一草一木以及当地昆虫及其他动物，让大家意识到保护环境的重要性及必要性。

3. 时间把控，因学生的注意点、理解能力以及自身体质、动手实践等不同，可能会使课程时间有所延长，设计活动时，要预留一部分时间。

附件

闻声识蝉观察记录表

名称	形态特征	是否有蝉蜕	声音特征

虫虫大作战
——生物防治科普活动

江珊(珊瑚) / 北京科普游子

【活动目标】
1. 通过对西山森林公园森林植物的观察,发现西山森林公园常见的林业害虫。
2. 在昆虫学者的专业带领下,安放它们的昆虫天敌,作为生物治疗手段。学习了解生物防治的意义。
3. 通过引导式提问激发学生主导思考,培养学生的语言表达能力与认知能力。
4. 培养学生爱护保护昆虫,人与自然和谐相处的能力,激发学生探索昆虫世界奥秘的能力。

【受众群体】小学生
【参与人数】30人
【活动场地】北京西山国家森林公园(或可操作生物防治的山地林区)
【活动类型】解说学习型
【所需材料】昆虫盒、任务书、笔
【活动时长】150分钟

活动过程

时长	活动流程内容	场地/材料
15分钟	开场介绍	牡丹园/签到表、药包
10分钟	公园背景介绍	牡丹园沿途/任务书、手卡
30分钟	公园常见物种讲解	牡丹园-森林大舞台/任务书、手卡
45分钟	生物防治方法讲解	森林大舞台/昆虫盒、手卡
30分钟	小组合作样地调查	森林手工坊/任务书、笔
20分钟	课程总结,任务书填写	自然观察径/任务书

1. 开场介绍

介绍本次活动的主讲老师与辅助老师；介绍活动的流程；强调注意事项：①活动时自行准备笔、笔记本等学习记录工具以及便携式水杯等生活用具；②进山活动时要尊重自然，不大声喧哗、不干扰动物的生活、不踩踏花草、不摘花折枝、不影响环境等；③参加活动的人员需听从统一安排，遵守规则，注意人身安全，不要随意离开队伍。

2. 公园背景介绍

简要介绍西山森林公园历史，采用生物防治的过程（侧柏的纯林—病虫害—混交林—生物防治）。

3. 公园常见物种讲解

专业学者带领学生在森林公园沿途学习和认识当季不同种类植物，了解其特点以及不同植物的环境生态适应方式。

4. 生物防治方法讲解

（1）沿途观察目前现有的针对不同种类的植物相对应的生物防治方法，分析其虫害。

（2）了解生物防治技术，并认识公园现有的生物防治方法。

（3）针对观察到的植物虫害，结合已有的生物防治方法，对其投放相对应的昆虫天敌。

（4）涉及生物防治方法："柞蚕卵""粘虫黄板""黄胶带"等。

5. 小组合作样地调查

学生分组进行，在规定区域内进行生物防治方法种类、数量的调查。

6. 课程总结

选取学生公布小组调查结果，教师总结结论。总结本次课程整理知识框架，带领学生回顾知识要点。

活动评估

1. 此次昆虫的调查活动适宜开展的时间为5~11月，单飞和亲子都很适合。

2. 活动形式以实际观测、数据记录分析，结合动手实践环节，有研有学，让孩子学到知识的同时也能提高其观察能力、动手能力等。

3. 本次活动坚持以安全、环保、专业、品质为原则，尽力保证参与者在活动过程中有更好的体验。活动结束后为不断完善活动方案和提升活动效果，需要对参加活动的家长和学生的收获、意见和建议进行收集、反馈、总结、改善。

活动风险点

1. 活动过程中，学生可能会受伤，需要随身携带急救医药包。为防止意外，在活动进行过程中，家长陪同，随队的老师需要随时强调安全；若学生无家长跟随，则需要老师与该学生成组进行。

2. 在公园里行走的时候，植物和昆虫较多，对参与的全部人员要求不能破坏森林公园的自然环境和配套设施，爱护一草一木以及当地昆虫及其他动物，让大家意识到保护环境的重要性及必要性。

3. 时间把控，因学生的注意点、理解能力以及自身体质、动手实践等不同，可能会使课程时间有所延长，设计活动时，要预留一部分时间。

活动安全应急预案

1. 为保障活动安全,主办方为参加活动的人员购买意外伤害保险。

2. 及时查询官方天气预报,遭遇突降大雨、冰雹或雷阵雨等天气启动雨天活动应急预案,部分活动将改在室内进行,活动时长和内容将做适当调整。大雨或持续降雨天气,活动取消或者延期。

附件

任务书——西山森林公园生物防治调查记录表

名称	防治对象	防治手法	数量

动物篇

昆虫调查活动

江珊(珊瑚) / 北京科普游子

【活动目标】学生能够说出王家园昆虫生物学特征,了解常用生物防治技术。通过专业老师的讲解和学生自我探索发现,引起学生关注昆虫,更多地认识自然。通过引导式提问激发学生主动思考,培养学生的语言表达能力与认知能力。培养学生保护昆虫,人与自然和谐相处的能力,激发学生探索昆虫世界奥秘的能力。

【受众群体】6~12岁学生

【参与人数】30人

【活动场地】王家园昆虫基地

【活动类型】解说学习型

【所需材料】昆虫参考书、昆虫盒、捕虫网、记录表、笔

【活动时长】270分钟

活动过程

时长	活动流程内容	场地/材料
120分钟	生物+安全教育课程	昆虫基地 / 记录表、笔、昆虫参考书、手卡、昆虫盒、捕虫网等
60分钟	昆虫专题讲座	科普教室 / 投影仪、PPT课件等
30分钟	马来氏网搭建	昆虫基地 / 马来氏网、杆子等
60分钟	柞蚕蛾专题讲座	科普教室 / 投影仪、PPT课件等

1. 生物+安全教育课程

结合实地场景学习各种生物防治设备和技术,中间随机穿插植物和昆虫知识讲解,同时培养学生自我保护的意识,完成王家园昆虫调查记录表;了解各种生物防治的方法,对生态系统自我调节有一定的认识,提高对生态系统的尊重感;熟悉并认识王家园常见昆虫及植物,掌握昆虫调查的方法。

2. 昆虫专题讲座

通过讲座学习了解科学研究中常用的诱集昆虫的专业手段,了解不同昆虫各种

各样的生活方式及习惯，通过不同的生态环境，如何寻找不同的昆虫；更加了解昆虫与环境之间的关系，昆虫与其他生物相互依存的关系。

3. 马来氏网搭建

认识马来氏网，了解马来氏网采集昆虫的原理，以及适应的昆虫等；以小组形式动手体验搭建马来氏网，提高孩子们的动手能力，体验专业的昆虫调查、采集的方法，了解专业研究人员的工作；老师点评马来氏网。

4. 柞蚕蛾专题讲座

柞蚕蛾生物性学习，通过对柞蚕的学习，了解一些昆虫的生活习惯、身体结构特征以及变态发育等特殊的生活方式等；根据学习知识，对柞蚕茧进行养殖实验。

活动评估

此次昆虫的调查活动适宜开展的时间为5~8月，单飞和亲子都很适合，活动内容充实有趣，有研有玩，让学生学到知识的同时，也可提高动手能力、观察能力、解决问题的能力，提高学生的学习兴趣，是非常适合小学生户外动植物实践的课程。

活动风险点

1. 活动过程中，学生可能会摔倒。
2. 活动中体验者有可能受到有毒动植物及意外伤害。

活动安全应急预案

1. 为保障活动安全，主办方为参加活动的人员购买意外伤害保险。
2. 为防止意外，在活动进行过程中，家长陪同并且后勤老师在各个场馆中进行巡视并随身携带医药包。若学生无家长跟随，则需要老师与该学生成组进行。
3. 围绕着园区走的时候，植物昆虫较多，需要提前强调安全，不能随意徒手捕捉园内昆虫，或者破坏植物，避免受伤。
4. 时间把控，因学生的注意点、理解能力以及自身体质、动手实践等不同，可能会使课程时间有所延长，设计活动时，要预留一部分时间。

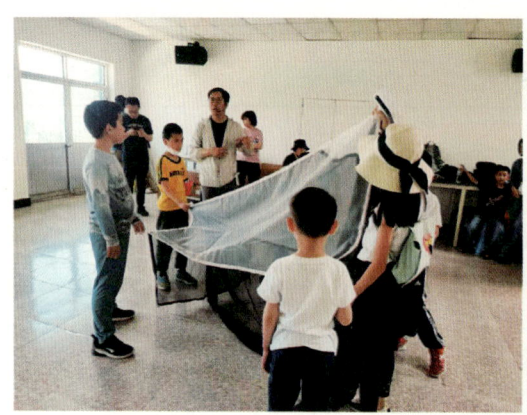

马来氏网搭建

以粪金龟为主题的自然观察及高原食物链探索

周珍 张晓宁 / 广州雨虫教育科技有限公司

【活动目标】了解粪食性甲虫在高原生态系统中的重要作用以及改变营员对事物的固有偏见。
【受众群体】6~12岁学生及亲子家庭（6~9岁亲子，9岁以上单飞）
【参与人数】20人
【活动场地】青海省互助县北山国家森林公园
【活动类型】解说学习型、自然创作型、场地实践型
【所需材料】电脑、投影仪、激光笔、镊子、酒精、观察瓶、培养皿、纸和笔、《周尧昆虫图集》或《世界昆虫图鉴》、体视显微镜、昆虫针、大头针、泡沫板、手电筒、反光绳、灯诱设备
【活动时长】530分钟

活动过程

时长	活动流程内容	场地/材料
20分钟	开营仪式：相互认识	室内
30分钟	知识讲堂：与粪共舞	室内 / 电脑、投影仪、激光笔、课件PPT
2.5小时	野外观察：掏牛粪，打开未知的世界	野外 / 镊子、酒精、观察瓶、纸、笔
2小时	显微观察：奇妙的微观世界 标本制作：科学制作，留存记忆	室内 / 镊子、纸、笔、《周尧昆虫图集》或《世界昆虫图鉴》、体视镜、培养皿、昆虫针、大头针、泡沫板、电脑、投影仪、激光笔
2小时	夜观灯诱：探寻黑夜精灵	室外 / 手电筒、反光绳、灯诱设备
60分钟	自然绘画：创意构思，团队协作	室内 / 白纸（A1）、彩铅
30分钟	总结分享：分享收获，传递对自然的爱	室内

1. 开营仪式：相互认识

（1）我是谁？

①导师自我介绍：让营员全面了解导师的知识背景，以及每位导师在此次活动中所扮演的角色。

②营员自我介绍及介绍家长：一是让导师和伙伴们认识自己及家长；二是让老师更好地了解孩子们的综合表达能力，更让家长了解孩子眼中的自己是什么样的，有效促进亲子关系。

（2）我们做什么？

①说明此次活动主题：让营员明确此次活动围绕的主题内容：以粪金龟为主题的自然观察及高原食物链探索。

②布置科学调查任务：让营员带着任务去观察，即分组调查互助县北山国家森林公园内粪食性甲虫的种类。

（3）我们不可以做什么？

①严明纪律：行动听指挥，要有时间观念和团队意识，营员之间要互帮互助。

②注意事项：一是营员应对当地文化和生活习俗给予尊重；二是尊重环境，不大喊大叫，垃圾不落地。

2. 知识讲堂：与粪共舞

（1）不一样的牛粪。讲述牛粪在高原生态系统中的重要作用及其食物链关系，改观大家对牛粪原有的刻板印象。

（2）吃粪长大的家伙。归纳牛粪中大型节肢动物对营养物质的取食方式，看看除了吃粪外，还吃些什么。

（3）谁是谁？针对粪食性的甲虫，图文并茂逐一讲解其结构形态和生活习性，如何通过它们的主要特征进行分辨。

3. 野外观察：掏牛粪，打开未知的世界

（1）分组。

①列队集合：出野外前，营员列一纵队，1、2报数，按单双号分为1、2两组，每组自荐一位组长，每组配备一名专业导师、一名领队导师、一名志愿者。

②分发工具：组长按每组人数领取工具，再分发给个人。

③采集说明：同一种昆虫，每人只能采集一只。采集后，用镊子将其放入添加了少许酒精的观察瓶中。

（2）调查。野外徒步，两组按不同路线出发、展开调查。

①营员结合理论知识和导师的现场教学，在草丛中、落叶下寻觅牛粪，用树枝拨动牛粪，最终觅得目标甲虫。一堆、下一堆、再下一堆……

②跟随老师的讲解，了解、观察高原生境，牛、羊、鸟、粪便、花草、森林、昆虫等之间的食物链关系。

（3）统计。营员将采集到的粪食性甲虫交由组长，由组长进行统计、登记，再将其交给各组的专业导师，导师最后确认。

（4）合影。记录美好的瞬间，野外合影留念。

4. 显微观察：奇妙的微观世界 & 标本制作：科学制作，留存记忆

显微观察与标本制作按组同步开展，一位导师带1组显微观察，导师先讲解显微观察方法、要点，并布置观察任务，再由营员逐一观察；另一位导师带2组标本制作，同样，导师先演示标本制作方法

动物篇

"与粪共舞"，掏牛粪，打开未知世界

显微镜下的微观世界

和要点，营员再开始制作标本。各组1小时，再进行轮换。

5. 夜观灯诱：探寻黑夜精灵

（1）科学实验，布置场地。天黑前，一位导师带领一名志愿者，在临近水岸附近，架起灯诱设备，开始灯诱。夜幕渐渐降临，虫虫们纷纷到来，在灯光下翩翩起舞。

（2）安全第一，有序出发。夜幕降临，导师分发工具（手电筒），并为每一位营员系上反光绳，确保营员在夜间行走的安全性。准备工作就绪后，导师带领营员出发，前往灯诱处观察。

（3）科学观察，识别昆虫。针对灯诱吸引到的昆虫，导师一一讲解其特征和习性。通过灯诱，讲述灯诱的原理，哪些昆虫趋光性较强。此外，让营员了解所在地灯诱时的高原昆虫数量、种类与其森林生境的关系，以及与南方地区（如广东）的差异。

6. 自然绘画：创意构思，团队协作

（1）分组。

①说明创作主题，即无主题创作，将活动期间最想表达的或者是印象深刻的昆虫、花草、环境等用绘画的形式表达都可以。

②宣读分组规则，组队时间2分钟和每组队员4人，营员自己找拍档，在规定时间内完成组队并选出组长，最后由组长报告完毕。

（2）创作。志愿者按组分发纸和笔，每组一张白纸，组员在同一张纸上完成创作。由志愿者计时，各小组开始创作。期间，导师走访观察，引导组员，每组组长应发挥统筹、协调能力，让每位营员发挥各自的特长，并知晓通力合作的重要性。

（3）分享。

①以组为单位，先由组长整体阐述或指派一名组员进行整体阐述，再由各位组员分别阐述自己参与完成的部分和对作品的看法。

②导师整体点评，并客观指出绘画过程中，每组存在的沟通、协作问题。但针对每组作品不做排序，和自己赛跑，每组作品所呈现的美和寓意都是独一无二的。

7. 总结分享：分享收获，传递对自然的爱

（1）小组阐述。首先，1、2组组长对小组活动进行整体阐述，小组所取得的观察成绩；其次，每位组员进行分享，讲述活动中的收获。

（2）导师总结。导师对营员进行点评，营员通过科学观察，所取得的进步和变化，以及一些感动的瞬间。此次活动虽然结束，但我们一直在路上，将继续探索之路……

（3）颁发证书。导师为每一位营员颁发小顽虫定制的活动证书并留影，以资鼓励，希望营员今后能将严谨的科学态度和科学的思维方式用于学科知识的学习中，对自然的热爱越来越深，在学习的道路上永葆好奇心。

活动评估

活动结营时，透过家长与老师们的言谈和孩子们不舍的心情，可以明确及肯定的是，这次活动取得了圆满成功。此次活动的评估，主要采取了观察法和访谈法。

评估内容：①知识讲堂的难易度；②营员对牛粪的认知；③营员们是否掌握了显微观察和标本制作的方法；④营员独立思考的能力；⑤营员们的团队合作意识；⑥学习保护和改善环境的知识、价值观和态度。

访谈方式：微信对话和个人面谈（抽样）。

抽样准则：意见领袖家长、善于表达想法的和较沉默不语的营员、亲子的和单飞的营员。

访谈人选：微信对话，与家长；个人面谈，与家长、小孩、导师。

评估结果：

（1）在意识、态度方面有不同程度的改变或提高。通过科普知识的讲解和实地观察，发现营员改变了对牛粪的原有认知，个个都在争先认领自己的牛粪，并一致认为牛粪并不臭；经个别家长反馈，原本是陪同孩子参加活动，结果自己也爱上了这些昆虫，对大自然有了新的认知，同时也意识到高原生态环境的脆弱性。

（2）在知识积累方面受益良多。在昆虫识别上，年龄偏大一点的营员能记住粪食性甲虫的主要特征并将其区分开来；在显微观察和标本制作上，新营员在操作上动作较为缓慢，但其主动性较强，会积极提问求解答。与个别家长进行沟通，家长表示活动很有意义，只要时间吻合，下次还会继续参加。

（3）营员间团队协作意识的引导很重要。通过对绘画创作期间的观察，发现营员们的个人能力都比较强，但个别孩子自我专断，没有给一定的空间让同伴展现才艺，当其他营员没有表现好，一开始言语上比较苛责。在导师有效的引导下，这位营员改变了原有的态度，明白了团队的意义，让每位营员都得到一定的展现，最后顺利完成了团队作品。

活动风险点

1. 安全把控：

（1）开营前，务必了解最近的医疗点或诊所位置，做好用车和就医相关应急预案。

（2）开营前，部分导师必须提前抵达营地，提前踩点，落实好开展活动的路线以及备用路线。

（3）活动报名时，请家长认真填写营员的身体状况，是否有过敏、易脱臼等现象，以及需特别注意的事项。

（4）提醒家长为孩子们准备常用医药，另外，活动组也会必备常用医药，如创可贴、碘附、棉签、云南白药喷雾剂、驱蚊水等外用药品，儿童退烧口服液以及蛇药。

（5）在餐食方面，提前落实，选取卫生、干净的正规就餐点，以确保饮食安全。

（6）开营时，宣读活动纪律和注意事项，以确保每一位营员知悉。

（7）野外带队过程中，确保队首、队中、队尾有老师，没有营员掉队。

（8）夜观出发前，做好安全配备，发放手电筒，并为每一位营员系好反光绳。

（9）针对单飞小孩，合理安排住宿，确保房间有老师陪同。

2. 情绪疏导：

（1）营员的性格各有不同，开营时和活动期间，多和营员交流，以便加深了解，对待不同年龄、不同性格的营员，可以采取不同方式。

（2）遇到小孩争吵，先不急于发表观点，导师需要做的是，先观望，让孩子用理性的方式解决，如果不能解决，老师再干预，分别找他们谈话，了解情况，化解疏导。

（3）活动过程中，有消极情绪或者闷闷不乐的营员，要及时了解情况，正确引导。

3. 天气应对：

（1）课程设计上，提前设计备用课程（2~3套），以应对雨天等无法外出的突发状况。

（2）活动期间，动态关注天气预报，出野外时，提醒营员带雨伞或雨衣。如有雨，提前调整课程安排。

4. 其他突发状况：

（1）知识讲堂期间，导师讲课时，个别营员自由发问较多且思维发散，一是打断了讲课，二是影响了课程进度，领队导师及时妥善处理，说明发问规则，告知主讲导师设有互动提问环节，请营员举手示意、作答。

（2）活动期间遇到突发状况，确保导师间信息畅通、第一时间冷静应对。

我和蚕宝宝有个约会
——基于小学校园内的自然教育

刘建霞

【活动场地】教室
【受众群体】2年级小学生
【参与人数】36人
【活动类型】解说学习型、五感体验型
【所需材料】剪刀、一次性环保袋、桑叶、鞋盒子、一次性餐盒、垃圾袋、蚕宝宝等
【活动时长】50天

设计背景

（1）美国的理查德·洛夫在《林间最后的小孩》一书中提出了儿童的"自然缺失症"，描述为"缺乏对自然的尊重、对动植物缺乏同情心以及缺乏自然知识；五感发育出现问题，注意力不集中，创造力、想象力下降；多动；近视、肥胖、体弱；出现心理问题等"。

书中指出与自然接触是一个孩子身心健康发展的必要因素，有助于形成健全的人格品质。

（2）触知觉失调表现：触觉系统发展不足的孩子反应慢，动作迟钝；同样也会出现偏食或者挑食的现象；他们容易害怕陌生环境，容易焦虑；不能与他人和谐相处，爱招惹是非；并且缺乏自我意识，无法保护自己等（参考《儿童感觉统合训练》）。

（3）自然的力量非常神奇，它不仅可以安抚我们紧张疲惫的心灵，还可给予孩子快乐神奇的童年，更可以让他们拥有一双善于发现美的眼睛和热爱生活的心（参考盛江华的《孩子，我们一起爱自然》）。

（4）体验一个生命的过程，懂得真爱生命。

作用机理

（1）人的大脑中每天都会产生数千

个神经元，进一步的研究表明，这些新生的神经元往往是受到外界环境和信息的刺激才生长出来的。要想这些神经元始终保持其生化活力，需要不断地接受外界的环境和信息刺激。当这些新生神经元存活下来可以提高我们的记忆力，提高我们的学习效率，使我们的心境变得更加平和与幸福，甚至可以在很大程度上改善阿尔兹海默症患者的生活质量。

（2）导致感觉统合失调的部分根源在于从外界获得信息的"视听味触嗅"这五感，那么我们可以从这里入手来改善。可以利用自然界赋予我们的丰富资源作为训练媒介来唤醒五感记忆，通过训练来纠正；发展第六感和第七感身体和心灵的感受。

（3）心、脑、手融为一体。心：培养孩子对自然的爱，亲近自然，关爱我们共同生活的地球。脑：了解、思考我们日益面临的环境和资源问题。手：行动起来，用自己的双手，创造性地留住在自然中的美好记忆。废物利用、装扮生活，实践可持续发展的理念。

（4）园艺植物能提供不同的感官刺激，包括视觉、听觉、味觉、触觉、嗅觉、身体和心灵（七感）。植物的色、形对视觉，香味对嗅觉，可食用植物对味觉，植物的花、茎、叶的质感对触觉都有刺激作用。此外，自然界的虫鸣、鸟语、水声、风声以及雨打叶片声也对听觉有刺激作用。而当我们与之亲密互动时，身心可以得到放松与疗愈。

活动目标

知识和能力目标：①通过饲养蚕宝宝进行自然科学启蒙教育；让小朋友们了解蚕是变态昆虫；经历卵、幼虫、蛹和蛾4个形态完全不同的发育阶段。②运用蚕宝宝桑叶饲养过程来唤醒小朋友们"视听触嗅以及身体和心灵"的感觉，带领小朋友们通过观察，触摸，倾听，闻味等感官感受并运用语言表达出来，开发了孩子们的感统能力。培养了小朋友们语言交际与表达能力（作文能力）、观察力、创造力、想象力、专注力（听力）、动手能力（触感的发展）、手眼协调能力、手脑协调能力和坚持不懈的毅力等。

过程和方法：直接感官刺激与教师启发讲解相结合，体验与探究相结合。

情感态度与价值观：增强环保意识；亲近自然，热爱自然，培养亲社会的利他性（科学实证香气可促进利他行为的产生）。学会利用自然界的媒材玩耍，可以有效避免网瘾以及体验成功的喜悦；提高学习效率。放松减压。经历一个生命过程，懂得珍爱生命；让小朋友们从小学科学，用科学，形成科学的价值观。

注意事项：引导自主探索与发现，完整的表达；避免包办代替。

活动过程

多年前小朋友们可以任意在田野奔跑、随手摘下野花、拔下野地里酸溜溜放进嘴里品尝、寻找草丛里小小的野葡萄、跑到邻家的树下蹦跳着伸手摘树上的果子，还有爬到树上的……那时候大约是80年代，小学课程计划里还有自然课，自然年老师会让小朋友们做发芽试验，回家播种向日葵写观察日记；也会鼓励小朋友们养蚕宝宝，所以小朋友们会三五成群地到处寻找桑树，从小嫩芽开始摘，一直摘到桑叶长成大片大片的。哪个村子有桑树，哪条小河边有桑树，小朋友们一清二楚。

而过去这样长大的小朋友们大多没有那些丢三落四、不会听讲、专注力差、触感缺失等问题；更鲜少见"自然缺失症"与"感觉统合失调"。

或许正是因为小朋友们缺乏这样的群体性活动，与电子设备为伍，从出生开始接触的就是快餐外卖，与自然互动过少……所以他们不知道食物从何处来，环保意识有待培养的原因所在。

想必养蚕宝宝会给小朋友们带来新奇的体验，增添无穷的乐趣；可以了解蚕的生命周期，体验一个生命的过程，自然科普体验教育。

一、亲密接触蚕宝宝

1. 视觉体验

2月下旬一位家长在淘宝网给小朋友们购买了桑叶和蚕宝宝（已经5毫米及以上大了），还有一些蚕卵。因为太少不能分到每个小朋友的桌上，只能让小朋友们轮流到讲台上观察并用自己的语言来形容一下蚕卵和小蚕宝宝。

（1）小朋友眼中的蚕卵。

小朋友们："圆的、一粒一粒的、很像芝麻又不是黑芝麻、像小米一样大、好像有点扁、像我手上的小痦子、有点黑又不是很黑、椭圆的、比黑芝麻还小吧……"

师："谁能概括一下我们是从哪几方面来观察的？用我们身体哪部分观察的？"

小朋友们："大小、颜色、形状……用眼睛观察的……"

师："蚕卵刚产下来是淡黄色，慢慢颜色会变深，等我们的蚕宝宝织茧变蛾产卵时我们再仔细看一下。"

一个小朋友突然问："老师，多长时间蚕卵可以变成蚕宝宝？"

师："你问得太好了，一般只要温度和湿度适宜一周左右就可以孵化成蚕宝宝。"（原本想着先不让蚕卵孵化，结果没来得及放冷藏，因教室温度比较适宜，真的在一周后见到破卵而出的小蚕宝宝，黑乎乎的很小，换桑叶的时候，不小心会连同桑叶一起扔掉。）

设计意图：认识事物的形状和大小，

蚕卵

观察小蚕宝宝

动物篇

有助于小朋友们掌握事物的特点，增加辨识力，发展形象思维及空间想象力。认识事物的颜色有助于了解季节变化，植物的色彩会有不同；懂得季节更迭，加强时间观念。

另外，视觉训练可以改善视觉问题，避免小朋友们不能顺利阅读，经常错字、漏字、添字等现象出现，以及常抄错题或抄漏题等。

（2）小蚕宝宝。

小朋友们："像小线头、小小的像小虫子、像黑逗号、黑乎乎得太丑了、昂着头、像铅笔芯一样、像小蚂蚁、黑黝黝的小虫子……"

师："既然小蚕宝宝这么小，我们换桑叶时应注意什么？"

小朋友们："小心点、一片片桑叶检查、老师还得把桑叶剪碎了、王玺杰的爸爸给买来的叶子都是剪小了的……"

师："对，因为蚕宝宝太小了，太大片的叶子不适宜。而且桑叶要新鲜，叶片上不能有水分，蚕的家要有足够的活动空间。"

（3）认识长大的蚕宝宝。

小朋友们眼中的大蚕宝宝："一节一节的、变漂亮了、雪白的、头后面有小黑点、有的是小月牙、有很多脚丫、尾巴上有个小尖、好大都有好几厘米了、10多只脚、好像16只、老师它们蜕皮……"

师："没错，蚕宝宝要蜕皮，一共蜕4次，长大6~7厘米后开始吐丝织茧；白得发亮的时候就要吐丝了。蚕是变态昆虫，它们的一生要经历卵、幼虫、蛹和蛾四个形态完全不同的发育阶段。"

2. 听觉体验

一日中午，组织小朋友们分组倾听蚕宝宝"吃饭"的声音。开始部分小朋友很奇怪：蚕宝宝吃饭有声音么？怀着无限的好奇小朋友们变得很乖，只等老师发令："嘘！安静，听。"教室里立刻鸦雀无声了。于是我们听到了"沙沙沙沙沙沙……"

挤在一起的小朋友们非常可爱，这才是该有的样子，而非离群索居。

师："你们觉得在养蚕的过程中还有哪些是有声音的？"

小朋友们："擦桑叶有嚓嚓的声音、剪桑叶有咔嚓咔嚓的声音、我们在校园树

倾听

清理蚕宝宝的家

上揪桑叶也有声音……"

设计意图：自然界中各种美妙的声音是大自然不可或缺的组成部分，声音传达着各种信息，不仅为人类带来了乐趣，也是认识自然界的一个重要途径。泉水叮咚、溪水潺潺、蝉鸣、鸟叫、柳枝轻摆的婆娑、小雨的沙沙……这些悦耳动听的自然演奏都可以让我们的心情平静下来；同时刺激听觉，培养听觉系统的敏感度；提高听觉的辨识力和反应速度；而反应快躲避意外风险的能力就会强。对小朋友们做听力训练可以避免不会听、专注力差以及听完就忘的问题。听力是影响成绩的很关键的因素。

3. 触觉体验

整个饲养过程充分发展了触觉系统：擦拭桑叶、摘桑叶、剪桑叶、给蚕宝宝搬家、整理蚕宝宝的便便，以及擦桌子、扫地等。

小朋友们对摸蚕宝宝后的评价："软软的、黏手、肉乎乎的太好玩了。"

害怕的小朋友："老师拿着蚕宝宝我一直出汗、老师我有点哆嗦、老师我有点喘不过气来、老师我很紧张、老师我的头皮发麻……"

设计意图：人类通过视觉获得外界的大量信息，是认识世界的重要手段，视觉

亲密接触

给蚕宝宝搬家

蚕茧，破茧而出

占据了主要地位，触觉却被忽略了。而触觉也是认识外界环境、获得各种信息的有效途径。我们可以通过触摸物体的"软、硬、大、小、粗、细、长、短等"来分辨各种事物，提高辨识力以及发展形象思维。所以需要通过训练来唤醒触觉的敏感度；充分发展小朋友们的触觉，可以纠正并避免小朋友们因触感缺失而导致的反应迟钝；避免害怕陌生环境而产生焦虑的感统失调问题。特别是现如今的小朋友们很多事情都是"四老"或者父母包办代替的，更是触感发展不充分，需要多做训练。

4. 嗅觉体验

（1）闻一闻桑叶的气味。

小朋友们："青草味、清香、剪开的味道浓、闻着感觉舒服……"

（2）蚕宝宝家的味道。

小朋友非常可爱，早早到校，为的是能第一个看到吐丝的蚕宝宝，然后抓到织茧网上；能第一个看到织好的茧，取出放到产房盒子里，等待产卵宝宝。

小朋友们对于蚕宝宝的家这样评价："有点臭臭的、不好闻、产卵的蛾子太臭了、好丑……"

师："蚕屎叫蚕沙，可以做枕头，有药用价值。蚕吐的丝是桑蚕丝，可以织成丝绸，丝绸再做成衣服，不仅漂亮，质地柔软，夏季穿着很凉快，也比较贵。"

设计意图：嗅觉是人类最古老的感觉，而嗅觉具有很强的记忆功能。如我们闻过黄瓜的味道，再次闻到时便可以"认出"是黄瓜了。而判断力和敏锐度较强的小朋友一般嗅觉都好，因为能更好地适应环境的变化。如果大脑长期缺乏气味的刺激而变得迟钝，注意力和记忆力也会因此下降。因此，训练嗅觉不仅仅是认识各种事物，认识大千世界的需要；也是提高学习效率的重要因素。

5. 回顾蚕宝宝的成长过程

带着小朋友们一起回忆：蚕的一生经历了卵、幼虫、蛹和蛾四个阶段，而每个阶段长得都不一样。特别是到织茧化蛾产卵时，生完卵宝宝很快就死亡。蜕了四次皮，坚持了40多天到织茧，破茧而出，产卵宝宝。

看蚕宝宝的成长记录，回忆在这期间的趣事。师生一起焦急地等待树上长桑叶，树上依然光秃秃的，只好再去淘宝买桑叶，生怕饿到蚕宝宝……

二、小朋友们笔下的蚕宝宝

回顾蚕宝宝的整个成长过程，目的是唤醒记忆，因为二年级小朋友年龄还比较小，遗忘比较快；为小作文做准备。事实上二年级还没有作文课，只是当时突发奇想让小朋友们写写看，并未做作文指导。而养蚕宝宝是他们喜欢的课外活动，所以身心是愉悦的，有了亲身体验自然容易写出来。

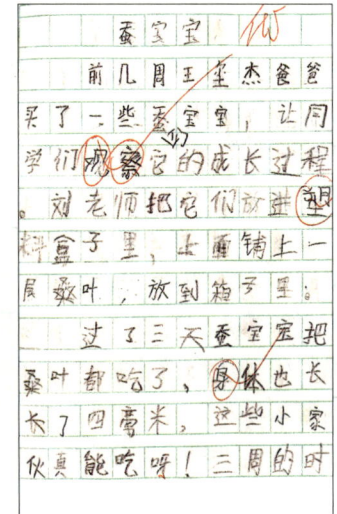

作文

活动评估

后测问卷：

1. 你了解到哪些知识？
2. 活动中你的心情如何？（打钩）

不怎么样（　）

还可以（　）

非常棒（　）

3. 下次还想参加吗？（打钩）

再也不想（　）

可以参加（　）

非常想参加（　）

4. 你还想参加什么活动？（写下来）

_____

_____

活动风险点

教室内几乎不存在其他风险，注意用剪刀的安全。

注：本案例所写受众群体是当时实际参加者的年龄，实际上男孩3岁半及以上、女孩3岁及以上均可参与；成人也可以参与。

动物篇

蜜蜂园自然科普体验活动

张丁丁 / 天津科普游子

【活动目标】通过知识讲解与动手体验,带领学生了解蜜蜂的身体结构、生命历程、社会分工等知识,学习蜂蜜的酿造与收获过程,锻炼学生的逻辑思维与实践能力,帮助学生树立良好的价值观。

【受众群体】5~14岁的中小学生
【参与人数】20~30人
【活动场地】天津市蓟州区梵谷蜜境园
【活动类型】解说学习型、场地实践型
【所需材料】唇膏管、蜂蜡、维生素E、蜂蜜、恒温加热壶等工具
【活动时长】250分钟

活动过程

时长	活动流程内容	场地/材料
60分钟	蜜蜂的身体结构讲解及蜂蜜唇膏制作	科普教室/蜜蜂模型、围裙、一次性手套、恒温加热壶、电子秤、杯子、蜂蜡、蜂蜜、橄榄油、维生素E、铅笔、贴纸、唇膏管、勺子等
60分钟	蜜蜂酿蜜过程讲解及割蜜、摇蜜体验	科普教室/蜜脾、割蜜刀、摇蜜机、瓶子、一次性手套、围裙等
40分钟	社会性昆虫知识讲座	科普教室/投影仪、PPT课件等
60分钟	蜜蜂的社会分工讲解及观察	蜂场/手卡、蜂箱等
30分钟	品蜜	科普教室/不同种类的蜂蜜、杯子、勺子、品蜜鉴定表、铅笔等

1. 蜜蜂的身体结构讲解及蜂蜜唇膏制作

结合蜜蜂各个生长时期的模型,按照卵—幼虫—蛹—成虫的顺序对其身体结构及功能进行讲解,使孩子了解完全变态昆虫的生长发育过程,理解结构与功能的对应关系。制作唇膏的过程中讲解每一种原料及其功效,学习知识的同时锻炼孩子的耐心与细心。

2. 蜜蜂酿蜜过程讲解及割蜜、摇蜜体验

结合蜜坯对蜜蜂采蜜、酿蜜及建筑蜂

巢的过程进行讲解，引导孩子思考如何用更环保的方式获取蜂蜜，并通过割蜜、摇蜜等动手体验环节，向孩子传达出珍惜蜜蜂与蜂农的劳动成果的思想，提升孩子对大自然的保护意识。

3. 社会性昆虫知识讲座

讲解社会性昆虫的起源和常见的几种社会性昆虫，使孩子学习到昆虫的社会性出现的原因及演变过程，了解昆虫相关专业知识，并懂得感恩与回报父母。

4. 蜜蜂的社会分工讲解及观察

讲解蜜蜂社会中不同分工的蜜蜂的主要辨识特征、生命历程及工作任务，在蜂场实地寻找蜂王与雄蜂，观察蜜蜂的行为状态，学习蜜蜂勤劳肯干、无私奉献的精神。

5. 品蜜

通过品尝几种不同蜜源的蜂蜜，在口感、甜度、黏稠度等几个维度上进行评估并记录，了解不同蜂蜜的药用价值，并学习如何挑选高品质的蜂蜜，扩展生活常识。

活动评估

1. 知识范围与深度：本活动对蜜蜂这一社会性昆虫的身体结构、生长发育过程、社会分工等各方面进行深入细致的讲解，这一过程中穿插物理、生物等各学科知识及生活常识，在科普知识上做到既有深度，又有广度。

2. 技能与能力提升：通过制作蜂蜜唇膏、割蜜、摇蜜等动手环节，孩子们在学习知识的同时，还锻炼动手能力，增强发散思维，提升创造力。

3. 情感与意识培养：通过学习社会性昆虫的由来、蜜蜂的社会分工等知识，孩子们能够学会珍惜他人的劳动成果，学会感恩，更加勤劳，勇于奉献。同时通过实地观察蜜蜂，使孩子们意识到保护自然环境的重要性。

活动风险点

1. 活动中蜜蜂状态可能不好。

2. 唇膏制作与割蜜环节中会用到加热设备，操作不当可能会导致烫伤。

3. 蜜蜂具有蜇针，与蜜蜂近距离接触，体验者有被蜇伤的风险。

活动安全应急预案

1. 因蜜蜂生活习性与季节相关，本活动通常在4～10月进行。

2. 唇膏制作与割蜜环节中会用到加热设备，儿童在进行体验时必须有教师或家长看护。

3. 进入蜂场前应提醒参与者不要穿着黑色带毛衣物，并穿戴好防蜂服及手套，扎紧衣摆，减少皮肤裸露，以免蜇伤。

蜜蜂酿蜜过程讲解及割蜜、摇蜜体验

校园无痕自然教育·昆虫篇

大麦 / 无痕中国环境教育中心

【活动目标】 对昆虫特点有基本的了解，了解动植物泛滥或灭绝的原因。培养团队合作的能力，加深对自然环境知识的了解与热爱；基本自然和昆虫知识的学习；团队合作，人际关系管理与解决冲突。

【受众群体】 10~12岁的小学生

【参与人数】 体验者30~45人，师生配比1：15~18

【活动场地】 校园内，操场或有灌木、野草的自然环境

【活动类型】 解说学习型、拓展游戏型

【所需材料】 无痕环境币、无痕昆虫教具、大号玩具骰子、无痕地垫

【过程方法】 讨论法、实验法、探究法

【与课标联系】

1. 科学知识

（1）生命科学：描述和比较后代与亲代的异同。

（2）地球与宇宙科学：举例说出人类保护环境资源的举措，能针对现实问题提出适当建议。

2. 科学态度

（1）能分工协作，能进行多人合作的探究学习。

（2）在进行多人合作时，愿意沟通交流，综合考虑小组各成员的意见，形成集体观点。

3. 科学、技术、社会与环境

认识到人类、动植物、环境的相互影响和相互依存关系，了解地球上的资源是相互影响的，人类活动对环境和生物多样性产生正面和负面的影响。自觉采取行动，保护环境。

【活动时长】 45分钟

活动过程

1. 破冰

宣布无痕环境教育课程特有口令导入，提醒学生注意安全和环境问题。展示无痕安全指南旗。

指导语：

（1）同学们，大家好！我是今天校园无痕课程的指导老师，我的自然名是××，大家叫我"××"老师就可以啦。

（2）今天，我们要来进行一次有关昆虫知识的"抢答大战"，来学习和了解自然界中关于昆虫的知识。在活动之前，我们再复习一下无痕口令。

（3）老师示范"OK"及"有问题"手势和"无痕集合口令"，提醒大家注意户外活动安全和环境问题。

（4）由助理展示无痕安全指南旗帜，并请参与同学大声朗读。"无痕安全指南"旗帜包括"不做任何冒险、有意外立即报告"等六项户外安全守则。

2. 导入

（1）介绍昆虫的分类和相关知识。可从蜗牛、蜘蛛和蝎子举例，帮助大家从外观来判断昆虫和节肢动物的特点。

（2）引起同学们的讨论和得出有关"昆虫特点"的正确结论，鼓励学生举手回答、参与活动。

（3）回答正确或思路正确的同学，由助理奖励100元无痕环境币。

3. 构建

（1）通过讨论，学习用数字"1"到"6"来记忆的昆虫特点：1个嘴巴（口器），2个触角，3个体段"头、胸、腹"，4个翅膀，5只眼睛（单眼加复眼），6条腿。

（2）根据学生理解能力和现场情况，介绍课程背景中知识，如关于昆虫的种类、属性、分布和仿生学中的应用；同时根据学生年龄及知识面，提供如"骨骼包在体外部""口器""完全变态发育"知识，以及对"害虫"和"虫害"问题的思考。

（3）讨论和分享时间。

4. 游戏

（1）讲师宣布昆虫游戏规则。骰子的六面对应昆虫的一个特点，"1"对应"一个嘴巴（口器）"，依次类推。

（2）讲师将各组围绕骰子场地站好。讲师掷出骰子后，大家可以抢答出最后显示的数字及对应的昆虫特点，比如"4个翅膀"等。

（3）讲解并试玩一次，之后正式开始。

（4）每第一个抢答正确的小组，每次奖励200元无痕环境币。

（5）请任课老师参与抢答评分，如确认同时抢答成功者，分别奖励200元无痕环境币。

5. 分享及总结

（1）学习和了解基本的昆虫知识。

（2）了解昆虫在自然界生物链和维持生物多样性的重要作用。

（3）"害虫"和"虫害"都是基于人类对于昆虫的评价维度。

（4）不扰昆虫，从身边自然界中的昆虫开始自然观察和记录。

动物篇

昆虫游戏比赛

讲师利用教具介绍昆虫知识

各班自然课堂的课后作业

（5）总分领先的小组成员可以获得奖励，开启"无痕宝箱"获得意外惊喜。

6. 评估及拓展

（1）参加课程的同学快速填写调查问卷并收齐。

（2）布置课后作业，鼓励学生和家长一起在社区和住处附近，确保安全和无痕原则的情况下做相关课程的自然观察、自然笔记。

（3）学生和家长合作的自然笔记及自然观察，无痕中国在网站及微信公众号予以报道和展示。

（4）学期末，全部校园无痕自然教育课堂结束时，由各校选出参与积极、践行无痕环境行动的同学颁发"无痕环境少年先锋"证书及奖牌。

活动风险点

1. 活动计划加入风险管理内容。选择校园内的室外举办校园无痕环境课堂活动，已经最大限度避免了意外风险的发生。同时根据学生特点尽可能做好详尽、全面和可行的风险管理计划，并制订相应预案和应对程序。

2. 做好参加者健康检查和了解。了解参加者的健康、过敏等情况，课前由班主任或任课老师根据学生身体情况决定是否参加，提前预防意外发生。

3. 现场和活动中加强安全教育。活动开展、安全宣讲与风险管理同步进行，逐步示教，在课前展示"无痕安全指南"并由学生大声诵读，确保活动正常、安全和顺利开展。

4. 做好活动现场应急物品准备。提前检查无痕课程装备、教具、跌打药品等内容，确保讲师正确使用和维护。

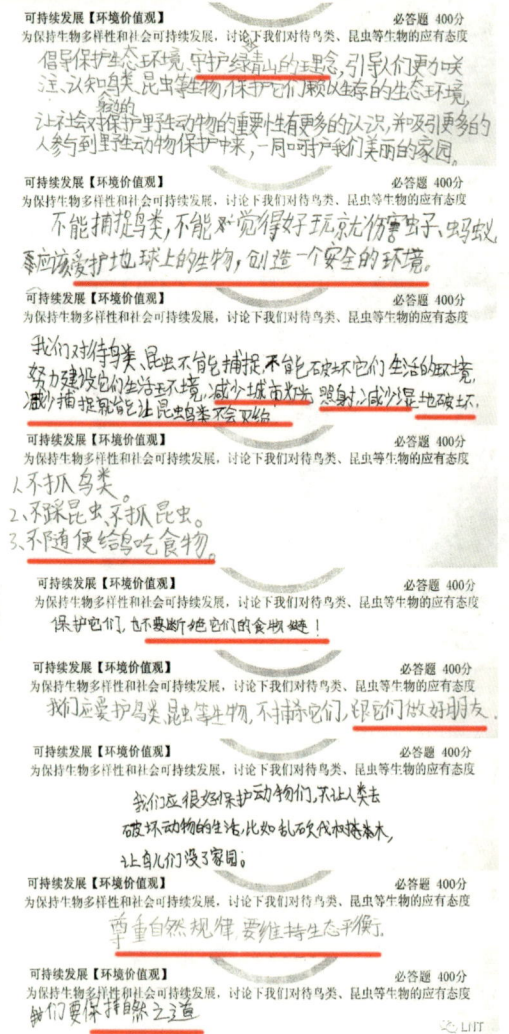

自然教育课帮助学生树立生态价值观

动物篇

守护黑白精灵
——大熊猫主题课程

卧龙潘达科技开发有限责任公司

【活动目标】让学生们在"守护黑白精灵"主题活动中观察大熊猫,了解大熊猫的生活习性、学习大熊猫相关的科普知识,加深与动物之间的亲近感,同时了解保护大熊猫的艰辛和不易,为形成良好的动物保护意识发挥正确的引导作用。望学生们在日常的生活中能投入更多的时间和精力加入动物保护事业,共同关爱我国濒危物种,共同关爱国宝大熊猫!

【受众群体】8~12岁的小学生
【参与人数】20人
【活动场地】熊猫乐园
【活动类型】解说学习型、自然创作型
【所需材料】笔、A4纸、竹子、苹果、胡萝卜、熊猫便便、活动问卷表
【活动时长】4小时30分钟

活动过程

时长	活动流程内容	材料
30分钟	破冰活动(动物大比拼)	常见动物图片20张、别针20个
90分钟	认识大熊猫	竹竿、竹叶、竹笋、胡萝卜、窝窝头、苹果、熊猫便便、收集袋、一次性手套、笔、A4纸
30分钟	争夺大熊猫栖息地	大小不一的塑胶幕布9块、一根绳子
30分钟	种植爱心竹子	竹子、铁锹、手套
60分钟	制作大熊猫丰容玩具	绳子、轮胎、竹筒、球等
30分钟	分享总结和颁发证书	活动问卷表

1. 破冰活动（动物大比拼）

（1）自我介绍，让同学们围成一个圈依次介绍。例如，我是某某某，我来自哪里，我最喜欢的动物是什么，我喜欢它的原因是什么。

（2）动物大比拼游戏，首先让同学们站成一排，然后在他们的背后用别针固定好动物的图片，最后让孩子们通过提问的方式互相猜各自的动物是什么。活动规则：问问题的时候，尽量问动物的生理特征和生活习性，回答者不能讲话和比画，只能回答是或不是。

（3）游戏结束后就告知同学们，我们将带领他们认识一种新的动物，然后开启了认识熊猫之旅。

2. 认识大熊猫

（1）带领同学们参观熊猫别墅区，观察大熊猫的行为，学习大熊猫的生活习性，了解每只熊猫背后的故事。

（2）走近大熊猫厨房，了解大熊猫的食物。

（3）前往大熊猫的饲养点，收集熊猫粪便，戴着手套触摸熊猫便便，闻闻便便的味道，分析便便里面的成分，了解大熊猫的消化系统。

（4）活动结束后，分成3个小组，每组的同学们用6~8个字形容大熊猫，然后把每个字作为每句诗的开头，让同学们围绕大熊猫作一首藏头诗。

3. 争夺大熊猫栖息地

首先选择一个没有障碍物的平地，准备9块大小不一的塑胶幕布。游戏规则：同学们站在一根绳子的后面，绳子的前面放不同形状的塑胶幕布，当作大熊猫的栖息地。所有的同学都是大熊猫，当老师说大熊猫回家了，这个时候学生们就需要找到立足的栖息地，没有站在塑胶幕布上的学生就要淘汰，当老师说现在要在栖息地建立一个水电站或是竹子开花，这个时候栖息地就要相应减少，当老师说现在要退耕还林种植竹子，这样栖息地就会相应增加。活动结束后，让大家分组讨论，然后让每组说自己的感受。通过这个游戏让大家了解现在大熊猫生存状况以及引导孩子的思考，到底要怎样去保护大熊猫栖息地，从而升华到环境保护。

4. 种植爱心竹子

了解大熊猫的生存境况后，让同学们发自内心地想要保护大熊猫，为保护大熊猫做一些我们力所能及的事。

5. 制作大熊猫丰容玩具

在饲养员的指导下，为大熊猫制作玩具，如果玩具设计的可操作性强，将放在熊猫圈舍供熊猫玩乐，减轻大熊猫的机械行为。

6. 分享总结和颁发证书

大家围成一个圈，闭上眼睛1分钟，快速回想今天发生了什么，有什么感受。然后分享给大家，最后颁发爱心证书、填写活动问卷表。

活动评估

活动问卷表

题号	题目	同意	普通	不同意
1	我知道大熊猫怕热不怕冷			
2	我知道大熊猫是近视眼，但是听觉和嗅觉很灵敏			
3	我知道大熊猫最喜欢吃竹子			
4	我知道大熊猫的天敌和朋友			
5	我知道大熊猫生活在什么地方			
6	今天课程后，我知道原来大熊猫最大的威胁是人类			
7	我能体会森林对于生物的生存、提供生物栖息地的重要			
8	我知道森林巡护人员对森林的保育很重要			
9	我知道在日常生活中，选择对环境友好的产品			
10	我愿在生活中尽一份力，去保护地球环境，保护森林			
11	我今天很用心地参与这个活动			
12	今天我很开心			
13	关于整体活动，我都比较满意			

提问1：今天活动中，你发现了什么？印象特别深刻的事情是什么？

提问2：用三个词形容你现在的感受，什么原因引发了这些感受？

提问3：有什么话想对今天的老师说？

活动风险点

竹子在寒冬种植不易存活。

亲手为大熊猫栽植竹子

大熊猫的中秋美食

化茧成蝶，美丽蜕变

张秀丽

【活动目标】通过森林徒步、知识讲解、寻找观察、自然笔记等方式让体验者寻找蝴蝶的踪迹，观察蝴蝶的飞行状态、喜食的植物与主要栖息地。观看八达岭森林公园蝴蝶标本，了解蝴蝶的生活史。提高体验者对大自然中蝴蝶的兴趣，了解森林中物种之间的依存关系。通过进一步科普和小游戏引出蝴蝶对于生态环境的重要性，促使体验者自觉保护森林中的动植物资源，提高体验者生物多样性保护的意识。激励参与者要向蝴蝶一样，经历每个阶段的成长，坚持不懈努力奋斗，美丽蜕变精彩绽放。

【受众群体】中小学生及亲子家庭

【参与人数】25~30人

【活动场地】八达岭国家森林公园（或可以观察到蝴蝶的其他公园与绿地）

【活动类型】解说学习型、自然创作型

【所需材料】蝴蝶标本、投影仪、彩纸、剪刀、笔记本、彩笔、碳素笔

【人员配备】自然解说员（主讲）1人，助教1人，安全员1人

【活动时长】3小时

活动过程

时长	活动流程	场地/材料
30分钟	活动简介与"化茧成蝶"自然游戏	小广场
30分钟	蝴蝶专题讲座	森林体验馆/投影仪、蝴蝶标本等
60分钟	杏花沟森林探秘，观察蝴蝶、做自然笔记	杏花沟自然观察径/笔记本、彩笔、碳素笔
30分钟	蝴蝶折纸手工	体验馆/彩纸、剪刀
30分钟	总结与分享	体验馆

动物篇

1. 活动简介与"化茧成蝶"自然游戏

自然解说员介绍活动流程、带队老师与注意事项。讲解游戏规则,在自然界中昆虫会面临不同的捕食者,同时它们也会互相竞争食物和资源。了解蝴蝶的一生经历的"卵—幼虫—蛹—成虫(蝶)"四个阶段,只有通过不断的竞争才能变成美丽的蝴蝶。老师示范用不同的身体动作扮演虫卵、幼虫、蛹和蝶。一开始,大家都是蝴蝶的"虫卵",请通过"石头、剪刀、布"的方式挑战你的竞争者,获胜方变成"幼虫",继续挑战,以此类推。看看在指定的时间内有多少虫卵可以最终完全变态,成为翩翩起舞的蝴蝶。激励参与者要向蝴蝶一样,经历每个阶段的成长,坚持不懈努力奋斗,美丽蜕变,精彩绽放。

2. 蝴蝶专题讲座

在体验馆观看蝴蝶标本,听自然解说员讲解"蝴蝶"知识讲座(PPT课件)。蝴蝶是完全变态的昆虫,即一生会经过四个阶段:卵、幼虫、蛹、成虫。介绍世界与中国蝴蝶的种类和数量、生活习性、繁殖过程,以及与蛾的区别、飞行无声等特点。介绍最漂亮的蝴蝶光明女神蝶(海伦娜闪蝶),最稀有的蝴蝶皇蛾阴阳蝶,中国的特有珍品金斑喙凤蝶,世界上最大和最小的蝴蝶等有趣的知识。

3. 杏花沟森林探秘,观察蝴蝶、做自然笔记

徒步前往杏花沟自然观察径。在森林中沿着事先预定好的合适区域内行走,引导体验者寻找并观察蝴蝶的活动行为,做自然观察笔记。在一个合适的地方与体验者共同探讨所发现的蝴蝶痕迹。在探讨时,抓住机会解释一些在观察时容易忽略的蝴蝶的行为特点,借以分辨蝶与蛾的不同。根据讲解内容设置不同问题,让体验者回答并填写"化茧成蝶"体验活动任务学习单(详见附件)。

4. 蝴蝶折纸手工

跟自然解说员学习蝴蝶手工折纸方法,准备一张正方形的折纸(可以用彩纸或者废旧纸张画报),不要太大,8厘米左右就行。将正方形双面沿对角线对折后打开,然后将正方形拿起折成双三角后压实,把左右两角分别折上去。不要折至中心线,要留出一些,将刚才扯上去的两边再折上去一些,然后利用刚才上方的折痕按图压折进去,翻过蝴蝶,将三角折上去,转过蝴蝶,再将三角翻折一下后,将小三角按压出尖角,翻过蝴蝶,将背脊折一下,有立体感的蝴蝶就折好了。

5. 作品的展示与总结分享

请每一位参与者展示自己折叠的蝴蝶,谈谈对整个活动的感想和体会,对蝴蝶的认识,今后如何爱护森林、保护蝴蝶的栖息地,才能让我们看到美丽的蝴蝶。今后对于生物多样性保护我们可以做什么,从"化茧成蝶"中我们可以得到什么人生启示。

活动评估

通过森林徒步、寻找观察、"化蛹成蝶"生态游戏、自然笔记等方式让同学们寻找蝴蝶的踪迹。通过观察蝴蝶的飞行状态和主要栖息地来了解八达岭国家森林公

园物种之间的依存关系,以及生物多样性保护的重要性。通过这样的体验学习,同学们获得了保护环境的亲身体验,逐步形成了一种在日常学习与生活中对野生动植物乐于探究、努力求知的心理倾向。激发了学生运用所学知识解决人类与环境如何共处的实际问题。学生在一种开放的环境中应用发散思维自主地发现和提出问题,

大地艺术蝴蝶拼图

蝴蝶标本

蝴蝶手工折纸

蝴蝶手工折纸

动物篇

提出解决问题的设想，提高综合应用能力和团队合作的意识，并形成了良好的环境保护意识和生态道德观念。

活动风险点及安全应急预案

参照《趣味植物花事》。

寻找蝴蝶

附件

"化茧成蝶"体验活动任务学习单（含参考答案）

蝴蝶是完全变态的昆虫吗？——是

蝴蝶一生经历几个阶段？——4个

蝴蝶一生经历的阶段的名称是？——卵、幼虫、蛹、成虫（蝶）

蝴蝶是不是蛾子的一种？——不是（蝴蝶、蛾子为同等级，都隶属于鳞翅目）

蝴蝶都有毒吗？——不是，只有极少数有毒

蝴蝶翅膀上的图案是由什么组成的？/蝴蝶翅膀上布满什么？——鳞片状的毛

蝴蝶成虫的口器叫什么？——虹吸式口器

蝴蝶幼虫一般要蜕几次皮？——4次

蝴蝶成虫除了访花来吸食花蜜外，还能以什么为食？举例说明——粪便、发酵腐果汁液、树液、溪边或湿地的水等

蝴蝶幼虫一定是素食性的吗？——不是，有肉食性的

自然体验活动
课程案例集
NATURE EXPERIENCE ACTIVITIES
AND PROGRAMS

其他篇

月相的观察

闫小红 / 山西省介休市职业中学

【活动目标】
1. 知识与技能：要求学生从月相的天体运动规律的观察测量实践中，获得月相变化规律的认知；通过探究月球运动周期影响下的月相成因，使学生学会观察地理事象、读图、分析地图的能力。
2. 过程与方法：能从身边熟悉的地理现象中，通过合作学习、自主探究，体验地理学习的思维过程；学会联系自身经验，分析月相对人类生活和生产的影响。
3. 情感态度和价值观：培养学生对从大自然中学习知识的情怀，树立科学探究的精神；激发学习地理的兴趣，培养学生互助合作、自主探究的学习方法。

【受众群体】15～16岁的高一学生
【参与人数】52名
【活动场地】校园操场等开阔的场地
【活动类型】解说学习型
【所需材料】指针表、手电筒、洲际指南针、作业本、笔
【活动时长】根据观察时间确定

活动过程

时长	活动流程内容	场地/材料
10~15分钟布置	准备开始观察，教师布置观察测量任务和执行办法	地理课堂 / 多媒体、指针表、作业本、观测记录表
每天10分钟观测记录	各组在规定的时间，每天到校园操场开阔场地一起去观察测量月相，并做好记录	校园操场广阔场地 / 指针表、作业本、笔
33分钟	汇总分析，讲解月相成因	教室课堂 / 高一地理地图册、多媒体、手电筒、指针手表、手机指南针
每天10分钟观测	满月到下弦月，再到蛾眉月的观测阶段	操场开阔场地 / 指针表、作业本、笔、观测记录表
15分钟	教师引导汇总分析讲解	多媒体

206

1. 准备开始观察，教师布置观察测量任务和执行办法

（1）在观察月相之前，先引导学生了解天体在天空中方位的确定，多媒体展示《天体的方位与地平高度》图，观看地平线以上的天球图，提醒学生月亮在天空中的方位的确定方法，辨认八个方向。

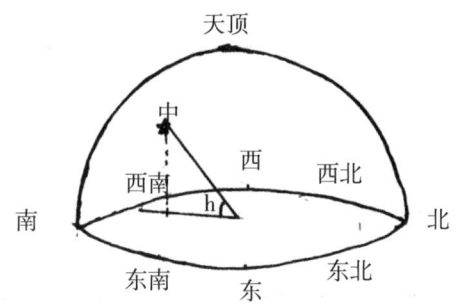

天体方位与地平高度

（提示：学生可以使用指针表进行方位测量，教师讲解如何使用。）

（2）月亮地平高度的度量方法，教会学生合理估测，并示范动作：抬平手臂，用高出地平线一拳估测约为10度，两拳约为20度，以此类推。

（3）教师提示，近期月亮出没的大致时间和将要出现的天空方位。

（4）分小组进行观察，每组7～8人，每个小组都由地理兴趣小组成员担任组长。

（5）展示观测记录表，学生每天的观测要记录以下几个方面：日期（公历/农历），天气（晴/阴），观察次数及时间，月亮在天空中的方位，地平高度，亮面凸出方向，简绘月相示意图。

学生在作业本上自己绘制日期为一个农历月的表格。

（6）观测记录表，要求各组长每周收回一次，并和老师汇总。

2. 各组在规定的时间，每天到校园操场开阔场地一起去观察测量月相，并做好记录

教师带领学生每周一观测一次，其余时间由学生小组自主完成。两周后课堂总结。

3. 汇总分析，讲解月相成因

（1）新月到上弦月再到满月的观察期间，记录表汇总，发现了方位确定的方法有不确切之处。给学生讲解手表指针法定位的步骤及原因，提醒学生在上半夜的西边天空观察，做好记录和绘示意图。

（2）学生在描述亮面凸向时，西东方向辨认不清，为学生图解。

（3）比较连续两周的观测记录，教师引导学生推理同一时间观察，月亮在天空中的位置变化，由此发现月亮的视运动规律（由正午升起，午夜落下，每晚渐渐往后推移）。

（4）教师引导学生推理月亏到月圆的渐变原因。展示《月相成因图》，启发抽象想象，试从中找出成因。

（5）小组讨论，分析思考结果。

（6）教师讲解。

展图：月亮圆缺的各种图片，读高中地理必修1地图册第6页《月相的变化》示意图。

提问：月相为什么会产生？

知识准备：①地球自转的周期；②月球自转的周期，月球绕地球公转的周期；③日、地、月三个天体运动的位置关系。

学生游戏模拟：学生A模拟地球的转

动,学生B模拟月球的转动,学生C拿着手电照亮模拟太阳。3人的模拟游戏,引发学生思考日、地、月三者位置的变化,来理解月相的成因。

(提示:先模拟月球只有绕地球的公转,没有自转的运动;再模拟月球有自转和公转相同情形下的运动。)

(7)小组研讨:各小组分组讨论,说出下列三种情况下月相的差异。

①日、地、月相互绕转运动使三者的位置发生怎样的变化?

②绕转过程中,地球上人们观察月球亮面的视形状有何不同?

③月球位于公转轨道上的A和C处时,日、地、月三者位置关系怎样?月相有何不同?

④月球位于公转轨道上的B和D处时,日、地、月三者位置关系怎样?月相有何不同?

(8)表格展示:月相在新月到满月的渐变,以及在天空中位置的变化。

归纳小结规律,并提醒学生:

①上弦月和下弦月观察时间的不同,以及方位的变化。

②方位的确定,从北极上空俯视图中看,地球自转自西向东,顺向为东,逆向为西。月球绕地球的公转,沿着逆时针方向,顺向为东,逆向为西。月球亮面凸向是逆自转方向的为西边亮。

③月亮在天空中方位的确定,介绍手表指针定位法、北极星定位法、手机指南针定位法。

4.满月到下弦月,再到蛾眉月的观测阶段(总结观测要注意的细节,尽量准确,汇总下一步需要做好哪些环节)

(1)清晨,老师带领学生观察下弦月、蛾眉月,一起测量方位、地平高度。

(2)引导学生发现下弦月与上弦月出现方位有何不同?从观测时间、方位和地平高度上,联系成因启发思考。

(3)比较连续十天的观察记录,发现月相出没时间上的规律,试图找到原因,从而准确推测各个月相最合适的观测时间。

(4)组长每周收回记录表和老师一起归纳汇总。

5.教师引导汇总分析讲解

展图:《月相出没规律图》。

教师引导学生:

(1)天空中西半部分和东半部分的确认。

(2)讲解在地球的北极俯视图中昼夜半球的确认,以及在自转下,赤道上的清晨6:00、正午12:00、傍晚18:00、午夜24:00所在的经线位置。

(3)多媒体展示模拟动画,观察月球围绕地球转动情景下,每一种月相地球上的哪些时间区域内的观察者可以看到?引发思考,试图从图中发现规律。

(4)小组讨论,并由各组代表上黑板展台上画出蛾眉月、上弦月、凸月、满月、凸月、下弦月、蛾眉月的确切出没时间范围。

(5)教师和学生一起分析各组绘图的正确性。

展示正确绘制的月相出没规律解析图(以春分、秋分日为例)。月相出没规律解析总结见下表。

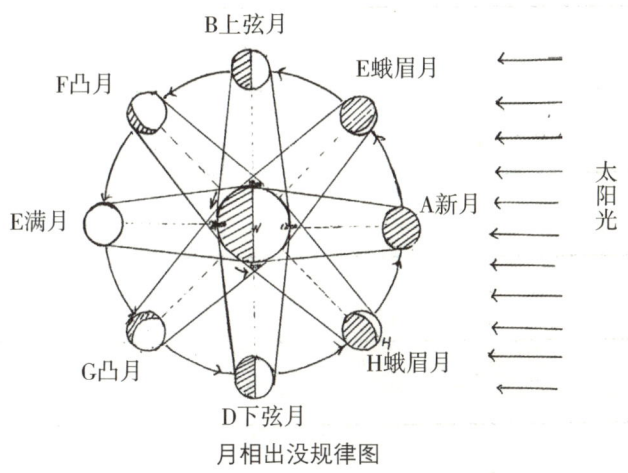

月相出没规律图

月相出没规律解析总结表

月相	与太阳出没比较	月出	月没	可见时段	日、月、地位置关系
新月	同升同落	6:00	18:00	彻夜不见	同一直线
蛾眉月	迟升后落	9:00	21:00	18:00~21:00	连线呈锐角
上弦月	午升夜落	12:00	0:00	18:00~24:00	连线垂直
凸月	午升夜落	15:00	3:00	18:00~3:00	连线呈钝角
满月	此起彼落	18:00	6:00	通宵可见	同一直线
凸月	暮升晨落	21:00	9:00	21:00~6:00	两线呈钝角
下弦月	夜升午落	0:00	12:00	24:00~6:00	连线垂直
蛾眉月	早升早落	3:00	15:00	3:00~9:00	连线呈锐角

测量地平高度图

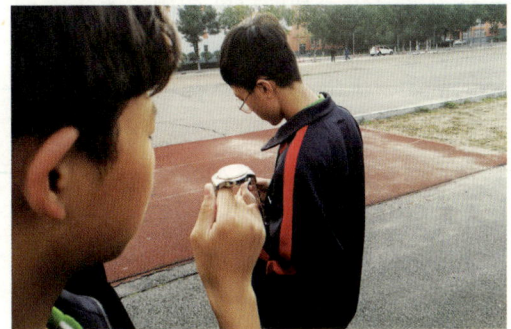

指针法测方位

活动评估

  高中地理课程标准在必修1"宇宙中的地球"中提出观察天文现象，并查阅有关资料，说出自己的观察结果及体会的活动建议。在高中地理新课程改革的背景下，这是倡导学生从"做中学"，从"生活中学"地理知识的理念。本活动采取自主合作、探究学习的教学策略，开展地理观察、抽样调查、实验和地理专题研究的实践活动，引导学生走进大自然，从现实环境中获得新知。活动后主要采用问卷方式评估，评估对象是参加月相观察的52位高一学生，问卷主要从知识和技能，过程与方法，情感态度和价值观这三个维度进行评估，具体内容见附件。

评估结果分析见下表。

评估结果分析　　　　　　　　　　（单位：%）

题号	A	B	C	D
1	60	25	4	11
2	23	73	4	0
3	75	4	10	11
4	10	47	15	28
5	73	65	44	92
6	58	77	35	85
7	73	87	48	15

从数据分析中可以看出，月相观察的教育实践活动不仅强化了学生对地理知识的认知水平，在掌握地理学习的方法和技能方面，也起到促进的作用。更重要的是，对于地理素养的形成，户外融入大自然的活动，无形中潜移默化，尤其是学生对于科学的敬畏和尊重自然、探究科学的情怀，对树立科学的自然观、环境观有很大的帮助。

活动风险点

月相的观察记录，这一项自然体验活动存在的风险不是很大，安全方面只要组织得力，在就近的学校开阔场地就可以完成。只是在上弦月观察期间，天黑了，学生需要结伴出行，而且涉及月亮方位和测量月亮的地平高度需要记录，是要伙伴提醒和随身带用具和记录的。

这项活动的困惑，难在坚持一个月去观察。教师带领一起观察四次，其余由小组成员结伴去完成，有的小组坚持得不错，有的到后期就松懈了。也有遇到数日阴天，或者跑校同学晚上回家，观察月相受高楼阻挡等困扰。从记录结果的个别谈话发现，也有的同学坚持半个月之后，便推理臆测记录，这是科学精神最忌讳的。

阶段性讲解是为了提高观测准确度的重要一环，同时也是高中开始培养逻辑思维和抽象思维能力的必经之路。而游戏活动，则更利于学生从身心多方面受到启发，提高领悟能力。图解月相出没规律，是形象观察和抽象思维碰撞的火花，这是最后分析的结晶，也是活动收尾时最成功的地方。

附件

《月相的观察》评估问卷

1. 诗句"楼上黄昏欲望休，玉梯横绝月如钩"，描述哪一种月相？（   ）
   A. 上蛾眉月   B. 上弦月   C. 下弦月   D. 下蛾眉月

2. 日全食发生时，日、地、月三者位置的关系：（   ）
   A. 地球在日、月之间   B. 月球在日、地之间
   C. 太阳在地、月之间   D. 三者不在一条直线上

3. 如果发生月食，当时的月相应该是：（   ）
   A. 新月   B. 上弦月   C. 下弦月   D. 满月

4. 诗句"月落乌啼霜满天，江枫渔火对愁眠，姑苏城外寒山寺，夜半钟声到客船"中的情景描述到哪一种月相？（   ）
   A. 新月   B. 上弦月   C. 下弦月   D. 满月

5. 一个月以来月相的观测，你获得最多的有哪些？（可多选）（   ）
   A. 和同伴一起户外学习的快乐
   B. 不仅有知识的获得，更有互相鼓励的榜样力量
   C. 同学的动手能力和领悟能力，是我很佩服的
   D. 能持之以恒做一件事，总会有不一样的发现

6. 除了知识与技能方面的收获，你觉得怎么学习地理更有意义？（可多选）（   ）
   A. 希望老师的课堂讲解更富有情趣
   B. 多有到户外大自然中学习的机会，会轻松习得课本中的知识
   C. 老师的游戏环节，学生感到了快乐，且课后会津津乐道游戏过程中的对与错
   D. 我很喜欢老师观察后的讲解分析，且深层次得到了方法和逻辑推理技巧，收获很多

7. 在情感价值观的塑造方面，有何感悟：（可多选）（   ）
   A. 虽有一两天的疏忽，还是坚持观测到最后
   B. 感到科学家做实验的不易，实事求是，尊重科学，才能获得真知
   C. 在同伴的提醒下，快乐地完成了观测记录
   D. 观测数周，我觉得有些烦，不想坚持了，就随便填了表

地质——腐殖质剖面层

张丽莉

【活动目标】认识腐殖质的不同层次，探讨地质地貌的形成原因和形成过程；探讨风在地质地貌形成过程中的作用。
【受众群体】6~12岁的小学生
【参与人数】20人左右
【活动场地】选择有落叶、地质结构丰富的地方
【活动类型】解说学习型、场地实践型
【所需材料】一张腐殖质剖面图、小铁锹、小桶、细树枝
【人员配备】活动引导员1名，活动助理1名
【活动时长】80分钟

活动过程

时长	活动流程内容	材料
10分钟	向来访群体讲解腐殖质的土壤层理的定义，了解土壤剖面层的构成及其组成成分	腐殖质剖面图1张
5分钟	把活动参与者分成四个小组	4种不同类型树叶20片、小铁锹12把、小桶8个
25分钟	介绍活动的规则，构建土壤剖面层	小铁锹12把、小桶8个、长短不一的枝条10根
20分钟	对活动进行评比和反馈	
10分钟	对各组构建的土壤剖面层进行展示，加深对土壤剖面层的理解	
10分钟	探讨地质地貌的形成原因和形成过程；探讨风在地质地貌的形成过程中的作用	

1.向来访群体讲解腐殖质的土壤层理的定义，让他们对土壤的剖面层有一个初步的概念

（1）表层（枯枝落叶层）：上层土壤，由没有经过分解的植物的叶子和枯枝构成，厚度小于10厘米。

（2）腐殖质层（淋溶层）：颜色较深，由有机物质构成，有大量的生物，厚度可达25厘米左右。

其他篇

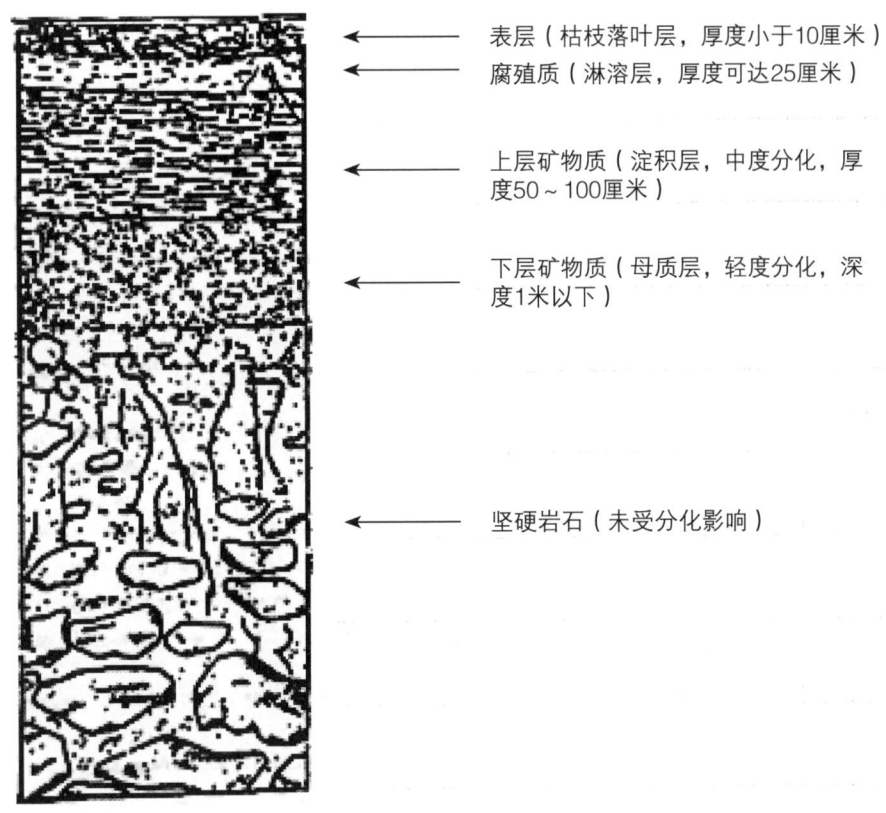

腐殖质土壤层

（3）上层矿物质层（淀积层）：这一层处于过渡阶段，中度分化，有集中的生物活动和强壮的根系。

（4）下层矿物质层（母质层）：轻度分化，深度1米以下，很少见到根系和生物，基本上由被半分解的岩石构成。

（5）坚硬岩石层：未受分化影响，由地质物质岩石构成。

2. 把活动参与者分成四个小组，让他们以组为单位进行土壤剖面层的构建活动

（1）寻找4种不同类型的20片树叶，放在一个半封闭的物体内，让所有的来访群体闭上眼睛以抽签的方式，每人选取一片树叶，根据相同树叶的类型把他们分成小组。

（2）给每个小组3把小铁锹和2个小桶，并讲述使用时要注意的安全事项。

3. 讲明活动的规则，让他们在小组内通过相互协作来构建土壤剖面层

（1）让每个小组根据刚才讲述的腐殖质土壤剖面层通过探讨的形式和小组内的其他成员确定各个层面建造所需的物质（表层：枯枝落叶；腐殖质层：土壤最表皮的深色土壤，淀积层；土壤中的一些小生物和强壮的根系组成；母质层：在活动

· 213 ·

中可以用粗砂来代替；硬岩石层：大型的石块）。

（2）每个小组的成员根据所需构建剖面层所需的物质分工寻找相应的材料。

（3）利用小树枝为层面分界线搭建出新的腐殖质土壤剖面层。（根据人数分发小铁锹，每组至少2个。场地选择有落叶层和石子、沙子的区域。）

4. 对各组构建的土壤剖面层进行展示、评比，加深对土壤剖面层的理解

（1）所有的小组对自己构建的土壤剖面层进行展示，并派一名组员介绍自己的构建思路。

（2）其他小组针对他们构建的土壤剖面层，指出存在的问题和改进的建议。

（3）引导员根据他们的评判总结所有存在的问题，再一次讲解腐殖质土壤的剖面图，加深他们的印象。

5. 活动的延伸和拓展

针对知识面丰富的参与者，探讨地质地貌的形成原因和形成过程；探讨风在地质地貌的形成过程中的作用。

活动评估

本次自然体验教育活动围绕"土壤的剖面层"这一主题设计一系列活动，带领孩子走进自然、观察探究、了解土壤的结构与每一个层面的构成等知识，激发了参与者们观察探究方法，同时培养了孩子们热爱自然的态度。

活动结束前对学生进行提问式访谈，他们认为活动场地应该更加倾向于林分较为茂密的成林。获得的新的收获如下。

1. 通过收集构建土壤剖面层所需的材料进一步加深了对土壤剖面层的理解，同时让他们学会如何互相合作，共同完成一个任务。

2. 通过这样的体验式学习，参与者获得了亲自动手的快乐，感受到了不同于普通教育的学习方法。

3. 了解到在漫长的历史长河中，地形地貌经过了地壳运动、风沙的侵蚀等一些原因形成现在的地形地貌。

活动风险点

1. 使用小铁锹寻找材料时引导员应多注意来访者的反应，及时调节。

2. 在寻找材料时注意处理坡面的陡峭、小树枝的划伤和昆虫的叮咬问题。

活动安全应急预案

1. 提前预备一些防蚊虫叮咬、缓解症状的药物，如花露水、风油精和创可贴。

2. 在行走的过程中，活动引导员要引导他们认识一些在生活中、森林里常见的一些有害动植物，并向他们介绍这些有害动植物对我们的身体造成的一些危害，以及如何简单的缓解（根据活动场地的常见动植物进行安排）。

发现土壤里的生命

安芸

【活动目标】证明"有生命的土壤"一词的真实性。
【受众群体】适合6岁以上人群
【参与人数】每组20人
【活动场地】选择宽阔潮湿的林地
【活动类型】解说学习型
【所需材料】3毫米的大筛网、白色床单或者白纸、放大镜、镊子、小胶卷盒、昆虫吸管、小铁锹
【活动时长】40分钟

活动过程

时长	活动流程内容	场地/材料
5分钟	选择地面潮湿的地点；把团队分成若干个工作组，每组4~6人，每组分配材料	较潮湿的林地
20分钟	向团队解释并让每个小组把土放在筛网上过滤到白床单上。生活在土壤里的微小动物将留在筛网上，用镊子或昆虫吸管把这些小动物放进胶卷盒或者放大镜下	筛网、白床单、镊子、昆虫吸管、胶卷盒
10分钟	用放大镜观察收集到的动物，尽量不要把它们长时间的暴露在太阳下	放大镜
5分钟	把这些动物放回原来的地方，对实验做出总结，牢记即使最微小的动物也有它存在的重要性，所以应该小心对待，在没有任何伤害的情况下，还给它们自由	

活动评估

1. 了解土壤里的生命。
2. 激发团队成员保护动物的爱心。

活动风险点

使用昆虫吸管或镊子，尽量减少对微小生物的伤害。

引导小学生过滤土壤中的动物

通过放大镜观察过滤到的动物

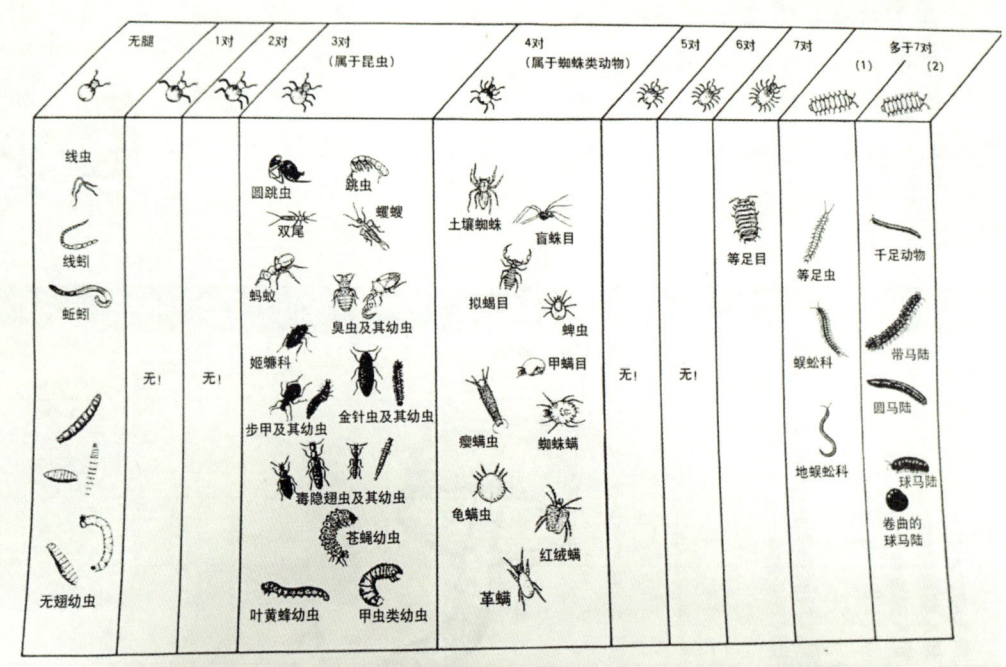

腐殖质土壤层

走进湿地
——河南省陆浑湖国家湿地公园自然学校研学活动

申艳梅 / 陆浑湖湿地自然学校

【活动目标】了解湿地的功能，倡导保护湿地的行为。
【受众群体】6~12岁的学生
【参与人数】30人
【活动场地】河南省陆浑湖国家湿地公园
【活动类型】解说学习型
【所需材料】望远镜、扩音器、证书
【活动时长】4小时

活动过程

时长	活动流程内容	场地
1小时	湿地科普。走进湿地科普馆，解说员讲解陆浑湿地概况，了解库区绿化和水源涵养林，引出习近平总书记二山三库理论，启发孩子们思考森林是水库、粮库、钱库，以及绿化和湿地、水库的关系	湿地科普馆
1小时	饮水思源。让孩子把带来的自来水倒入陆浑湿地，从我们每天喝的水来自陆浑水库，启发孩子饮水思源，要保护湿地，了解湿地蓄水、调节径流、补充水源的功能。引导孩子思考他们来自父母，要感恩父母，怎样做才是感恩父母？平时有哪些对父母要求过分的行为？如何矫正？父母应该怎样教育孩子？等等	河南省陆浑湖国家湿地公园
1小时	湿地观测。通过望远镜，观测湿地生态环境，让孩子们谈谈看到的湿地里有什么？为什么湿地有那么多的鸟？如果湿地面积减少，湿地的鸟儿还会这么多吗？我们应该怎样做才能够看到更多的鸟儿？通过观测和提问，让孩子们了解湿地生物多样性保护的功能	观鸟塔
1小时	湿地净水。让孩子们从污水处理厂排污口开始，沿着水面徒步，一直到人工湿地二次净化后干净的水流入陆浑湿地。通过直观的感受，让孩子了解人工湿地净水、鸟类栖息地的功能	东关桥湿地净水段

活动评估

EVALUATION 教学评估					
编号	题 目	非常同意	同意	普通	不同意	非常不同意
01	到校前的行政联系良好	☐	☐	☐	☐	☐
02	今日的教学流程顺畅	☐	☐	☐	☐	☐
03	教学人员能引起学生的参与热忱	☐	☐	☐	☐	☐
04	教学人员能清楚表达课程概念	☐	☐	☐	☐	☐
05	本课程对于高年级学生而言难易适中	☐	☐	☐	☐	☐
06	清楚课程目标1：认识FSC的概念和意义	☐	☐	☐	☐	☐
07	清楚课程目标2：森林的功能与重要价值	☐	☐	☐	☐	☐
08	清楚课程目标3：台湾木材自给率与进口问题	☐	☐	☐	☐	☐
09	清楚课程目标4：透过消费行为，可以选择对环境友善的产品	☐	☐	☐	☐	☐
10	总体而言，我喜欢今天的教学活动	☐	☐	☐	☐	☐

11. 今天的教学令您印象深刻的是什么？

12. 您对于教学人员与课程是否有其他建议？

13. 未来您有意愿申请哪些主题的到校推广活动？请写下来，谢谢。

14. 若您愿意收到我们的教师研习、到校推广、儿童营队、亲子营队等环境教育活动讯息，请留下您的E-mail，谢谢。

评估表

其他篇

EVALUATION 教学评估

编号	题目	同意	普通	不同意
01	我知道日常生活中有哪些产品是来自森林	□	□	□
02	我知道森林对于人类的生活很重要	□	□	□
03	我能体会森林对于生物的生存、提供生物栖息地很重要	□	□	□
04	我知道现在地球上的森林正在急速消失当中	□	□	□
05	今天课程后，我知道台湾有99%的木材都是来自进口	□	□	□
06	我知道FSC森林管理委员会做的事情对森林保育有帮助	□	□	□
07	我知道透过消费行为能够选择对环境友善的产品	□	□	□
08	我愿意在生活中尽一份心力，去保育地球环境与森林资源	□	□	□
09	我今天有用心的参与教学活动	□	□	□
10	总体而言，我喜欢今天的教学活动	□	□	□

11. 今天的教学活动中，我印象最深刻的是什么？

12. 有什么话想对今天上课的老师说呢？

评估表

EVALUATION 教学评估观察表

教学人数：　　人　　　　　　　　　　　　　　教学日期：　年　月　日

教学活动名称			教学者	
评量项目			观察记录	
课程内容熟悉度	□非常好 □很好 □一般 □还好 □需要调整			
课程目标达成度	□非常好 □很好 □一般 □还好 □需要调整			
教学技巧掌握度	□非常好 □很好 □一般 □还好 □需要调整			
与学员互动性	□非常好 □很好 □一般 □还好 □需要调整			
肢体口语表现	□非常好 □很好 □一般 □还好 □需要调整			

评估表

其他篇

活动风险点

1. 湿地科普馆参观动植物标本，需要提前告知孩子们不要用手触碰标本，预防产生毁坏标本的情况。

2. 使用专业望远镜，需要自然老师协助，避免损坏望远镜的行为。

3. 人工湿地徒步木栈道，老师和家长协助走在靠近栏杆的一侧，孩子走在内侧，除了提前强调规则，还要从实际行动预防和防止调皮的孩子翻越栏杆的行为。

4. 购买人身意外保险。

人工湿地

湿地观测

察言观色

福建禾和教育咨询有限公司

【活动目标】
1. 通过游戏复习彼此自然名。
2. 通过伪装步道，认识动物的保护色对于动物的重要意义。
3. 通过设计小环节亲子分离，让家长感受到自己的行为惯性。
4. 通过细节观察，欣赏大自然的色彩美。

【受众群体】4~6岁儿童及亲子家庭
【参与人数】12~15对亲子
【活动场地】林间空地、灌木丛、步道等物种相对丰富的地方
【活动类型】解说学习型、自然创作型
【所需材料】彩色笔、伪装动物图片、仿真动物1袋
【活动时长】120分钟

活动过程

时长	活动流程内容	场地/材料
15分钟	自然游戏——大风吹	林间空地
25分钟	伪装步道	有树木、灌木丛、落叶有高低层次的自然区域，步道宽敞（最好可容两个人并排通过）/ 仿真小动物模型1袋
10分钟	分享	林间空地
15分钟	中场休息	林间空地
10分钟	讲述乌鹩鸟的故事	林间空地
30分钟	为乌鹩鸟设计花衣裳	大自然环境 / 乌鹩鸟头图、彩笔
15分钟	分享：展示画作	林间空地

1. 自然游戏——大风吹

（1）初阶（先玩3轮）：课程开始之前都有自己的自然名（大自然当中的动物、植物、自然现象等），先熟悉彼此后进入游戏。

①带领者担任指挥官站圈子中间，请大家记住自己的位置。

②当指挥官说"大风吹"时，参与者一起问："大风吹，大风吹，吹什么？"指挥官会说吹一种颜色，如吹绿色，身上带有绿色的参与者都被吹进圆圈里。

③圆圈上的人就要根据指挥官的手势一起喊出被大风吹进圈里的参与者的自然名。

④当指挥官喊"风停了"，圆圈里的人就要赶紧回到原来的位置。

（先示范一次。）

（2）发现伪装步道中的动物，第二轮可提高难度（3～4轮）。

这次指挥官也会去抢位置，如果其中参与者的位置被抢走了，那这个参与者就要站到圆圈里当指挥官。如此轮流。

（提示：指挥官可事先盯住一个大人的颜色和位置，风停后跑到他位置上，让那个大人当指挥官。）

2. 伪装步道

（1）活动前的准备工作：把伪装物分散藏在A点和B点的那一段灌木丛中。

（2）设计思路：

①通过寻找躲在草丛中的塑料小动物，来认识动物的保护色对于动物生存的重要意义。

②设计亲子分离活动，目的是让家长体悟到日常是否有给予孩子探索的机会，从而看到自己的行为惯性。

（3）规则：

①按顺序小朋友一队、家长一队。

②小朋友由主带老师带领寻找伪装物。寻找的方式：双手背在背后，从A点走到B点，用眼睛寻找，默默记住找到的数量，但不能出声。寻找的时间为7分钟。

（提示：寻找过程中，小朋友可以悄悄告诉主带老师找到的数量，如果主带老师觉得数量少，可以提示继续寻找。）

③家长队由辅带老师带领，简单说明小朋友寻找过程中，家长的任务是当7分钟观察员，只能旁观不能帮助。7分钟过后，小朋友会邀请他们帮忙。

④7分钟后，主带聚拢小朋友，询问他们寻找到的伪装物数量（当然并没有全部找到），现在邀请爸爸妈妈来帮忙寻找。时间为5分钟。

⑤5分钟后，聚拢围半圈，询问寻找到的数量，并每一次分别邀请一个小朋友指出伪装物的藏匿之处，由主带老师拿出。

⑥再次聚合，围圈分享。

视觉体验

3. 分享

（1）有哪些伪装物是你们很容易就发现的？为什么？

（2）哪些不容易发现，你们刚才没找到的？为什么？

（3）在自然界中，动物们是怎么保护自己的？

（4）问家长：当你们只能观察，不能上去的时候，你的心情如何？当你可以允许上场时，你的心情又是如何？

4. 中场休息

喝水、上厕所，工作人员需要关注场面情况。

5. 讲述乌鸫鸟的故事

故事参考：

刚才大家用火眼金睛找到很多动物，接下来我要讲一个故事，讲一个发生在天神后花园里一只动物的故事，这只动物我们每次来都可以看到它，它叫乌鸫，乌鸫在天神后花园里的故事。

很久很久以前，天神的后花园里就生活着很多小动物，其中有一只颜色特别漂亮的小鸟，它叫乌鸫，每天飞舞着，像一道彩虹般划过后花园，小蚂蚁、小蜗牛就会仰望着头看着彩虹般的乌鸫，羡慕地说："好漂亮啊！"

有一天，这只像彩虹一样的乌鸫很早就起床吃虫子，这时候它发觉后花园味道不对，有点烧焦的味道，远处还有黑黑的浓烟，"哎呀，着火了。我得赶紧通知大家快跑。"

于是，它就像一道彩虹，快速飞到半空中，大声地呼喊："着火啦！着火啦，快跑！"它一遍又一遍地呼喊着。许多还在睡梦中的小动物们被惊醒了，看到浓烟赶紧就逃。

可是小蚂蚁和小蜗牛，它们不是小鸟，飞不起来，小蚂蚁一边用六条小小的腿跑着，一边鼓励没有腿的蜗牛慢慢爬，眼看着火就要烧到它们后面了，这时候天空中的这只彩虹鸟看到了，心想："哎呀，不好，火快烧到它们屁股了，我得帮它们一下"，于是就"扑腾"一下，飞到地面，停在它们面前说："快，爬到我背上来吧，我带你们走！"它双脚跪在地上，把翅膀展开，扑到小蚂蚁和小蜗牛的前面，让它们像走天桥一般地走到它的后背，一步又一步地，一步又一步地……

这时候后花园里的火越烧越旺，时不时听到"呲呲"的声音，小蚂蚁和小蜗牛还在一步又一步地爬，火烫到小鸟身上了，滚烫滚烫地，它忍着，终于等小蚂蚁和小蜗牛都爬到它背上后，它就一飞冲天，逃离了火焰，把好朋友送到了江边，有水的地方，"终于没有大火了，太好了，我们都安全了，咳咳"小鸟这样说着，"我要喝口水"，它就慢慢踱步到江边，一低头，看到水面上有个黑不溜秋地倒影，"呀，这是谁啊？"用翅膀揉揉眼睛，再睁开一下，"什么，这是我？我怎么变成这样了？"呜呜呜……乌鸫伤心地哭了起来。

小蚂蚁和小蜗牛就跑到乌鸫身边说："亲爱的乌鸫，谢谢你救了我们一命，看到你这样子，我们也很难过。别担心，大自然还是有你身上彩虹般的颜色，红橙黄绿蓝靛紫都有的，我们要去把你失落的颜色找回来，帮你设计一件彩虹般的羽毛衣服。"

亲爱的小蝌蚪们，我们一起出发，帮助小蚂蚁和小蜗牛寻找乌鸫散落在天神后花园的颜色，为这只勇敢的乌鸫设计一件新的羽毛衣服吧。

这些彩虹般的颜色散落在天神后花园中的许多地方，有的落在小花小草大树上，有的落在小动物身上，请大家仔细地寻找，寻找的范围……

6. 为乌鸫鸟设计花衣裳

乌鸫图

（1）辅带协助分发乌鸫图，每个参与者一张，带上彩笔，亲子一起出发去寻找，观察大自然的颜色，看到一种颜色，就找出相应的彩色笔，把它画在乌鸫图的身上。

（交代家长：把眼睛所看到的动植物的颜色设计到乌鸫身上。）

（2）根据时间划定寻找的范围。

7. 分享：展示画作

每个人说一种乌鸫身上的颜色从哪里来。即使是同一种颜色，因为大家不一样的想法，设计出来乌鸫的衣服造型都不一样。

（升华：每一种花的颜色都是不一样的，每一个人画出来的乌鸫画也是不一样的，每个人的想法都是不一样的。）

活动评估

评估内容见下表。

活动风险点

如遇雨天，大风吹游戏可在宽阔的遮雨场地进行。

环节名称	大风吹	伪装步道	为乌鸫鸟设计花衣裳
评估方法	参与者在游戏中热情是否被调动，在跑动起来的时候气氛是否愉悦	参与者是否认真地观察草丛里的非自然物并把它们找出来	参与者是否能通过观察设计出独特的乌鸫鸟的花衣裳
评估结果	三分之二的参与者热情被调动，气氛愉悦	三分之二的参与者能找到一半以上的非自然物	三分之二的参与者可以认真观察并将不同的颜色画在乌鸫鸟的身上

耳熟能详

福建禾和教育咨询有限公司

【活动目标】
1. 亲子互相寻找，初步了解每个人声音的独特性，以及声音对于动物的重要性。
2. 寻找盒子里的糖果，细微的差别考验专注力。
3. 专注倾听自然的声音，画出声音地图，感受大自然层次丰富的声音，以及声音对心情的影响。

【受众群体】4～6岁的儿童
【参与人数】12～15对亲子
【活动场地】干扰少的公园、树林，林间有空地
【活动类型】五感体验型、拓展游戏型、自然创作型
【所需材料】树叶3片、蒙眼布、长绳、小木棍3～5根、牙膏盒10个、毛毛虫QQ糖35个、计时铃铛、声音地图、铅笔或彩笔
【活动时长】120分钟

活动过程

时长	活动流程内容	场地/材料
20分钟	听声音寻伙伴	林间空地/蒙眼布
30分钟	啄木鸟医生	林间空地/长绳、小木棍3～5根、牙膏盒10个、毛毛虫QQ糖35个、计时铃铛
5分钟	分享	林间空地
15分钟	中场休息	林间空地
40分钟	声音地图	林间空地/声音地图、铅笔或彩笔
10分钟	展示声音地图	林间空地

1. 听声音寻伙伴

召集围圈，念出天神的第一封信（见附件）。

（之后可以通过提问激发兴趣，比如：请问你在大自然中你常常会听到什么

声音？那你们在家里怎么叫自己的爸爸妈妈，爸爸妈妈注意听哦。）

规则：

第一轮：请小朋友躲起来，发出"爸爸"或"妈妈"的叫声，家长蒙眼寻找自己的孩子。

第二轮：亲子约定动物叫声，家长躲起来，小朋友蒙眼寻找。

第三轮：亲子约定好动物叫声，双方都蒙上眼睛，分别带开，互相寻找（如果时间不够或者参与者兴趣不高，可以省略）。

①主辅带分工，一人负责带领参与者躲藏，并提醒发出声音；另一人负责另一对参与者的蒙眼，通过指令指挥蒙眼者转圈、左右转等，扰乱方向感后，再放出去寻找。

②当带领者发出"黑夜降临"的指令时，游戏就开始了。参与者在寻找过程中，经工作人员确认找对了，可以摘下眼罩；不对，就示意继续寻找。

活动结束：提问为什么即使是叫一样的声音，也可以被找到（声音的独特）。

总结：我们知道，在大自然中，青蛙如果不会唱一首好听的情歌，或者如果唱错歌就找不到老婆了，唱歌发出声音来是很重要的事。狮子会用吼叫声宣告这是我的地盘，不准靠近。树上的鸟儿会用歌声跟朋友打招呼。

2. 啄木鸟医生

活动前的准备工作：

（1）请工作人员帮忙绑绳，挂盒。

人员安排：请一个工作人员负责计时铃铛，在一分钟时按铃；工作人员换虫子入盒。

（2）原地朗读天神的第二封信（见附件），然后请参与者带上地垫，移动场地，按袋鼠抱的形式坐好，面向盒子。

活动规则说明：

①在绳索上间隔挂10个长纸盒，其中1个是有虫子的。

②现在我们分成小朋友队和家长队，看看哪个队吃到的虫子更多。小蝌蚪要注意数。

③放糖果虫子时，请家长用手掌蒙眼布帮忙小朋友闭上眼睛，同时自己闭上眼睛。

④第一轮小朋友按顺序一个一个上来，其他观察，不发出声；以此类推，小朋友队体验过后，轮到家长队。

分享：

①怎么听得到盒子里有虫子？和空盒有什么不一样的声音？——专注。

②提问啄木鸟为什么不脑震荡？解说啄木鸟原理，引出仿生学。——对啄木鸟的身体防震结构的研究可用于设计一些防震设施，如安全头盔，新一代太空飞船、汽车和防护衣等。

3. 中场休息

喝水、上厕所，工作人员需要关注场面情况。

4. 声音地图

（1）集合围圈，朗读天神的第三封信（见附件）。

①说明宝物如何打开：展示梅花鹿图片。

梅花鹿有大大的耳朵，所以四周的声音都可以听得一清二楚。我们的耳朵比较小怎么办呢？天神提到的宝物就可以帮助

寻找伙伴

听觉体验

我们耳朵更好地听到更小的声音,这个宝物每个人有,就是两只手,将手指合并,手掌微微弯曲,放在耳朵旁边,改变手掌方向,就可以听到后面的声音了(示范转动耳朵)。

②运用手掌扩音器。闭上眼睛仔细听,给大家一分钟的时间练习。

(2)规则:

①找到一个地方坐下来,安静,闭眼一分钟,用双手启动耳朵,专注聆听周围的声音。

②在地图上记录,写或画下声音,声音来自哪里就写或画下来。

③30分钟后集合(11:15)。

5. 展示声音地图

提问:

你一共听见了几种声音?
什么声音是自然的/人为的?
你可以模仿出来吗?
这些声音带给你什么感受?
你最喜欢哪种声音?为什么?
你最不喜欢哪种声音?为什么?

总结:进入大自然时,通常是先闻其声不见其影,树上的鸟儿在唱歌,可是我们却怎么也找不到它们。耳朵是我们发现和接触自然最重要的器官之一。如果我们一路上嘴巴说个不停,会让耳朵听不到来自自然的天籁声音。

让我们把心平静下来,轻轻闭上眼睛,就可以听到周围奇妙又悦耳的自然美声。

活动评估

评估内容见下表。

环节名称	听声音寻伙伴	啄木鸟医生	声音地图
评估方法	参与者是否能够通过声音寻找到需要寻找的对象	参与者是否能专注地听不同盒子的声音并找到有放QQ糖虫子的盒子	参与者是否能用合适的方法安静下来听周围的声音,并记录在声音地图上
评估结果	三分之二的参与者通过声音能找到自己要找的那个人	三分之二的参与者能区别有放QQ糖和没放QQ糖盒子,并找到有放QQ糖的盒子	三分之二的参与者能认真听周围声音并记录

其他篇

活动风险点

1. 提醒参与者：蒙上眼罩的人双手要一直保持向前伸，保证自己安全，避免撞上什么东西。

2. 在玩的啄木鸟医生游戏过程中，有可能场下的小朋友会坐不住，这时候可以抛问题：刚才我们玩听声音寻找伙伴时，声音很多很吵时，容易找到伙伴吗？那啄木鸟医生在工作时，其他的医生可以大声说话吗？为什么不可以？如果很想讲话怎么办？

附件

天神的第一封信

亲爱的小蝌蚪和青蛙们：

　　首先我要感谢你们，你们很尊重我，知道我喜欢的和不喜欢的，为此，每个人都为自己取了个自然名，懂得守时不迟到，只捡拾不采摘，每次离开时还帮我的后花园清理垃圾呢。真的很谢谢你们。

　　为了感谢你们，我打算邀请你们玩两个跟耳朵有关的游戏，看看你们的耳朵是否灵光，通过考验后就可以去我的后花园听森林音乐会啦。

　　所以，请注意，第一关游戏叫：用耳朵寻找伙伴，不是用眼睛哦。请×××带大家玩这个游戏。

　　加油，爱你们的天神。

天神的第二封信

亲爱的小蝌蚪和青蛙们：

　　因为春季虫子有点多，树木被虫子啃食太重了，啄木鸟医生就一个忙不过来，想招收一些实习医生帮忙找虫子。所以天神的第二关游戏是用耳朵来当啄木鸟医生，如果你的耳朵够灵光，就可以吃到美味的虫子哦。

　　如果你想当啄木鸟医生就请用手指下鼻子，让天神看到。

　　爱你们，并为你们加油的天神。

天神的第三封信

亲爱的小蝌蚪和青蛙们：

　　前面的两个闯关游戏大家都非常努力，大家的耳朵都很敏锐。

　　邀请大家借助自己随身携带的一件宝物进入后花园聆听大自然的音乐，画一张声音的地图。宝物如何开启请问小黑鱼哦。

　　加油，爱你们的天神。

变身蜘蛛侠

赵宇

【活动目标】
1. 了解蜘蛛到底是不是昆虫和如何克服对蜘蛛的恐惧。
2. 了解大自然中的蜘蛛是如何织网的。
3. 了解或观察蜘蛛是怎么做到在蛛网上移动的。
4. 模拟自己变成蜘蛛,模仿在自己编织的细细的蛛丝(扁带)上往来自如。

【受众群体】5~8岁的儿童
【参与人数】9~10组亲子
【活动场地】相对平坦的树林
【活动类型】拓展游戏型
【所需材料】写有文字谜底的纸质猜谜卡片10份(与蜘蛛有直接或间接关系的词语,如黑寡妇、动漫人物等);扁带及收紧器材3套;1.2米左右长,直径1~2厘米的结实木棍数根;直径大于15厘米的树木
【活动时长】45~70分钟

活动过程

时长	活动流程内容	场地/材料
5~10分钟	活动热身——动物爬爬	相对平坦的空地
5~10分钟	动物猜猜猜	纸质猜谜卡片
30~40分钟	变身蜘蛛侠	已经搭建好的扁带组/木棍
5~10分钟	活动分享	相对安静和可以落座的空间

1. 活动热身——动物爬爬

（1）家长和孩子分为两纵队面向导师；跟着导师示范进行模仿。

（2）一位导师四肢着地，前后爬爬，学员模仿。

（3）两位导师面对面蹲下，两人八肢着地，四个上肢交叉排列，统一一个方向横向爬爬，学员模仿；起身后，双臂后背伸直，十指相扣，向背部后上方轻抬，进行简单拉伸和放松。

2. 动物猜猜猜

导师手持任务卡片，反面朝上，每个家庭为小组，进行抽取；所有卡片最终会提示3个结果。①谜底为蜘蛛；②谜底为所属小组；③以小组形式完成变身蜘蛛侠的挑战。

3. 变身蜘蛛侠

（1）根据分组，站到属于本组的挑战扁带区域。

（2）导师演示扁带比赛操作要领：①稳坐在蛛丝（扁带）上；②能够站到蛛丝（扁带）上；③通过家长手持木棍的协助，从蛛丝（扁带）一端走向另外一端。

（3）比赛规则：①不能完全依靠家长和木棍的支撑；②不能掉落地面；③小组走完全程算胜利；④可以多次尝试，小组商定好后，统一开始挑战。

4. 活动分享

（1）做一只蜘蛛感觉如何。

（2）是不是还很恐惧蜘蛛。

动物猜猜猜

（3）如果想像蜘蛛一样灵活和健硕，平日应该注意什么。

活动评估

1. 参与活动的儿童对于猜谜环节的知识认知水平是否能够达到活动本身需要的要求：

（1）5~8岁儿童对于基本词汇理解及语言引导有良好的联想及创造能力，可以完成相对直接和简单的词汇串联，实现谜题解答。

（2）5~8岁儿童拥有短时、不完全的注意力特征，因此需要动静结合及肢体模仿等动作的引导和吸引，可以提升活动的专注度及乐趣。

2. 可以了解儿童在不同年龄段的大肌肉运动能力及综合体能：

（1）5~8岁儿童肢体肌肉、骨骼处于快速增长期，在这个时期需要进行丰富的运动，以提升骨骼稳定性和肌肉力量的练习。

（2）5~8岁儿童依然处于精细动作训练期，通过平衡训练，可以提升其足部对于精细挑战的稳定性和感知力。

3. 儿童的风险意识建立及专注度的训练：

（1）通过不稳定的搭建系统活动挑战，可以培养儿童对于当下环境的关注度和对于风险的判别锻炼。

（2）在户外环境参与富有挑战的活动项目，可以增加儿童敏锐的反应能力以及对于周边环境的感知度，也可以提升其专注度。

（3）在富有挑战的活动项目，且同时存在团队合作内容时，更容易培养儿童对于团队意识的概念和凝聚力。

活动风险点

1. 离开地面在软质搭建物上活动的坠落风险，需要做好地面清理及周边隐性保护（如家长利用木棍做出的间接支撑和稳定性协助）。

2. 地面上的植被碎屑可能造成的异物划伤。

3. 天气突然变化的影响，如大风、降雨等。

4. 儿童对于参与活动项目本身的迫切感造成的秩序混乱和矛盾。

感知自然

马新玲

【活动目标】运用多种感官去感知大自然中优美的景象,锻炼来访者听觉、触觉及嗅觉的灵敏性。
【受众群体】4~12岁的儿童
【参与人数】10~24人
【活动场地】不冷、干燥、安静的环境
【活动类型】五感体验型
【所需材料】磁带《大自然的声音》(鸟声、水流声、瀑布声、雷雨声、风声)及眼罩
【活动时长】45分钟

活动过程

时长	活动流程内容	材料
5分钟	来访者围成一个圆圈,播放音乐《大自然的声音》让他们说出听到的声音。	磁带
10分钟	蒙上眼睛牵着来访者的手带他们到小步道、草地、石子路上走一走,让他们用脚体验不同的道路(10人以上分两组)。 带他们有意识地去闻闻花香,让他们猜猜是什么花?	眼罩
10分钟	引导来访者到一棵小树旁,请他们抱一抱,是大树还是小树?摸一摸树皮,有什么感觉?知道是什么树吗?	
10分钟	引导来访者躺在草地上,用耳朵听一听小草有什么声音?让他们静静地听周围的声音,你听到了什么?	
10分钟	整个过程结束后,睁眼仔细观察,验证自己刚才的各种感觉,根据不同的来访者提出不同的问题,大家互相交流活动中的发现。 通过活动锻炼来访者的听觉、触觉及嗅觉的灵敏性,让他们用各种感官去体验大自然中丰富多样的景象。	

活动评估

1. 通过活动让来访者学习了解各种自然现象。
2. 通过活动让来访者用各种感官去体验森林。

活动风险点

1. 活动场地的选择（开展活动的场地要干净，避免玻璃碎片）。
2. 森林里小动物（避免蜜蜂、蚊虫叮咬；提前做好防护措施，保证活动的顺利开展）。

赤脚体验不同的道路

体验者躺在草地上，静静地听周围的声音

袋鼠跳跳跳

张丽莉

【活动目标】让参与者以身体力行的方式体验袋鼠的行动力。
【受众群体】儿童、中小学生
【参与人数】20人左右，活动引导者1人，活动协助员1人
【活动场地】较为平坦的草地和林地
【活动类型】解说学习型、拓展游戏型
【所需材料】大型麻布袋子4个、篮子4个、一些细树枝（数量是参与人数的2.3倍）
【活动时长】50分钟

活动过程

时长	活动流程内容	材料
5分钟	分组	
10分钟	讲述活动规则	篮子、细树枝、布袋
20分钟	活动实施	
15分钟	活动的反馈	卡片

1. 分组

让参与者根据喊1、2、3、4，1、2、3、4的口号，把大家分成4组，相同口号的人员一组。

2. 讲述活动规则

提前的准备工作，用树枝标记出起跑点和终点的线，两线距离5米。在终点的位置放置一个篮子，里面放置一些细嫩的小树枝（每个小组在起跑线处排成一列）。

（1）排头的第一个人双脚放在麻布袋里，双手拉着口袋的收口处，让布袋紧贴在袋鼠的身上，不要让它掉下去。

（2）袋鼠从起跑线处一路跳到终点处，从终点处篮子里抽出一张卡片，根据卡片问题回答。回答正确时，工作人员会给袋鼠一根细树枝；回答错误则得不到。袋鼠带着得到的树枝回到起跑线处，在那

儿把布袋传给下一个袋鼠。

（3）比赛结束后计算一下每个组所得到的细树枝，决定哪一个组是优胜组。

3. 活动的反馈

把所有的人聚到一起，把所有的问题卡片拿到一起，再根据卡片中的问题来巩固和扩展有关袋鼠的一些知识。

活动评估

1. 了解袋鼠的一些信息：

袋鼠是食草动物，吃多种植物，有的还吃真菌类。它们大多在夜间活动，但也有些在清晨或傍晚活动。所有袋鼠，不管体积多大，都有一个共同点：长着长脚的后腿强健。袋鼠以跳代跑，最高可跳到4米，最远可跳至13米，可以说是跳得最高、最远的哺乳动物。大多数袋鼠在地面生活，从它们强健的后腿跳跃的方式很容易便能将其与其他动物区分开来。袋鼠在跳跃过程中用尾巴进行平衡，当它们缓慢走动时，尾巴则可作为第五条腿。袋鼠的尾巴又粗又长，长满肌肉。它既能在袋鼠休息时支撑袋鼠的身体，又能在袋鼠跳跃时帮助袋鼠跳得更快、更远。所有雌性袋鼠都长有前开的育儿袋，但雄性没有，育儿袋里有四个乳头。"幼崽"或小袋鼠就在育儿袋里被抚养长大，直到它们能在外部世界生存。袋鼠属夜间生活的动物，通常在太阳下山后几个小时才出来寻食，而在太阳出来后不久就回巢。袋鼠通常生活在野地，也有可能被人饲养。而或行驶在道路上时，忽然会有野生袋鼠跳出来，所以在澳大利亚开车的人要小心。袋鼠通常以群居为主，有时可多达上百只。但也有些较少品种的袋鼠会单独生活。袋鼠每年生殖1～2次，小袋鼠在受精30～40天出生，非常微小，无视力，少毛，生下后立即存放在袋鼠妈妈的保育袋内。直到6～7个月才开始短时间地离开保育袋学习生活。一年后才能正式断奶，离开保育袋，但仍活动在妈妈袋鼠附近，随时获取帮助和保护。袋鼠妈妈可同时拥有一只在袋外的小袋鼠，一只在袋内的小袋鼠和一只待产的小袋鼠。

袋鼠通常作为澳大利亚国家的标识，澳大利亚的国徽上左边的是袋鼠，右边的是鸸鹋。澳大利亚之所以让袋鼠作为国徽上的动物之一，还有一个原因，就是它永远只会往前跳，永远不会后退。希望人们能有像袋鼠一样，拥有永不退缩的精神。

2. 袋鼠的经济价值和医用价值：

①经济价值：袋鼠皮具有独特的纤维结构，是制革的优良原料。

②医用价值：1984年，两位美国医生从袋鼠的育儿方法得到启示，发明了一种养育人的早产婴儿的新方法。早产婴儿的生活力很差，过去都是放在医院的暖箱里养育的。没有暖箱，早产婴儿很容易死亡。这两位医生挂一个人工制造的育儿袋，婴儿放在育儿袋里，又温暖，又能及时吃到妈妈的奶。而且，婴儿贴着妈妈的身体，听着妈妈的心跳，生活力可以大大提高。

活动风险点

1. 在参与活动之前，提前告知他们穿平底或户外运动鞋，以免跳动时受伤。

2. 活动场地尽量选择平整或坡度较小的草地，避免摔倒时受伤。

3. 回答问题出错时，注意参与者情绪的安抚。

听诊树木

杨霞

【活动目标】锻炼目标群体专注的能力、倾听树中的昆虫和动物，认识并了解树的生态特征及病虫害知识。
【受众群体】6岁以上人群
【参与人数】5~30人
【活动场地】室外（森林或有树木的地方）
【活动类型】五感体验型
【所需材料】听诊器
【活动时长】35分钟

活动过程

时长	活动流程内容	场地/材料
5分钟	选择一片森林或有树木的地方，寻找一棵有天牛或有蚂蚁、啄木鸟的树	室外（森林或有树木的地方）/听诊器
20分钟	①参与者用听诊器倾听天牛在树皮下是如何爬行和工作的；②参与者用听诊器在一棵腐烂的树中倾听蚂蚁是如何爬行的；③参与者在一棵住有啄木鸟的树上，用听诊器倾听啄木鸟幼鸟是如何发出叫声的 活动拓展：可以在春天让参与者倾听树干运送水分的声音	
10分钟	反馈活动：活动结束后，进行反馈。来访群体谈自己对体验活动的感受、提出问题，有不同的想法和意见时团队成员之间进行讨论（根据不同年龄层次、知识结构的群体，设计不同的问题，进行引导）	

听诊树木

活动评估

1. 通过活动锻炼来访群体专注的能力。

2. 通过活动让来访群体深入了解树木的内部结构、生物特征、习性、病虫害等。

活动风险点

1. 避免在有噪音和吵闹的地方做这个活动。

2. 树木的选择影响活动的开展（找不到有虫子的树林或有蚂蚁、啄木鸟的树木会影响活动的顺利开展）。

3. 意外情况（环境、天气、群体或引导人员身体状况）。

4. 除了春季外，其他季节听不到树干运送水分的声音。

其他篇

雨滴游戏

杨霞

【活动目标】参与者用石头模仿下雨的响声，亲身体验下雨的过程，了解水循环；让团队放松，引入介绍水的主题。
【受众群体】4岁以上的人群（儿童、亲子、大中小学生、成年人、残障人群、亚健康人群、老人）
【参与人数】5～30人（最佳人数为20人）
【活动场地】开阔、安静的地方（室内外均可）
【活动类型】解说学习型、拓展游戏型
【所需材料】每人2块石头（手可以握住）
【活动时长】30～40分钟

活动过程

时长	活动流程内容	场地/材料
10分钟	每个参与者找到两块石头，让参与者围成一圈坐下，手里拿着石头	开阔、安静的地方 / 石头
5分钟	让参与者闭上眼睛，保持安静，然后引导活动的人摸一下第一个参与者的肩膀，让其开始敲击石头，听到第一个"雨点"声音的时候，就宣布"雨来了"	
5分钟	随机摸一下其他参与者，让其也发出敲击石头的声音，这样，一个接一个地，直到听到大雨来临的声音，并保持适当的时间	
5分钟	引导者第二次摸到第一个参与者的肩膀时，则该参与者停止敲击，这样一个接一个地停止敲击，表示雨变得越来越小，直到雨停	
5～10分钟	反馈活动：活动结束后，来访群体谈自己对体验活动的感受、提出问题，有不同的想法和意见时团队成员之间进行讨论（根据不同年龄层次、知识结构的群体，设计不同的问题，进行引导） 活动变化方案：根据参与者的活跃程度，活动的节奏可以不同，下雨的时间长短也是有灵活性的。当参与者敲击石头的时候，就可以用自己的话向他们解释雨是怎么开始和怎样停止的	

背景知识

1. 水的意义和水的特征：

地球是太阳系唯一有液态水的行星。没有水，我们的天体在白天变得炽热，夜晚结冰。那样我们会有22倍的表面温度，60倍高的气压，3000倍数量的二氧化碳，但没有氧气的痕迹。

2个氢原子和1个氧原子结合在一起就成了水分子。水与其他物质不同，不是固态，只有在4摄氏度时它的密度最大。因此，水中有漂浮的冰块。如果不是这样，湖泊和河流的下面就会结冰，冬天水下就不可能有生物生存。

2. 水就是生命：

一位年轻人的身体大约由近70%的水组成；即使在年龄大些的时候，我们身体也至少一半是水。在发生自然灾难的时候，14天没有食物，人可以存活，但缺水36小时，人就会渴死。

3. 全球水资源：

地球表面的71%，即将近14亿立方千米由水组成。其中有97.4%以上的水都是海洋中的咸水，只有2.6%的水是淡水。而淡水中又只有0.3%的水是可用的饮用水。

4. 水如何循环：

水可以以雨、雾、露的形式形成降水，也可以以雪、冰雹、雨夹雪等固体形式降落地面。大多数的降水落在溪流、河流、湖泊和海洋中，一部分降水渗入地面，穿透丰富的矿物岩石层，直到遇到地下水的储藏体，然后汇集并以泉水水源露出地面，或在此之前很大程度上就已通过喷泉把水喷到地球表面上。

活动风险点

1. 如果在找不到石头的地方开展活动，会影响活动的趣味性和互动性。

2. 要避免环境嘈杂的地方，以免打扰专注力。

3. 对于小学生，为了避免彼此的打闹，要强调一人只能捡拾两块石头。

4. 为了增加活动的趣味性，不可提前讲出主题和活动流程。

渡河游戏

杨霞

【活动目标】让人们了解鳄鱼的习性,以及动物与人类之间的关系;了解人类活动与气候变化之间的关系;践行绿色生活方式,为遏制全球变暖现状做出自己的贡献。

【受众群体】小学四年级以上的学生
【参与人数】10~30人
【活动场地】室内外不限
【活动类型】拓展游戏型
【所需材料】废旧纸板或废旧报纸
【活动时长】约45分钟

活动过程

时长	活动流程内容	场地/材料
2~5分钟	选择一定路段(室外最好是草地),10米或20米,根据参与者年龄段和人数多少决定距离的大小	不限(需要在活动前踏查)
5分钟	向大家介绍故事背景:一个科学考察队来到南极(可以根据需要任意命名地点)进行科考活动,由于全球气候变暖的原因,一些冰川开始融化,导致科考队要经过的一条河流暴涨,河流湍急,而科考队员们仅有一些有限的木板,大家要靠这些有限的木板渡过河流到达对岸,在这个工程中,河中的鳄鱼也是伺机攻击,一不小心就会叼走木板,破坏木桥	不限/无(需要在活动前准备故事作为活动背景)
5分钟	选出团队中的1~2个人来扮演"鳄鱼"(请先问问有谁自愿来扮演鳄鱼的角色,如果没有志愿者,可根据团队具体情况来决定)。其他的人员为"科考队队员",为他们提供废旧纸板或报纸作为渡河用的"木板",所提供的"木板"数量应该与所要渡过的"河流"宽度刚好	选好的路段/废旧纸板或报纸
10分钟	"科考队"所有的人要借助有限的"木板"渡河到对岸去,每个"木板"上至少要有一只脚,最多两只脚,如果没有脚在"木板"上,扮演鳄鱼的人就可以拿走木板	同上
10~20分钟	大家共同合作渡过河去	同上
5分钟	反馈:谈体验活动的感受和所得	

活动评估

1. 反馈活动：提问、讨论、思考内容，可根据参与者年龄和知识层次水平的不同选择以下内容。

说说大家对鳄鱼的了解，鳄鱼的习性）。

谈谈鳄鱼与人类之间的关系，如鳄鱼皮手套、包等；

动物和人类之间的关系，以及人类怎样做才能保护动物；

全球气候变暖的原因是什么；

气候变暖对人类的影响有哪些；

我们应该怎样做才能改变气候变暖的现状。

2. 总结归纳：

（1）通过认知鳄鱼习性的基础知识联系到动物与人类的关系，从感知到联想、思考、探究、提出问题、得出答案，参与者通过这个活动可以获得新的认识。

（2）通过渡河这样一项运动游戏，每位参与者都会在团队中得到一个表演的机会，在平等的氛围中体现了每个人的价值，促进了个人与他人协作解决问题的能力。

（3）活动的失败，让参与者能够吸取经验和教训，顾及别人的长处和弱点，提高团队意识；活动的成功，让参与者感受到了团结的力量。

活动风险点

1. 团队"渡河"不成功。

解决方案：可以让大家总结失败的原因，再重新试一次。

2. 场地选择有限，地面太滑。

解决方案：适当缩短距离，或者延长时间，保持渡河难度。

3. 团队队员互相不认识，沟通不好，参与度不高。

解决方案：调整活动计划，可以把此活动作为结束活动，总结半天或一天的活动内容。

渡河

其他篇

奇妙的锯木游戏

王吉焕

【活动目标】通过锯木游戏让人们了解木材的不同特性。
【受众群体】8岁以上人群
【参与人数】不超过30人
【活动场地】不限
【活动类型】解说学习型、场地实践型
【所需材料】锯木架、不同树种的干燥的圆木、手锯、手套、秤
【活动时长】60分钟

活动过程

时长	活动流程内容	场地/材料
5分钟	向团队做示范，先锯下一块木块，称其重量并标明重量	宽阔林地内
30分钟	让成员用手掂量木块的重量，轮流做完，让每个成员锯下一块大致相同重量的木块，标明重量，并在木块的另一面写上自己的名字	手套、手锯
20分钟	等到所有的成员轮流锯下木材后，做一做比较，看谁锯下的木材最接近示范木块的重量	秤
5分钟	将自己锯下的木头闻一闻味道，比较不同树种的质量与气味，观察年轮，活动最后可以把它作为森林纪念品带走	

知识点

1. 木材的年轮知识：树木在一年内生长所产生的一个层，它出现在横断面上好像一个轮，围绕着不同年产生的不同样的轮，根据轮纹，可推测树木的年龄，故称年轮。

2. 树木的主体结构：由根、树干、树枝、树叶组成。

3. 木材的利用是各式各样的，也就是可持续利用，如床、木炭、铁路枕木、课桌、房子等。

4. 树木吸收二氧化碳，释放氧气，美化环境。

活动评估

1. 通过观察年轮，了解木材的年龄和结构。
2. 通过锯木对于树木的主体构造有了直观的感知。
3. 通过锯木活动可延伸木材的用途等知识点。
4. 通过锯木活动可以向人们介绍树木的用途和保护树木的意义。

活动风险点

在体验过程中必须要服从引导员的要求，按步骤开始，安全第一。

成年人体验锯木

游戏——解手链

马新玲

【活动目标】让来访者体会聆听在沟通中的重要性，体现团队合作的精神。
【受众群体】10岁以上人群
【参与人数】20人
【活动场地】空旷的场地
【活动类型】拓展游戏型
【所需材料】无
【活动时长】40分钟

活动过程

时长	活动流程内容
5分钟	引导员让来访者站成一个向心圆（10人以上分两组）。
5分钟	每一组成员先举起你的右手，去握住与你不相邻的人的右手；再举起你的左手，握住另外一个与你不相邻的人的手；现在面对一个错综复杂的问题，在不松开手的情况下，想办法把这张解手链网打开。
5分钟	告诉大家一定能打开，但结果有两种，一种是一个大圈，另一种是两个套着的环。
5分钟	在活动过程中实在解不开，引导员允许来访者打开相邻的两只手断开一次，但再次进行时必须马上封闭。
20分钟	在活动结束后，提问题展开讨论。 你在活动开始时的感觉怎么样？是否思路很乱？ 当解开了一点后，你的想法是否发生了变化？ 最后问题得到了解决，你是不是很开心？ 在这个过程中，你学到了什么？ 联系"食物链"展开下一轮讨论。

活动评估

1. 通过活动让来访者了解有关"食物链"的知识。
2. 通过活动让来访者体会到团队之间相互协作的重要性。

活动风险点

1. 活动在第一次实施不成功时，可以适当调整规则完成活动。
2. 户外活动，场地的选择和安全很重要。

你的花园环保吗
——腐质沃土制作

北京市黄垡苗圃

【活动目标】
1. 了解园林废弃物的内涵及北京园林废弃物的数量。
2. 了解园林废弃物的处置方法及进行腐质沃土的意义。
3. 通过堆肥实验,体验腐质沃土的制作过程。
4. 通过土壤检测对比实验,了解腐质沃土的土壤性质,加深对腐质沃土的理解。
5. 在实践过程中,培养学生耐心细致、善于观察、勇于克服困难等意志品质,提高学生发现问题、提出问题、解决问题的能力,并增强学生的环保意识。

【受众群体】4~6年级的小学生

【参与人数】每组10~20人

【活动场地】室内

【活动类型】解说学习型、场地实践型

【所需材料】PPT、园林废弃物、鸡粪、自来水、微生物菌剂、铁锹、腐质沃土、土壤水分传感器、土壤pH传感器、土壤氮磷钾传感器、学习任务单、小组学习记录单、实验记录表

【人员配备】自然讲解员1人,辅助工作人员4人,安全负责人1人

【活动时长】50~90分钟

活动过程

时间	教学环节	教师活动	学生活动
45分钟	知识讲座	了解园林绿化废弃物及处理方式	
20分钟	实验一	腐质沃土制作	分组;根据老师讲解指导,动手试验
15分钟	实验二	腐质沃土土壤性质	分组;根据老师讲解演示,动手试验
8分钟	交流讨论	对比讨论两种土壤的差异,总结腐质沃土相较于常规土壤的优缺点	通过交流讨论,得出结论
2分钟	总结回顾	总结本节课学习到的内容,适当提问,巩固认知	互动回答问题

一、课前准备阶段

1. 教师准备

（1）制作PPT课件。

（2）材料及工具（每组）：

①实验一：剪碎的园林废弃物材料10千克；鸡粪0.5千克；自来水1千克；微生物菌剂0.1千克；铁锹2把。

②实验二：腐熟好的腐质沃土，装入20厘米×20厘米×20厘米的容器中，装满；常规土壤，装入20厘米×20厘米×20厘米的容器中，装满；土壤水分传感器；土壤pH传感器；土壤氮磷钾传感器。

（3）学生分组：10~20人为一学习小组，共用一组材料及工具。

（4）制作表格。

2. 学生准备

笔记本、笔以及通过多种途径收集、整理关于园林废弃物、腐质沃土等的相关知识。

二、课上实施阶段

1. 知识讲座

春暖花开，大家都喜欢逛美丽的公园，去欣赏满树繁花，但是，大家有没有观察过，这些花草树木也会产生需要人清理掉的"垃圾"？比如秋天美丽的落叶。因此，每到秋天，我们在大街上经常能看到这样的情景：清扫树叶。这些枯枝落叶，我们就叫作"园林废弃物"。但是园林废弃物不只包括枯枝落叶，还有什么呢？落花、种子和果实，甚至是树皮，植物自然凋落的还有这些东西。此外，还有些人工造成的，比如人工进行树枝修剪所产生的各种树枝、草坪的修剪产生草等，这些都属于园林废弃物。

这些废弃物，有多少呢？据统计，2012年，北京市园林绿化废弃物总量约为569万吨，这是个什么概念呢？就是如果把它们用2.5吨的卡车一个接一个首尾相连，它们的长度能绕北京五环路（全长99千米）95圈。这么多垃圾，我们拿它们怎么办呢？怎么处理它们呢？

最简单粗暴，也是最常用的方法就是填埋，找个大点的地方，挖个大坑，给它们埋在地里面。但是，这会带来一个明显的问题，猜一猜是什么？

没那么多的地方。北京就这么大的地方，垃圾每年都在增多，填埋场总会装不下，那怎么办呢？怎么让垃圾不见呢？

对了，给它烧掉，一把火过去，绝大多数垃圾就都消失在了火里。还能怎么办呢？我们可以换一个思维，不去消灭它们，而是改变它们，让它们不再是垃圾，让它们变成有用的东西，变废为宝，重新利用，可不可以呢？

同学们可以看看，有没有看过这种东西（地表红色的东西），还有五颜六色的，还有经常能见到被放在树下围着树放的。这些是什么呢？这个就是用树皮、木片这些废弃物做成的植物覆盖物，用来覆盖地表。

或者，把它们和其他的物质一起用加工工艺复合成特殊的新型材料：木塑，可以用来当作建筑材料，制作木栈道、亭子等。这样可以节约木头，减少树木的砍伐。

还可以用它们当"土壤"，种植人们常吃的蘑菇。

此外，它们可以变成能源，如乙醇。大家知道工业上怎样通过植物产生乙醇吗？就像酿酒一样，我们常用一些粮食，如玉米，经过发酵等一系列程序，变成乙醇。而园林废弃物同样也可以加工变成这种生物质能源。

还能不能干别的呢？如果在自然界中，这些枯枝落叶最后会变成什么呢？同学们都学过一首诗"落红不是无情物，化作春泥更护花"，说明了自然界中，这些落花落叶还能够当肥料。那枯枝落叶怎样变成肥料的呢？这就需要一类时时刻刻伴随着我们的小生命——微生物。土壤中生活的微生物会将这些枯枝落叶分解掉，最后变成能被植物吸收的矿物营养，这些营养就是植物的天然肥料，让植物能够健康生长。

而在我们城市可不可以呢？当然也可以，我们通过利用它们在自然界的土壤中变成肥料的原理，在人工条件下，利用微生物，将它们变成有机肥料或土壤改良剂，这个过程就叫作堆肥。

那今天，老师就将带领同学们学习怎样将这些园林废弃物变废为宝，变成有丰富肥料的腐质沃土。

首先，我们认识一下需要的原材料：园林废弃物。在将它堆肥之前，我们一般会将它们分类、粉碎，这样能让它们更快速地被微生物吃掉。

之后，我们要再加入一点添加物，腐殖酸或动物粪便，这是为了让微生物能够活得更好。我们还要调节它们的水分和酸碱性，同样也是为了让微生物活得更好。最后，加入微生物。

前期工作做完，微生物就能快乐地生长，分解这些废弃物，最后，把废弃物变成均一、像土一样的腐殖质，就是我们的腐质沃土了。

2. 实验一：腐质沃土制作

下面，我们就将开始做变废为宝的实验，首先，请所有同学们听老师指令，以××人为一组，分组站好，选出组长。

带领每组学生找到合适的堆肥场地，在场地周围站好，老师介绍实验材料及使用方法；介绍完毕，组长分配任务，在老师指令下一步一步进行，进行每个实验步骤时详细说明，并提醒学生记录。

（1）实验步骤：

①选择合适的堆肥点，取10千克园林废弃物材料堆放好。

②加入称量好的鸡粪0.5千克，并与园林废弃物混匀，这是因为园林废弃物毕竟是植物的一部分，里面碳（糖）太多，而氮太少，会影响微生物生长，因此我们加入来自动物的粪便，提高氮含量，让微生物能够比较舒适的生长。

③调节水分：加入准备好的自来水1千克，并与混合物充分混匀。此时，堆肥的含水量为50%～60%，比较适合微生物的生长。

④添加微生物菌剂0.1千克，并与混合物混匀，它们就是将这些园林废弃物变成沃土的"工人"。这些都做好了，我们的前期堆肥也就结束了，微生物会在这里安居乐业，帮我们完成接下来的任务，变成腐质沃土，那么，腐质沃土什么样子？它和我们常见的普通土壤有什么不同呢？接下来，我们一起探究一下。

（教师可以观察学生操作的问题，及时给予指导，并注意工具使用安全。）

（2）注意事项：

①工具使用安全；实验前强调纪律及安全。使用铁锹进行搅拌时，注意使用者间的距离、使用者和其他学生的距离。

②加入物料时，使用者停止搅拌，防止误伤。

③加入各物质后，搅拌要充分均匀。

3. 实验二：腐质沃土土壤性质

老师首先介绍需要测量的指标、测量工具及其使用方法。之后，让学生分组，组长分配任务，在老师的指令下一步一步进行，进行每个实验步骤时详细说明，并提醒学生记录。

（1）实验步骤：

①分别取等量腐质沃土、园区常规土壤（20厘米深，罐装），插入土壤水分传感器，分别读取两种土壤水分。重复三次，计算平均值。

②插入土壤pH传感器，分别读取两种土壤pH值。重复三次，计算平均值。

③插入土壤氮磷钾传感器，读取两种土壤速效氮、速效磷、速效钾含量。重复三次，计算平均值。

（教师可以观察学生操作的问题，及时给予指导，并注意工具使用安全。）

（2）注意事项：

①器材使用安全，传感器前端尖锐，注意提醒学生不要误伤他人。

②测定时，传感器插入不同土壤中的深度应一致，才有对比性。

③可以采取：优先实验一没有动手操作的学生先进行测定；每个学生测定每个指标的一次重复；一名同学测定时另一名同学记录等方式，让所有学生都参与到试验中。

4. 交流讨论

（1）交流实验过程中出现的或发现的问题。

（2）各组间交流讨论实验二所测得的数据。

（3）根据测得数据，在老师的引导下，对比讨论两种土壤的差异，总结腐质沃土相较于常规土壤的优缺点。

5. 总结回顾

总结本节课学习到的内容，适当提问，巩固认知。

活动评估

活动评估内容见附件1。

课程简介

1. 课程内容简介：课程分为室内PPT讲解及实验操作两大部分。通过PPT讲解，让学生认识园林废弃物，了解目前园林废弃物的产量和处置方式及严峻的现状，理解园林废弃物进行腐质沃土制作的意义及初步认识如何制作。在理论学习的基础上，开展腐质沃土制作实验，让学生体验腐质沃土的制作过程。另外，通过土壤检测对比实验，了解腐质沃土的土壤性质，加深对腐质沃土的理解。让学生通过该课程的学习，在充分理解腐质沃土的基础上，提高学生动手实验的能力，并提高学生的环保意识。

2. 课程实施简介：本课程设计用时为50~90分钟（1~2节课），可根据课程购买方要求，灵活调整课程时间及内容。

（1）90分钟（2节课）课程为本课程方案全部讲解内容，中途建议在室内讲解结束后让学生去一趟卫生间。

（2）50分钟（1节课）课程：可对PPT部分进行删减，只保留"气园林废弃物概念和数量"及"腐质沃土制作"部分，用时约10分钟。对实验部分，实验一腐质沃土制作实验，老师提前选好堆肥点，提前堆放好园林废弃物，将总用时压缩至15分钟；实验二土壤检测实验（15分钟）、交流讨论（8分钟）、回顾总结（2分钟）用时不变。

附件

附件1　活动评估表

知识讲座	1. 老师讲解的内容是否太简单或太难？ □太简单　　□挺合适　　□太难 2. 老师讲解的内容是否听懂呢？ □都能听懂　□有一小部分没听懂　□大部分没听懂 3. 老师讲解的内容有趣吗？ □很无聊　　□一般般　　□很有趣
腐质沃土制作	1. 实验各个步骤是否都懂？ □不懂　　　□有一点不懂　　□都明白 2. 搅拌混匀时是否困难？ □轻松完成　□有点吃力　　　□太难了 3. 现在，脑袋里还记得都加了什么东西吗？ □都记得　　□记住了一半　　□都忘了
土壤检测实验	1. 实验各个步骤是否都懂？ □不懂　　　□有一点不懂　　□都明白 2. 仪器操作是否困难？ □一点也不困难　□有点难度，但能做到　□太难了 3. 实验对比分析部分能理解吗？ □不懂　　　□有一点不懂　　□都明白

附件2　学生任务单

亲爱的同学：

　　在本次课程的学习中，你一定学习到了很多知识，掌握了很多实验方法，请你结合你已有的学习经验和今天的学习，认真阅读并完成以下问题，相信你一定会有更大的收获！

1. 我知道进行腐质沃土制作的原材料是 _____ ，它都包括植物的 _____
_____ 这些部分。

2. 我已经掌握了腐质沃土制作技术，它的方法和步骤是（可画图表示）：

| |
| |
| |
| |

3. 我认为，腐质沃土制作的过程中，最重要的是 _____ ，因为 _____
_____

4. 我认为，腐质沃土和常规土壤相比， _____ 要更好一些，因为，我对它们的
_____ 、 _____ 、 _____ 、 _____ 、 _____ 指标进行了检测。

5. 学习完腐质沃土制作后，我想说：

附件3 实验记录表（一）腐质沃土制作

日期：
小组成员：

实验名称	腐质沃土制作		
实验目的			
实验材料			
实验步骤	步骤	操作	注意事项

附件4 实验记录表（二）土壤检测实验

日期：
小组成员：

实验名称		土壤检测实验		
实验材料				
实验步骤		步骤	操作	注意事项
实验结果		腐质沃土	常规土壤	备注
	水分	第一次：	第一次：	
		第二次：	第二次：	
		第三次：	第三次：	
		平均值：	平均值：	

（续）

实验结果	pH	第一次：	第一次：	
		第二次：	第二次：	
		第三次：	第三次：	
		平均值：	平均值：	
	速效氮	第一次：	第一次：	
		第二次：	第二次：	
		第三次：	第三次：	
		平均值：	平均值：	
	速效磷	第一次：	第一次：	
		第二次：	第二次：	
		第三次：	第三次：	
		平均值：	平均值：	
	速效钾	第一次：	第一次：	
		第二次：	第二次：	
		第三次：	第三次：	
		平均值：	平均值：	
实验结论				

你的花园节水吗
——节水灌溉技术利用

北京市黄垡苗圃

【活动目标】
1. 了解植物为什么需要水，水对植物生长的作用。
2. 了解世界、全国降水，理解降水对植物群落的影响。
3. 了解不同灌溉方法的耗水量，理解园林节水灌溉的意义。
4. 通过实验验证漫灌和滴管对水的利用效率，并实地观察节水灌溉措施。
5. 在实践过程中，培养学生耐心细致、善于观察、勇于克服困难等意志品质，提高学生发现问题、提出问题、解决问题的能力。

【受众群体】4~6年级的小学生
【参与人数】30~50人
【活动场地】北京市黄垡苗圃
【活动类型】解说学习型、场地实践型
【所需材料】PPT、模拟土壤、模拟植物、模拟漫灌及喷灌工具、记号笔、口径大且能容纳5升水的容器、矿泉水瓶、注射器
【人员配备】自然讲解员1人，安全负责人1人
【活动时长】50~90分钟

活动过程

时长	活动流程内容	场地/材料	学生活动
45分钟	室内讲座	室内/PPT	积极思考
8分钟	实验部分		分组，根据老师讲解演示，动手试验
20分钟	分组实践	模拟土壤、模拟植物、模拟漫灌及喷灌工具、记号笔、口径大且能容纳5升水的容器、矿泉水瓶、注射器	以小组为单位开展实验
5分钟	交流讨论		完善记录表，讨论实验结论

其他篇

（续）

时长	活动流程内容	场地/材料	学生活动
10分钟	参观学习	苗圃	跟随老师进行参观，听老师讲解不同技术
2分钟	总结回顾		互动回答问题

一、课前准备阶段

1. 教师准备

（1）制作PPT课件。

（2）材料及工具（每组）：

①模拟土壤：长宽高分别为0.9米×0.15米×0.3米透明玻璃缸，装入干沙土（含水量低于5%），使缸中沙土高度约25厘米；准备2个玻璃缸。

②模拟植物：塑料植物5株。

③模拟漫灌及喷灌工具：1.5升矿泉水水瓶（或软水管）1个、100毫升无针头注射器5个。

④其他：记号笔、口径大且能容纳5升水的容器（如大量杯、水桶等）。

（3）学生分组：5人或10人为一学习小组，共用一组材料及工具。

（4）制作表格：学习任务单、小组学习记录单、实验记录表。

2. 学生准备

笔记本、笔以及通过多种途径收集、整理关于节水灌溉的相关知识。

二、课上实施阶段

1. 室内讲座

同学们家里养过花花草草吗？养过的同学们谁能告诉老师每天或每几天要怎样照顾它们？

如果有一段时间，忘记给它们浇水，它们会怎样？枯萎、死亡。

自然界中也是一样，水分充足，植物可以生长得很好，如果缺水，土壤会干裂，植物会枯萎死亡。

那么，植物为什么需要水呢？它喝的水都到哪里去了呢？

首先，植物身体里需要水。大家知道我们人身体里有多少水吗？答案是50%~70%，那猜一猜植物身体里有多少水？答案是60%~80%，有的甚至能达到90%。

除了植物身体里需要水，其实植物还有一个重要的反应也需要水，就是我们都知道的光合作用。谁听过这个词？能告诉老师光合作用是怎么回事吗？

光合作用是植物为自己制造食物的过程，植物不像动物可以吃其他的动植物长大，它们要想独立生活，需要自己产生食物，光合作用就是它们利用太阳光、空气中的二氧化碳和水制造糖并释放氧气的过程。如果没有水，植物不能够制造糖，也就不能生活。如果植物不能生活会怎样呢？动物能不能生活？人能不能生活？对了，都不能。

虽然水对植物制造吃的这么重要，但是其实，植物辛辛苦苦吸收到身体里的水，绝大部分都没被植物变成吃的，而是重新回到了空中。

植物通过根吸收的大部分的水会在植

物身体里从下往上，沿着茎到了叶片里，然后在叶片上，有一个叫作"气孔"的小孔，连着植物叶片内和外面的空气，水就从这里去了空气中。这个过程就是蒸腾作用。大家猜一猜，植物辛苦吸收的水有多少这样没被利用进入大气中？

大约99%。

水对植物生存十分重要，那植物"喝"的水怎么来的呢？其实在自然界中，水就在我们身边，而且千变万化，在"蒸发—凝结—降水—蒸发"的循环中周而复始。

既然水是不断循环的，那么我们世界上每个地方的水都一样多吗？不一样，这是一张世界年降水量图，图中，颜色越偏蓝，表示降水越多，越黄表示降水越少，我们可以看到，哪里水多呢？赤道附近，还有靠近海洋的地方，那这里植物是怎么生长的呢？

会形成广袤的森林。那水少一点的地方呢？形成了草原。那水很少很少的地方呢？就是戈壁、荒漠了。

我们国家的降水多不多呢？哪里多哪里少呢？北京多不多呢？

这是我们的中国降水，越蓝水越多，越红水越少，可以看出，我们国家从南到北降水越来越少，从沿海到内陆，降水越来越少。我们的北京呢？降水也很少。实际上，我们的北京很缺水。生活在北京的我们每个人的水资源量只是世界平均的1/77，也就是，如果世界上的人平均一天连喝带洗澡等一天能用77瓶矿泉水，但我们北京的人一天只能用一瓶。

而且，因为我们水不够，过多的打井抽取地下水，水没了，地下就形成了一个漏斗，时刻威胁着我们的楼房、我们的道路安全。

既然北京这么缺水，我们怎样让我们花园里的花花草草好好活着呢？如果，我们每天只有一瓶水浇花园，我们怎么浇水呢？举个例子，这样浇可不可以？

这样水太浪费了，没浇几棵就没水了？那怎么办呢？

这个图大家可能日常生活中见过，像花洒一样喷着浇水，也就是喷灌。这样水能更精细的被花草使用。在公园、小区，甚至学校的操场上，都可能有它们的影子，同学们见到过吗？还有没有更精细的方法呢？还有微喷灌，也可以叫微灌，它的喷射距离更短。还有没有更精细的呢？

还有滴灌，顾名思义，一滴一滴的灌溉。它是利用塑料管道将水通过直径约10毫米毛管上的孔口或滴头送到作物根部进行局部灌溉。它需要有一个"心脏"来提供水、肥、动力等，还需要管道，向血管一样把水肥从心脏里运输出来，最后通过滴头，滴到植物附近的土壤中，我们在园林种植树木的时候也经常采用小管出流的滴灌方法。

那么，改变灌溉方式有什么作用呢？会节约水吗？会节约多少呢？

2. 实验部分

下面，我们来做一个实验，模拟一下漫灌和滴灌，研究不同灌溉方式对水的利用有多大的不同。

老师先一边讲解一边操作一遍，之后再分组进行操作。

（1）实验步骤：

①取两盆准备好的以透明玻璃盛装的砂质土壤，用记号笔分别在盆上标注A、B（A用于模拟漫灌，B用于模拟喷灌）。

②等距插入5个塑料植物（或竹签等），在地表下20厘米处划线，表示植物根系的位置，每株植物的"根系"位置都做好标记。

③以矿泉水瓶（或软管等）模拟漫灌，在容器一侧放水灌溉，直到5株植物的根系底部都能接触到水（到达20厘米刻度线部位）。记录用水量。

④以注射器模拟滴灌，分别向5株植物灌溉，直到植物根系底部接触到水。记录用水量（可以5个同学每人灌溉一株"植物"）。

⑤对比两种灌溉方式消耗的水量。计算滴灌相比漫灌，节约多少用水？讨论为什么会这样？

（2）注意事项：

①漫灌应从玻璃缸一侧注入水，1名学生注水，1名学生记录耗水量，其他学生注意观察植物根部（刻度线）位置是否接触到水，及时停水。

②滴灌时，每名学生拿一只注射器对准植物根部进行灌溉，若5人一组，每名学生需记录用水量，并时刻关注该株植物根部（刻度线）位置是否接触到水，及时停水。

③灌溉时，矿泉水瓶或注射器中水用尽时，及时从水桶/量杯中加，加水时注意加水量，矿泉水需装满，注射器需达到对应刻度。

④时刻关注水是否到达刻度线，及时、准确记录用水量。

⑤漫灌用水量计算：漫灌用水量=1.5升/每矿泉水瓶×（灌水次数–1）+最后一次灌水量估算值，单位为升。

⑥滴灌用水量计算：滴灌用水量=第一组植物用水量+第二株+……+第五株植物用水量。每株植物用水量=0.1升/注射器×（灌水次数–1）+最后一次灌水量（100–剩余刻度）；单位为升。

⑦由于每班会分为多组同时实验；每次实验时间较长，材料准备量较大，因此，每组实验不设重复；班级内各组可形成重复，取平均值，一同比较。

3. 分组实践

按照老师示范，学生分组实验，组长分工，进行实验（教师进行巡视指导）。

4. 交流讨论

（1）在刚刚结束的实验过程中，你们发现了什么问题？

（2）实验得出的结果是多少？互相交流比较。

（3）实验说明了什么问题？得出了什么结论？

5. 总结回顾

总结本节课学习到的内容，适当提问，巩固认知。

活动评估

活动评估内容见附件1。

课程简介

1. 课程内容简介：课程分为室内PPT讲解及实验操作两大部分。通过PPT讲解，让学生对水与植物生长的关系有充分的理解，并了解园林中节水灌溉的意义，认识不同的节水灌溉设施。有了一定的理论基础后，进行实验操作，让学生模拟进行漫灌和滴管，记录耗水量，进一步计算、对比，通过实验，对节水灌溉有深刻的理解。最后，通过实地参观学习，了解不同节水灌溉技术在园林中的应用，引发大家对环保的思考，让学生在实践中，认识节约用水，认识环保内涵。

2. 课程实施简介：这是本课程设计用时为50～90分钟（1～2节课），可根据课程购买方要求，灵活调整课程时间及内容。

（1）90分钟（2节课）课程为本课程方案全部讲解内容，中途建议在室内讲解结束后休息10分钟。

（2）50分钟（1节课）课程：可对PPT部分进行删减，只保留"植物与水的关系"及"节水灌溉技术"两部分，用时约10分钟。对实验部分，老师提前插好植物，控制分组实验时间约15分钟，讨论压缩至5分钟。其他环节：老师演示（8分钟）、参观学习（10分钟）、总结回顾（2分钟）时间不变。

附件

附件1 活动评估表

室内讲解	1. 老师讲解的内容是否太简单或太难？ ☐太简单　　☐挺合适　　☐太难 2. 老师讲解的内容是否听懂呢？ ☐都能听懂　☐有一小部分没听懂　☐大部分没听懂 3. 老师讲解的内容有趣吗？ ☐很无聊　　☐一般般　　☐很有趣
灌溉实验	1. 实验各个步骤是否都懂？ ☐不懂　　　☐有一点不懂　　☐都明白 2. 实验操作是否困难？ ☐一点也不困难　☐有点难度，但能做到　☐太难了 3. 实验计算部分难吗？ ☐一点也不困难　☐有点难度，但能做到　☐太难了
参观节水灌溉设备	1. 能听懂老师的讲解吗？ ☐都能听懂　☐有一小部分没听懂　☐大部分没听懂 2. 还能记起各个设备的样子吗？ ☐都记得　　☐记得一部分　　☐都忘了

其他篇

附件2　学生任务单

亲爱的同学：

　　在本次课程的学习中，你一定学习到了很多知识，掌握了很多实验方法，请你结合你已有的学习经验和今天的学习，认真阅读并完成以下问题，相信你一定会有更大的收获！

1. 我知道植物生长离不开谁，植物体内水分含量大约为 ＿＿＿＿＿＿＿ 。

2. 我今天学习了模拟漫灌和滴管实验，它的方法和步骤是（可画图表示）：

　　

3. 通过实验，我知道了漫灌和滴管相比，＿＿＿＿＿＿＿更节约用水。以后，我也要用这种方法浇我的花园。

4. 在参观的过程中，我记住了 ＿＿＿＿＿＿＿＿＿＿＿＿＿＿＿＿＿＿＿＿＿ 这些节水灌溉措施的样子，回去之后，我要去看看我生活的周边是不是也有这种设施。

5. 学习完这节课后，我想说：

附件3 实验记录表：模拟灌溉实验

日期：
小组成员：

实验名称	模拟灌溉实验		
实验目的			
实验材料			
实验步骤	步骤	操作	注意事项

实验结果		用水量	备注
	漫灌		
	滴管		

实验结论	

其他篇

气象因子与植物生长

北京市黄垡苗圃

【活动目标】
1. 温度、水、阳光、空气等气象因子对植物生长的影响。
2. 掌握面对不利气候条件下植物的生存对策,了解气象因子对植物生长的调节作用,对气象与植物的关系有更充分的了解。
3. 实地参观气象站,对气象站内的仪器设备及其观测方法有初步的了解。并通过实验,认识各种农林常用的气象指标观测工具,初步学习使用方法。
4. 通过观测年轮,学习推断气候变化的方法,并进行适当合理的推测。
5. 在实践过程中,培养学生耐心细致、善于观察、勇于克服困难等意志品质,提高学生发现问题、提出问题、解决问题的能力。

【受众群体】4~6年级的小学生
【参与人数】30~50人
【活动场地】气象站
【活动类型】解说学习型、场地实践型
【所需材料】大气测量仪器
【活动时长】50~100分钟

活动过程

时长	活动流程内容
45分钟	室内讲解
10分钟	参观学习
25分钟	实验操作
5分钟	交流讨论
5分钟	年轮分析
8分钟	拓展延伸
2分钟	总结回顾

一、课前准备阶段

1. 教师准备

（1）制作课件：气象因子对植物的生长。

（2）材料及工具准备：相关气象观测站观测条件（满足太阳辐射、空气温度、空气湿度、风速、风向等指标的观测、操作）；测量仪器；带年轮的树茎横截片段。

（3）工具准备：测量仪器。

（4）学生分组：5人或10人为一学习小组，共用一组材料及工具。

（5）制作表格：学习任务单、小组学习记录单、测量情况记录表。

2. 学生准备

笔记本、笔、通过多种途径收集、整理关于气象因子与植物生长的相关知识。

二、课上实施阶段

1. 室内讲解

了解气象因素基本知识（水、温度、光照、空气），气象与植物的关系。

同学们，大家喜欢花园吗？

想拥有漂亮的花园，首先要知道植物生长所必需的条件，那什么会影响你的树木生长呢？

大家说的很多影响树木生长的条件都很好。我来总结一下，刚刚同学们说的大致有这些：温度、水、阳光、土壤、病害、虫害等。大家说的这些呢，其中有几个可以归为一类，就是水、温度、阳光这些都是受气候影响的，我们把它们叫作气象因素。今天，我们将要学习讨论的就是这些因素，与植物生长有哪些千丝万缕的关系。

首先，我们来看看水，这个被我们称为生命之源的东西。

水，孕育了生命。植物的一切正常生命活动，只有在一定的细胞水分含量的状况下才能进行，否则，植物的正常生命活动就会受阻，甚至停止，其实不只是植物，动物也是这样。可以说，没有水，就没有生命。水这么重要，那植物缺水会怎样呢？如家里养的盆栽植物因长期缺水造成植物萎蔫，如果一直不浇水，植物就会死掉。

那水很多很多可不可以？也不可以，我们可以想想我们每天都需要水，但是在水里不靠任何工具，能生活吗？不能，根本没办法呼吸，会怎样呢？憋死。所以，一般我们见到的陆地植物如果一直浸没在水里，它也会呼吸困难，会把自己淹死，而且它被水淹的时候，还会挣扎的呼吸产生乙醇，把自己毒死。

我们再看看温度，当天气很冷时，我们人类会穿上厚厚的羽绒服，天气热的时候，会穿得很凉快，带上遮阳帽，那植物呢？冬天来了，它们会怎样？想一想家里养的植物，到了冬天，还能放到窗户外面吗？不能，我们一般都要放到室内，怕冻着它。

在野外，到了秋冬，我们发现树叶会凋落。当温度太低，会使植物体内结冰，使植物不能正常生活，从而受伤或是死亡。

所以，温度太低，植物不能好好活着。那如果，温度很高呢？也不能，如果温度太高，会引起热害，就算是水分很多，它也会萎蔫，比如生活在水里的荷花。

接下来，我们看看另一个因素：光照。万物生长靠太阳。没有阳光，植物的生长会怎样呢？大家吃过韭黄或是豆芽吗？它们是什么颜色的呢？黄白色。那正常吃的韭菜和黄豆苗呢？其实，我们见到的大多数的植物都是绿色的，它们要光合作用，要给自己制造食物，如果没有阳光，就不再是绿色，也就没有了能量来源，就会"饿"死。那是不是阳光越强越好呢？当然也不是，光太强也会抑制光合作用，人在强光下会晒伤对不对？植物也会，光太强也会生病。

除了水、温度、光外，还有什么气象有关的东西会影响植物生长呢？还有空气。植物会帮助我们净化空气，能够吸收二氧化碳，放出氧气给动物生存，空气中二氧化碳的多少会影响植物生长。此外，我们生活中还经常会遇到空气污染，空气中的烟尘，还有一些有毒有害的气体，对植物生长也有影响。

我们看到，有这么多条件对植物生长都有影响，植物生活是不是很不容易呢？那么，它们有什么自己的办法，让自己好好生活呢？其实，面对残酷的条件，它们都有自己的生存本领。比如，我们最常见的仙人球/仙人掌，它们生活在水很少的地方，但是它们能够让自己身体发生"变态"，让自己能够存储水分，同时减少水的流失，让自己在很多植物都没办法生存的地方还能够健康成长。还有一些植物，比如骆驼刺，我们看到它的地上部分可能只有几十厘米，但是它地下的根可深入地下近20米处。

水很多的时候呢？比如热带雨林，雨水特别多，所以，这里的植物叶片会很尖，这样可以引导掉落在叶片上的雨滴快速的掉下来。当植物淹在水里面的时候，为了对付缺氧，很多植物进化出了呼吸根，可以伸出水面，呼吸空气中的氧气。

当冬天来临，植物怎么面对呢？一些植物会枯黄、把不耐寒的部分都脱落掉，只留下耐寒的种子、树干、树枝等。而在特别冷的地方，如高原、高山上，一年四季都很冷，在这里生活的植物就会让自己抱成一团，变得低矮，像一个毯子一样趴在土壤、岩石上，减少风吹、能量散失，比如垫状点地梅。还比如火绒草，给自己身上盖上绒毛保暖。

当温度太高的时候，植物也会给自己盖上绒毛、披上白粉反光，比如很多我们说的多肉植物，就会这样减少自己体内热量的上升。还有植物把自己的叶子变小，变成鳞片，减少热量的积累。

我们看到，植物为了在残酷的条件下生存，也是很不容易的。下面，老师想问大家，我们看起来恶劣的气候对植物的生长的影响是不是都不好呢？

也不是，比如我们春天看到的很多的花朵，只有在被寒冷刺激过后，才能开花。我们平常看到很多花，都是春天开，它们需要在白天长晚上短的时候，才能开花，比如油菜花。但是还有一些，只有在阳光变少的时候才能开花，比如菊花、蜡梅等。

所以说，植物也依赖一些气象因子，才能健康成长。

那么，我们反过来，如果有一颗百年老树，我们怎么知道它经历了什么呢？看年轮。温带的乔木与灌木，通常每年一轮。春夏季气温、水分等环境条件较好，植物生长快，形成的木质部较稀疏，颜色较浅；相反，秋冬季环境条件较恶劣，形成的木质部较密，颜色较深，随四季交替形成了一圈一圈深浅交替的年轮。

2. 参观学习

分组，让学生在老师带领下，参观气象站；讲解气象站内的仪器设备及观测的指标，观测方法。

3. 实验操作

同学们看了这么多观测设备，想不想自己也动动手，去给我们现在的大气量一量，看看现在我们所处的地方大气是什么样的呢？下面，我们就用一些便携的仪器，进行实验操作，测量当前的气象条件。

老师首先介绍需要测量的指标、测量工具及其使用方法。之后，让学生分组，组长分配任务，在老师的指令下分指标一步一步进行，进行每个实验步骤时详细说明，并提醒学生记录。

（1）实验步骤：

①在没有植被覆盖的硬化地表上，选好测定点。手持温湿度计，放置在离地面1米处，读取当前仪器上的温度及湿度，并记录。

②在该测定点，手持气压计，放置在离地面1米处，读取当前仪器上的气压值，并记录。

③手持风速风向仪，放置在离地面1米处，读取当前仪器上的风速及风向，并记录。

④手持光照度计，放置在离地面1米处，读取当前仪器上的光强度，并记录。

⑤在树林里，选择合适的测定点，重复测量以上六项指标，并记录。

（教师可以观察学生操作的问题，及时给予指导，并注意工具使用安全。）

（2）注意事项：

①由于学生身高限制，因此使用仪器设备时的高度不能按照常规高度设置，本实验统一按照1米高度进行，此点需和学生说明。

②提醒学生注意仪器设备使用安全，避免损坏仪器设备，同时也要避免使用时误伤他人。

③可以采取：优先实验没有动手操作的学生先进行测定；每个学生测定每个指标的一次重复；一名同学测定时另一名同学进行记录等方式，让所有学生都参与到试验中。

4. 交流讨论

（1）组间交流所测定的各指标数值。

（2）讨论不同测定地点各指标是否有差异，并分析讨论其原因（如有时间，可进一步拓展热岛效应）。

5. 年轮分析

每组分发一段带有年轮的树茎横截面，老师讲解如何看年轮，让学生根据发到的年轮推测该树经历的气候变化。

6. 拓展延伸

引发学生思考，气象会对园林引种产生什么影响？提出耐寒指数带概念，讨论将南方植物引种到北方会存在什么问题？

7. 总结回顾

总结本节课学习到的内容，适当提问，巩固认知。

活动评估

活动评估内容见附件1。

其他篇

课程简介

1. 课程内容简介：课程分为室内PPT讲解及实验操作两大部分。通过PPT讲解，让学生对水气象因子与植物生长的关系有充分的理解，并了解怎样通过年轮知道气候变化，进一步引出，通过科学仪器观测目前的天气状态。有了一定的理论基础后，进行实地参观，了解气象站内的各项观测仪器。进而，通过实验操作，让学生自己动手测定当前各气象指标的数值，并通过不同地点的对比，引发学生的思考。最后，了解树木的年轮怎样反映过往的气候变化，练习学生的逻辑思维。通过该课程的学习，让学生对天气这个看似看不到的东西，有了直观的感受，引发学生对气象观测的兴趣，让学生对植物与气象的关系有深入的理解。

2. 课程实施简介：本课程设计用时为50～100分钟（1～2节课），可根据课程购买方要求，灵活调整课程时间及内容。

（1）100分钟（2节课）课程为本课程方案全部讲解内容，中途建议在室内讲解结束后让学生去一趟卫生间。

（2）50分钟（1节课）课程：可对PPT部分进行删减，只保留第一部分"气象因子对植物生长的影响"用时约10分钟。对实验部分，气象指标观测部分取消步骤4，不更换观测地点，实验+交流讨论，总时间控制在20分钟；取消年轮观察。其他环节包括参观学习（10分钟）、拓展延伸（8分钟）、总结回顾（2分钟）时间不变。

知识链接

树木"身体"里的细胞不但数量多，体积也大，有薄薄的细胞壁、疏松的材质、浅浅的颜色特征的树木，被称之为早材或春材；而到了秋天，天气转凉，干燥的气候导致树木生长缓慢，"身体"里的细胞变得又少又小，有厚重的细胞壁、紧密的材质、深深的颜色特征的树木，则被称之为晚材或秋材。同一年里的春材和秋材合在一起便叫作年轮。因秋材颜色较深而春材颜色较浅，所以第一年的秋材和第二年的春材之间会呈现出一条界线分明的线，而这条线便是"年轮线"。同一年的春材加秋材形成一道年轮。

附件

附件1 活动评估表

室内讲解	1. 老师讲解的内容是否太简单或太难？ □太简单　　　□挺合适　　　　　□太难 2. 老师讲解的内容是否听懂呢？ □都能听懂　　□有一小部分没听懂　□大部分没听懂

（续）

室内讲解	3. 老师讲解的内容有趣吗？ ☐很无聊　　　☐一般般　　　　　☐很有趣
参观气象站	1. 能听懂老师的讲解吗？ ☐都能听懂　☐有一小部分没听懂　☐大部分没听懂 2. 还能记起各个设备的样子和作用吗？ ☐都记得　　☐记得一部分　　　　☐都忘了
气象观测实验	1. 实验各个步骤是否都懂？ ☐不懂　　　☐有一点不懂　　　　☐都明白 2. 仪器操作是否困难？ ☐一点也不困难　☐有点难度，但能做到　☐太难了 3. 实验对比分析部分能理解吗？ ☐不懂　　　☐有一点不懂　　　　☐都明白
年轮观察	1. 能听懂老师的讲解吗？ ☐都能听懂　☐有一小部分没听懂　☐大部分没听懂 2. 学会怎么看年轮了吗？ ☐学会了　　☐记住了一部分　　　☐都忘了

附件2　学生任务单

亲爱的同学：

在本次课程的学习中，你一定学习到了很多知识，掌握了很多实验方法，请你结合你已有的学习经验和今天的学习，认真阅读并完成以下问题，相信你一定会有更大的收获！

1. 我知道很多气象因子会对植物生长有影响，比如 _____

_____

2. 在气象站，我看到了很多观测天气的仪器，它们都有（可画图表示）：

其他篇

3. 我还学会了自己观测天气，我今天一共用科学仪器测量了 _____
_____ 这些气象指标。
4. 学习完这节课后，我想说：
_____
_____
_____

附件3　实验记录表：气象指标观测

日期：
小组成员：

实验名称	气象指标观测			
实验目的				
实验材料				
实验步骤	步骤	操作		注意事项
实验结果		用水量		备注
	温度			
	湿度			
	风速			
	风向			
	大气压			
	光照强度			
实验结论				

一米菜园

成都云上田园教育咨询有限公司

【活动目标】
1. 融入数学知识、绘画、农耕知识。
2. 培养观察、动手、表达等能力，规划、格局等意识。
【受众群体】6~8岁的儿童
【参与人数】30组家庭
【活动场地】云上田园屋顶农场
【活动类型】场地实践型、解说学习型
【所需材料】口哨、小贴画、分格绳、铁锹、浇水壶、尺子、学习单、不同植物的种子、植物标签、纸笔、黑板、粉笔、白纸、彩铅、铁锹、浇水壶
【活动时长】120分钟

活动过程

时长	活动流程内容	对应校本	材料
5分钟	自我介绍		口哨、小贴画
15分钟	花儿朵朵开	部编一年级数学上册《数一数》	口哨、小贴画
30分钟	菜园九宫格	《2018小学生小九九乘法口诀表》	分格绳、铁锹、浇水壶、尺子、学习单
20分钟	农耕故事	教科版科学五年级上册《种子发芽实验（一）》	不同植物的种子、植物标签、纸笔、黑板、粉笔
20分钟	小小设计师	人教版小学数学教材三年级下册《设计学校》	白纸、彩铅
30分钟	农耕体验	新教材部编人教版历史七年级上册第2课《原始农耕生活》	铁锹、浇水壶、种子

1. 自我介绍

活动目标：

（1）让孩子们和家长们知道怎么称呼你。

（2）培养孩子们能主动使用礼貌用语。

（3）让孩子们知道老师的姓名。

（4）培养孩子见到老师和家长能主动问好，做一个有礼貌的乖娃娃。

活动步骤：

（1）集合排队。

（2）和孩子们和家长们打招呼，做自我介绍。

（3）简单给爸爸妈妈介绍本次活动的时间安排。

（4）站的比较好的孩子奖励小贴画（站姿训练）。

2. 自然游戏——花儿朵朵开

活动目标：

（1）知识目标：让孩子从游戏中感受事物的数量关系。

（2）能力目标：

①热身，开心放松，提升孩子的反应能力和应变能力。

②促进亲子之间的关系。

活动步骤：

大家拉手围圈后以主教为中心转圈，老师说："桃花朵朵开，桃花朵朵开……"

其他人一起回应"开几朵"。

老师说："开2朵（随意数字）……"说几朵就几个人抱在一起，没有抱在一起的人接受惩罚。

老师说："摇树了！"抱在一起的人

自然游戏——花儿朵朵开

散开，回原位。

如此玩上几轮。

最后：小朋友们，喜欢小花吗？我们和我们的爸爸妈妈在一起玩的时候是不是很开心啊？小花在树上和它的爸爸妈妈在一起玩，小朋友们觉得它是不是也很开心啊？我们愿意离开爸爸妈妈么？那小花愿意离开爸爸妈妈么？所以小朋友们，我们在和小花一起玩的时候如果把它摘下来，小花就离开爸爸妈妈了！小花开心吗？所以小朋友们在玩的时候能不能摘花？告诉小朋友们爱护弱小，爱心培养，保护公共环境。

3. 菜园九宫格

活动目标：

（1）知识目标：运用部编一年级数学上册《数一数》和《2018小学生小九九乘法口诀表》数出九宫格。

（2）能力目标：

①锻炼孩子的观察能力和专注力。

②锻炼孩子的动手能力以及独立性。

③培养孩子良好的生活习惯。

活动步骤：

（1）分发学习单。

（2）看一米菜园，知道为何叫一米菜园？长宽都是一米，然后分别测量大菜园和小格子的长和宽，并记录（了解一米菜园，并学会做记录）。

（3）选择自己的一米菜园，做好种植前的准备工作，松土，向箱内泼水，用铁锹充分翻覆，使土保持润泽，使其尽量平整贴合。

（4）认真观察格数，用麻绳做好九宫格，在种植箱上放上网线，每格约30厘米，网格使1米菜园更整洁，也能更好地种植植物，通过麻绳的牵引，将花箱划分成大小相等的3行3列，总共9个小格子（数数训练，融入课堂知识）。

（5）铲子请放到指定位置，回到教室（良好的生活习惯）。

一米菜园长宽记录表

一米菜园的长和宽			
大长（厘米）		小长（厘米）	
大宽（厘米）		小宽（厘米）	

4. 农耕故事

活动目标：

（1）知识目标：

①了解原始农耕生活（新教材部编人教版历史七年级上册第2课《原始农耕生活》。

②认知不同的种子并了解不同的蔬菜种子一格可以种几棵。

认识种子

其他篇

（2）能力目标：

①增加孩子们的生活经验类信息，激发孩子们探索大自然的兴趣。

②进一步了解九宫格种植。

③锻炼孩子的专注力以及主动思考能力。

活动步骤：

（1）种子或种苗的认知：根据不同的季节老师准备了多种不同的植物种子，如生菜、白菜、萝卜、花卉等，让孩子们认真观察不同的种子或苗的形态，并记住相应的名字（基本农耕知识了解）。

（2）讲解植物的属性、生长时间、季节、病虫害问题、不同季节种植不同的植物。

（3）了解哪些植物比较容易栽培，为何一米菜园不可以种植大树和灌木。

（4）聊聊哪些是孩子想要栽种的，选择自己喜欢吃的蔬果或花卉（语言组织能力训练）。

（5）为何一米菜园必须要分格，在每一个小方格里能种植多少株植物，因为我们要把植物需要的成长空间提供给它们，根据不同植物属性特征来进行，但是也不能多，一米菜园不能容忍浪费，就算是多余的空间也不行。

蔬菜种子记录表

	一格种几棵			
种4棵的菜				
种9棵的菜				
种16棵的菜				

5. 小小设计师

活动目标：

（1）知识目标：

①人教版小学数学教材三年级下册《设计学校》，让孩子们明确东南西北等方向。

②简单绘画。

（2）能力目标：

①增加孩子的生活经验类信息，激发孩子们探索大自然的兴趣。

②训练孩子的观察能力和创新能力。

③培养孩子的规划意识以及检验学习效果。

④训练孩子表达能力、鼓励孩子勇敢上台发言。

活动步骤：

（1）先由主教宣布任务，之后孩子们领取教具。

（2）孩子们开始创作。

（3）在规定时间内完成并各自描述自己的作品。

6. 农耕体验

活动目标：

（1）知识目标：

①了解原始农耕生活（新教材部编人教版历史七年级上册第2课《原始农耕生活》）。

②认识不同的农耕工具。

271

③了解基本的农耕种植方法。

（2）能力目标：

①增加孩子的生活经验类信息，激发孩子们探索大自然的兴趣。

②培养孩子的动手能力和创新能力，检验学习效果。

③训练孩子的专注力。

教具安全：

需助教与老师配合维持好现场秩序，避免孩子们抢铁锹引发混乱。

活动步骤：

（1）先由老师宣布任务，之后孩子们领取工具。

（2）孩子们的刨坑松土、种植、浇水，由老师讲解种植方法。

（3）完成种植之后与孩子们约定一周后来观察自己的植物生长情况，并要求孩子们完成学习单。

（4）活动结束。

活动评估

"一米菜园"是以农耕体验为主题的自然课程，在活动过程中孩子们能够体验到的不仅仅是农耕活动，更是接触多种植物的好机会。同时，"一米菜园"课程将小学数数知识融入其中，在增加孩子们生活经验类信息的同时，做到了课堂知识的学以致用。附件是由云上田园研发，由家长填写的儿童活动评估表。

活动风险点及解决方法

1. 风险点：工具的使用安全。

解决方法：自然导师提前讲解并演示工具使用方法。

2. 活动受天气影响较大。

解决方法：制定活动前，查看天气预报，必要时备好儿童雨衣，下雨天也是一个很好接触大自然的机会。

附件

云栖自然教育活动儿童记录表

学生：　　　　性别：　　　年龄：　　　电话：

根据老师的观察，客观的选择，每一项5分为优秀；3分为良好；2分为一般（分数仅为客观记录参考）

能力及素养	客观表现	观察分数	您的感悟
分析能力	能准确理解老师的任务		
	能对事物进行认真观察和判断		
	能探寻事物之间的内在联系		
	能积极主动地探索与学习		
	对大自然充满好奇		

（续）

能力及素养	客观表现	观察分数	您的感悟
自控自抑能力	能在活动中遵守纪律（纪律意识）		
	能够遵守老师提出的规则（规则意识）		
	能耐心坚持完成每个任务		
社会沟通能力	和老师的互动		
	和同伴的互动		
	敢于上台表达		
	语言组织能力强		
主动思维能力	有自己独特的想法		
	动手创造新事物		
	有良好的审美能力		
	开动脑筋解决问题		
责任承担能力	能够团队协作（团队意识）		
	服从命令听指挥		
	关心呵护队员及爸妈		
	争当老师小助手		
情感素养	能适当表达自己的情感		
	能管理好自己的情绪		
	能融入集体并建立良好人际关系		
	有团队的获得感及成就感		
	有良好的品德（礼貌、谦让）		

"美丽印'相'"博物馆教育活动

王颖娟　张希玲　杨阳 / 陕西西安半坡博物馆

【活动目标】"美丽印'相'"博物馆教育活动，以探究半坡文化为主线，通过展厅参观、学习竞猜、微课堂、视频播放、互动对话、角色扮演、动手体验等多种教育手段，利用美学欣赏法、参与体验法、猜想实证法、劳作识技法、类比寻规法等多种教学方法，针对不同年龄段的小学生进行分众化教育，拓展学生的知识领域，增强学生自主学习的能力，加深学生对半坡史前文化的认知，在锻炼学生动手能力、发散性思维能力的同时，培养学生的审美意识、劳动意识、团队协作意识、独立思考及解决问题的能力，陶冶他们的艺术情操，增强学生对我国古代历史文化的理解，同时激发该年龄段学生对于中国优秀历史文化的热情和民族自豪感，从而达到博物馆教育的真正目的。

【受众群体】6～12岁的小学生

【参与人数】每场活动设定参与人数为30人

【活动场地】该活动开展的场地既可以在博物馆内举行，如出半坡遗址土文物展厅、原始文化村多功能教室、史前工场青少年活动场地；也可以在馆外举办，如冠昌金域湾畔社区、天乐阅教育体验工作室。场地能够容纳学生及学生家长60人以上，还配备了各种设施设备，如桌椅、柜子、衣帽架、投影仪、移动音响、无线讲解设备、饮水机等，保证各种教育项目的有效开展。

【活动类型】解说学习型、自然创作型

【所需材料】在活动筹备阶段，教育人员按照活动设计要求进行积极准备。活动材料主要包括：

（1）材料包：瓦楞纸、8克装5色雪花泥、6色小盒装丙烯颜料、调色盘、绘画笔2支、白乳胶、坚果壳、植物种子、麻绳等，材料包根据参加活动的人数准备相应的份数；

（2）VR眼镜，用于观看视频；

（3）围裙、小水桶；

（4）挂图教具、PPT课件、学习单、探秘任务卡、宣传折页等；

（5）照片打印机、相纸；

（6）答题纸、宣传折页、文创奖品等。

【活动时长】120分钟

其他篇

西安半坡博物馆是中国第一座史前聚落遗址博物馆，它是在半坡遗址考古发掘的基础之上建立的。半坡遗址距今6000多年，处于原始社会母系氏族繁荣时期，是黄河流域新石器时代仰韶文化的典型代表。半坡遗址出土了上万件珍贵的史前文物，这里有远古祖先创造的精美的陶器、精致的骨器、精巧的石器，有色彩绚丽而寓意深刻的彩陶，有充满智慧的建筑以及布局合理的村落遗址等。珍贵而丰富的文化遗存全面揭示了6000年前原始人类的神秘生活，生动呈现了远古时代的社会组织、经济形态、婚姻状况、宗教习俗、文化艺术等历史风貌。

近年来，西安半坡博物馆充分挖掘半坡文化的内涵，依据博物馆教育的最新理念，结合长期以来开展博物馆教育活动的经验，由宣教部教育人员精心设计并组织实施了"美丽印'相'"博物馆教育活动，这是西安半坡博物馆在博物馆教育方面的一次有益实践。

活动背景

"美丽印'相'"博物馆教育活动以西安半坡博物馆馆藏文物为依托，紧扣原始社会时期半坡得天独厚的生存环境、丰富的植物资源、造型多样的装饰品等，充分利用文物复仿制品、道具等实物资料，通过展厅导赏、互动课堂及动手体验等多个环节引导学生深入了解半坡及史前文化相关知识。另外，活动设计人员结合半坡文化元素，顺应"互联网+"时代的要求，将AR技术、触摸屏、多媒体移动终端等新技术和设备引入其中，开发适合于孩子的寓教于乐的教育活动，使孩子们在"娱乐"中学到知识。

活动过程

时长	活动流程内容	场地/材料
40分钟	展厅探秘	博物馆展厅／"探秘任务卡"或"探秘学习单"、特色教具、活动奖品
40分钟	半坡自然小课堂	馆内可设在多功能教室、展厅序厅、临时展厅等，馆外设多媒体展示厅、多功能厅、学校教室等／挂图教具、拼图、文创产品、答题纸、宣传折页、特色奖品等
40分钟	动手实践与分享	馆内可设在多功能教室、展厅序厅、临时展厅等；馆外可设在多媒体展示厅、多功能厅、学校教室等／瓦楞纸、8克装五色雪花泥、6色小盒装丙烯颜料、调色盘、绘画笔2支、白乳胶、坚果壳、植物种子、麻绳、围裙、小水桶、文创礼品等

"美丽印'相'"博物馆教育活动的实施分为三个环节，分别为展厅探秘、半坡自然小课堂、动手实践与分享。由博物馆教育人员进行活动组织，并掌控项目各个环节的实施，依据工作分工，讲解员明确工作任务，各司其职；同时注意相互协调。

1. 展厅探秘

本版块由讲解员扮演"半坡姑娘"带领学生们进行"展厅探秘",让孩子们带着问题进行参观,最终完成"探秘任务卡"或"探秘学习单"上的内容。

(1) 分发"探秘任务卡"或"探秘学习单":活动开始前,教育人员发给每位学生探秘任务卡或探秘学习单。探秘任务卡或探秘学习单上设计"半坡人生活在什么时代?""这里的环境适宜人类居住吗?""这里生长着哪些植物?""大家找到哪些植物的踪迹?"等问题。

(2) 参观导赏:"半坡姑娘"带领孩子们进行专题导赏,寻找在半坡文化时期这里生长过的植物,用情景再现的方式吸引学生的注意力。

(3) 答题赢奖品:在"展厅探秘"结束后,学生需要把探秘任务卡或探秘学习单交到"半坡姑娘"手中,回答正确的学生可以获得一小包坚果作为奖品,美味的坚果吃掉后,果壳不可以扔哦,后面的环节它还有大用途。

2. 半坡自然小课堂

教育人员为学生进行授课,采用多种教学方式,让孩子们了解史前时期的自然环境,感受人类的生存与自然环境密切相关。

(1) 视频导入,激发兴趣:同学们,你们知道6000年前,半坡先民生活在什么样的环境中吗?我们先一起来看一段视频。

播放视频:《走进半坡聚落》。

视频播放完了,同学们都看到了什么?有什么感受,谁来说一说?

设计意图:通过学生感兴趣的视频引出学习内容。

(2) 自然课堂,启发学习:讲解员现场播放视频、音乐,让学生们感受大自然的声音,讲述植物的存在与人类的生存息息相关。

设计问题:半坡文化时期生态环境是什么样的?这里生长着哪些植物?人们的食物有哪些?人们的生活中还会利用哪些植物?植物的生长还为人类带来哪些便利?

自然课堂内容的设置既是对展厅导赏内容的回顾,也是对展品以外的知识的延伸。教育人员结合图板、PPT、多媒体教具,采用通俗易懂的语言进行讲授并提问,由学生进行回答。

(3) 知识竞答,我的发现:设置与主题相关答题卡或小问题,由学生竞答,回答正确的可以获得小奖品作为鼓励。知识竞答环节的设置能够检验学生的展厅参观及自然课堂的学习效果。学生回答、完成竞答之后,教育人员需要进行小结,然后由每一位学生谈谈我的发现。另外,还可以给学生分发半坡文化拼图,培养学生的动手能力和团队协作能力,先完成拼图的学生先获取材料包。这一环节教育人员根据学生的表现,给表现优秀的学生颁发活动奖品。

3. 动手实践与分享

(1) 动手实践:学生根据提供的材料包,在讲解员指导下,制作一个镶嵌有"珍宝"的独一无二的创意相框。首先黏合相框,有瓦楞的一面在外,在平整长边上涂抹白乳胶黏合,留出相片从侧边的插入扣;接下来利用树叶、坚果壳、植物

探秘任务卡

展厅探秘——"半坡姑娘"介绍"我"的村庄环境

种子等天然材料对相框进行装饰，也可将具有半坡特色的鱼纹、人面鱼纹图案纹、几何纹等绘画在相框上；最后，工作人员将拍摄的每个学生在参与活动过程当中的特写照片发给个人，他们将自己的照片装入相框中，意外的惊喜让每个体验者无比开心。

（2）交流分享：动手体验环节完成后，拍照留念，学生们展示自己制作的美丽相框，讲述自己制作相框的创意，分享学习成果、分享快乐。

设计意图：用废旧的材料做相框，发挥同学们的想象力，将自己心中的"美"表现出来，既能增强孩子的环保意识，同时还能促进孩子动手能力的发展。

活动评估

为了提升教育活动的品质，教育人员需不断对活动进行改进和完善，活动总结、教学目标评估和社会评价尤为重要。

1. 活动总结：教育活动实施完毕，教育人员注重收集整理活动的相关资料（文字、图片、视频），收集反馈意见，回收调查问卷，并进行数据分析、效果评估。另外，还会召开座谈会，对活动进行总结、分析和评估，肯定优点与长处，寻找缺点与不足，并对存在的问题提出改进意见，制定改进措施，以便下次开展时不断改进，进一步完善活动的各个环节。

2. 活动目标评估："美丽印'相'"博物馆教育活动注重体验、互动、实践，最大限度地调动学生各种感官体验，逐步引导学生去探究半坡及史前文化知识。通过对参与学生进行调查问卷及口头反馈，我们了解到"美丽印'相'"博物馆教育活动的实施效果十分理想，能够较为完满且多层次地实现博物馆教育活动的教育目标。

（1）从智力技能来看，以植物种子、果实、彩陶纹饰、装饰品等馆藏文物为载体，结合植物孢粉研究，营造半坡时期原始先民们的自然环境，引导学生辨别半坡文化特征。通过文物的实用性、艺术性、自然性等内在价值，培养学生的劳动意识、审美意识、社会意识、人际交往意识等。考虑到受众学生的年龄层次，接受水平，通过较初级的人类原始社会元素，帮助学生更好地建立起对现代社会基本架构的认识,达到让学生透过原始世界,实现对当下人与自然、社会关系之间的认识理解。

(2)从认知策略来看,重视在教育过程中培养学生提高多种认知能力,在活动设计中,注重运用系统的活动体系,帮助学生在获得的多种知识之间建立联结,形成自己的思考体系,并能够将在博物馆获得的认知策略运用于今后学习生活。

(3)从言语信息来看,通过针对性的讲述,让学生浸入史前文化氛围,了解诸如"仰韶文化""自然环境""植物孢粉""母系氏族社会"等专业信息概念,注重学生对半坡文化的了解与认识。在活动学习内容完成后,均设计问答或实践环节,该环节考察结果显示,学生普遍能够使用史前文化知识表述相应内容,并将其运用到实践中。

(4)在运动技能方面,结合半坡原始先民有目的性的多种劳动行为,活动设计了多种劳动场景供教育受众体验,劳动场景适合教育受众群体层次、手工技能水平及身心发育特点。帮助学生整合所学知识,同时锻炼其动手实践能力。伴随动手能力的提升,学生对半坡文化的认识与掌握也进一步加深。

(5)在态度方面,通过系统化地展示半坡文化,建立半坡文化与当代的联系,激发学生的民族自豪感,通过文物展示半坡原始先民们的生存、劳动以及他们

制作环保相框

与自然界适应生存的过程，培养学生加深以爱国主义精神为核心的团结友爱、勤劳勇敢、自强不息的民族精神。

3. 社会评价："美丽印'相'"博物馆教育活动自推出以来共开展15场次，受到了华商报、"小小博物家"、灞桥区青少年校外活动中心、阎良"天乐阅"绘本馆、冠昌金域湾畔社区、"第五家绘本馆"等机构、组织以及家庭的广泛好评。活动预约火爆，在亲子家庭和社会机构中有一定的影响力。

调查问卷显示，活动受到了师生及家长的热烈欢迎和充分肯定，很多学校希望活动能多次走进学校，许多学生希望活动的时间再长点，甚至现场的很多小朋友想让"半坡姑娘"带他们回到半坡古村。

活动的前期宣传、招募信息发布及实施完毕后的新闻推送等借助报纸、电视、网站、微博、微信等多种媒体进行宣传报道。华商报及华商网对"美丽印'相'"博物馆教育活动进行了专版报道。陕西电视台、西安电视台、西安教育电视台进行了跟踪报道。凤凰网、人民网、汉唐网、中国文物网、西安半坡博物馆官网、西安半坡博物馆官方微博、微信等进行了宣传报道，提高了西安半坡博物馆的知名度，扩大了西安半坡博物馆的社会影响力。

活动风险点

在活动的开展实施过程，有一些风险点还需防控。

1. 安全问题：在展厅探秘的过程当中，需注意学生的安全和文物的安全。小学生活泼好动，动作敏捷，思想集中时间较为短暂，教育人员在引导的过程中要防止学生打闹嬉戏，消除因学生的不当行为学生的自身安全及文物带来隐患。另外，在活动开展过程中，还需防止因地面的水渍引起的滑倒摔伤等情形的出现。

2. 情绪控制：在活动实施过程当中，教育人员需注意照顾参与者的情绪。有些学生内心脆弱、敏感，在进行答题闯关、有奖竞猜等环节时，他们好胜心极强，往往因为教育人员没有让自己回答问题或是回答错误而懊悔不已，甚至无法有效地控制自己的情绪，出现闷闷不乐或伤心哭泣。教育人员一定要及时调整策略，关注这部分学生表现，照顾他们的情绪，安慰和帮助这部分学生及时调整状态，使其开心快乐地参加活动。

3. 突发事件：在活动开展过程中，若出现火灾、地震等自然灾害，或是恐怖、爆炸、抢劫、破坏、斗殴等刑事、治安案件时，教育人员需及时上报领导，同时视情况向119、110、120报警，组织学生撤离到安全区域，并控制现场、抢救伤员、组织自救等。

结语

"美丽印'相'"博物馆教育活动是西安半坡博物馆策划实施的具有原创性的活动，符合菜单化及可持续发展的要求，是博物馆教育在新的历史时期的一次成功实践。今后，西安半坡博物馆将不断整合优势资源，努力打造特色品牌教育活动，注重跨界合作、跨地区合作，创立"博物馆+X"教育模式，与旅行社、社会教育机构、学校、社区等机构进行深度合作，在博物馆教育方面进行有益探索。

美丽印"相"环保相框材料包

美丽印"相"相框成品

春晖教育小记者"森林与城市"主题采访活动

张冬 / 甘肃省天水春晖教育

【活动目标】春晖教育小记者走进甘肃省天水市秦州森林体验中心,进行"森林与城市"主题采访,了解森林对于城市的作用、森林与城市的关系等问题。"森林与城市"主题采访活动是一次自然体验教育活动,通过活动,让小记者们了解森林的起源、构成、发展;森林与城市的关系、森林与人类的关系。在森林生长区,小记者们探寻森林的成长与发展;在森林生态展区,小记者们了解森林与洪水,森林与降水的关系;在观影区,小记者们通过影片学习森林中的动植物之间和谐共生的关系。活动旨在提高他们欣赏植物、热爱自然、爱护环境的意识,并提升孩子们的环保意识。

【受众群体】8~13岁的小学生
【参与人数】小记者29人,教师3人,家长9人,工作人员3人
【活动场地】天水市秦州森林体验中心
【活动类型】解说学习型
【所需材料】笔记本、笔、照相机、录音笔
【活动时长】110分钟

活动过程

时长	活动流程内容	场地/材料
10分钟	活动开场介绍	场馆门口 / 笔记本、笔、照相机
15分钟	参观"认知森林"展区	展馆地上一层 / 笔记本、笔、照相机
15分钟	参观"森林功能"展区	展馆地上二层 / 笔记本、笔、照相机
15分钟	参观"人林和谐"展区	展馆地下一层 / 笔记本、笔、照相机
15分钟	集中提问	会议室 / 笔记本、笔、照相机、录音笔
20分钟	整理材料、写作	会议室 / 笔记本、笔
20分钟	写作展示与总结分享	展馆门口、小广场

1. 活动开场介绍

带队老师做自我介绍，拉近与小记者之间的距离；介绍此次活动的目的、意义及时间安排，强调活动中的注意事项。

2. 参观"认知森林"展区

在森林生长区，从一只娇嫩的新芽，到一棵参天的大树，再到一片茂密的森林……小记者们用手拨动转轮，一次森林生命的循环便完整地呈现了出来。在一个名为"森林生态"的电子屏幕前，小记者们体会到森林对洪水到底有多大作用。按钮一按，屏幕上方的水龙头便开始喷水，水流的大小代表着雨量的大小，水流淌到屏幕上时，屏幕中便会真实地演示水流对草地、林地等地表造成的影响。此项参观引导小记者注意记录森林的起源、构成与发展，构建小记者对森林的第一印象。

3. 参观"森林功能"展区

在"温室效应"屏幕前，小记者们注意观察大气层的变化、全球气温升高的趋势，直观地感受"温室效应"对我们生活家园的影响。展区从全球森林文化、森林效益、气候变化等方面着手，激发小记者关注森林、关爱生命的意识，倡导人与森林和谐共生的可持续发展观，在此展区，小记者们深深地感受到，森林对地球的重要性、人类与森林和谐共生的重要性。

4. 参观"人林和谐"展区

"人林和谐"展区以树根为主要设计元素，分储藏室、制作间、办公区等几部分，为来访群体提供利用森林产品制作的手工操作场所。在这里，小记者们参观动植物标本有蝴蝶、蜻蜓、天牛、蜜蜂、蝉、麻子蜂等昆虫，共13种80余只；有卫矛、红叶李、苦楝、青铜、七叶树、黄金槐、石楠等植物标本20余种。小记者们在此展区边听边问，学习了不少捕捉昆虫、制作标本的知识。

5. 集中提问

森林在我们身边，它们有什么用？
天水有森林吗？它们都在哪？
作为一名小学生，你爱护森林吗？生活中你会怎么做呢？

这三个问题是小记者们必须完成的，在参观中，在笔记本上回答；参观过程中产生的问题，在提问环节集中提问。

6. 整理材料、写作

小记者们用20分钟整理材料，根据采访材料写一篇"森林与城市"的报道，鼓励小记者运用"时间顺序""事情发展顺序""场面描写"来写这次活动。

7. 写作展示与总结分享

用20分钟时间小结本次活动，展示、评比小记者们的写作作品，并对小记者们的采访情况做总结，内容为记录情况、材料收集、问题设计、报道质量等。

活动评估与反馈

本次自然体验教育活动围绕"森林与城市"的主题设计流程，旨在让孩子们走进自然、观察探究、了解森林的构成、森林的功能、森林与城市等知识，培养了孩子们热爱自然的态度，提升了孩子们保护自然的生态意识。活动中,工作人员的讲解深入浅出、小记者们参与程度高,具有很强的科普性。

活动的集中采访环节,小记者们按照采访提纲提问,完成准备好的问题;在整理材料、写作阶段,小记者们进一步理解了"森林与城市"的关系,既系统地梳理了知识又提升了写作水平。参与活动的小记者们,谈到获得的收获。

(1)了解了森林的构成,森林里动植物的关系。

(2)认识到森林的功能,森林与城市的关系,森林产生的效益。

(3)参观动植物标本,学习标本制作,在采访中了解森林与人类的关系。

活动风险点

活动中小记者有可能损坏展品设施及意外伤害。

活动安全应急预案

为保障活动安全,主办方为参加活动的人员购买意外伤害保险。

参观展区

集中提问

水的奥秘我知道

马媛媛 / 北京陶然亭公园

【活动目标】生活中，我们总会被那一池碧波所吸引，水是生态系统的重要组成部分，也是城市发展的基础。活动结合北京市水资源保护工作，介绍水体保护治理及水资源可持续再利用的有关知识。通过户外观察和游戏互动，学习识别水生植物，掌握生活中的节水小知识，号召青少年树立环保意识，珍惜水资源。

【受众群体】8~12岁的小学生

【参与人数】15~20人

【活动场地】湿地公园

【活动类型】解说学习型、拓展游戏型

【所需材料】

必备材料：电脑设备、PPT课件、翻页器、海报纸、水彩笔、显微镜、量杯、活动任务卡、垫板、铅笔。

其他材料：签到表、桌签、活动胸卡。

【活动时长】120分钟

活动过程

时长	活动流程内容	场地/材料
活动前准备	场地布置、活动物品准备	
5分钟	人员签到，分发胸卡	小型会议室 / 签到表、胸卡
25分钟	开场游戏——我是城市规划师	小型会议室 / 海报纸、水彩笔
20分钟	知识讲解——水的奥秘我知道	小型会议室 / 电脑设备、PPT课件、翻页器、量杯、显微镜
10分钟	互动游戏——节水小卫士挑战赛	小型会议室 / 电脑设备、PPT课件、翻页器
40分钟	户外观察——认识身边的朋友	公园湿地
20分钟	室内总结	小型会议室 / 活动任务卡、垫板、铅笔

1. 活动前准备

场地布置：根据参与人数摆放桌椅，以小组方式进行码放，并摆放小组序号桌签。活动物品准备：在海报纸上提前绘制好河流图案，需保证图案是连续的，并在背面标记好小组序号，以便活动中进行展示。

2. 签到

人员签到，分发胸卡。

3. 开场游戏——我是城市规划师

实施内容：工作人员讲解游戏规则，并进行情景描述，小组成员在讨论后完成城市规划图的绘制。

情景引入描述：我们的生活每一天都离不开水，它也是一个城市发展必不可少的重要资源。我们的祖先都会择水而居，建立起一座座城市。今天我也要赋予大家一项重要的使命，假如你是城市的规划师，你希望自己所在的城市是什么样子呢？都有哪些建筑或者设施必不可少？请大家开动脑筋，和小组的同伴合作完成。

游戏规则介绍：每组发放对应序号的海报纸及画笔。这张纸代表了你这座城市的平面图，在上面已经绘制好了一条河流，大家可以用简单的图形和文字来表示不同的城市设施。每个小组都有15分钟的时间来进行绘制，时间结束后，各小组将派代表来向大家展示你们的作品。

小组展示及点评环节：小组展示环节需结合城市水体保护的内容，对每组设计的城市进行点评。最后邀请每组代表站成一排展示城市地图，将河流连接成一幅完整的城市画卷，此处讲解要强调环境保护需要依靠大家共同的努力。

阶段目标：通过游戏引发思考，即"如何保护身边的水资源"。

4. 知识讲解——水的奥秘我知道

实施内容： 提前从公园湖水中采集水样，放入量杯中，通过显微镜观察水中的藻类及其他微生物。介绍水体中的物质组成，引出水华的形成原因。结合上一环节城市规划图中的内容，讲解城市污水对环境水体的影响，以及保护水资源的重要性，介绍北京最大的高碑店污水处理厂以及再生水的利用方法。最后介绍北京市针对水体保护采取的措施。阶段目标：通过知识讲解，让参与者了解污染的形成原因以及水体保护的基本知识。

5. 互动游戏——节水小卫士挑战赛

实施内容：根据室内讲解内容及生活常识，设计6~10组判断题，每道题目公布答案后，配和原理讲解，帮助加深记忆。

游戏规则：所有人起立，用手势表示正确和错误，答错的人坐下，退出挑战，最后全部答对的人给予适当奖励。

阶段目标：将水体保护与日常生活紧密联系起来，启发参与者从身边小事做起，树立环保意识。

6. 户外观察——认识身边的朋友

实施内容：你有留意过水中优美摇曳的植物身影吗？它们和保护水体又有什么关系呢？室外活动带领参与者进行自然观察，介绍城市湿地的概念和组成。讲解湿地中常见的水生植物品种和净化水体的功能。介绍挺水植物、浮水植物、沉水植物和漂浮植物的特征和代表植物。重点介绍常见品种，如荷花和睡莲的区别，也可根据场域内的实际植物种类进行针对性讲解和介绍。

阶段目标：引入城市湿地的概念，介绍湿地中常见的水生植物种类，讲解植物对水体净化起到的重要作用。

7. 室内总结

实施内容：参与者结合户外观察内容，完成任务卡的填写。科普老师负责讲解题目答案，再次梳理知识点。最后邀请参与者分享活动感受，家长完成调查表，活动结束后合影留念。

活动评估

1. 解说重点把握：活动中涉及内容较多，在保证内容专业准确的前提下，尽量使用通俗易懂的语言，多进行举例说明。讲解时要注重知识点的梳理和总结，在室内知识讲解结束后，利用1分钟时间简单梳理知识点，帮助参与者强化记忆。户外观察环节结束后，回到室内完成任务卡的填写，也是为了更好地巩固知识点。任务卡由参与者带回家，方便日后回顾。

2. 依活动评估表内容进行评估。

活动评估表

项目	内容	游客打分	专家打分	评估结果
活动内容（50分）	活动主题及内容设置（20分）			
	活动形式（15分）			
	老师讲解水平（15分）			
组织管理（30分）	活动秩序（15分）			
	物品准备（5分）			
	人员配合度（5分）			
	突发情况应对（5分）			
活动效果（20分）	活动参与度（10分）			
	知识接受程度（10分）			

活动风险点

1. 水生植物最佳观察时间为6~9月，建议在夏季举办。荷花、睡莲、千屈菜、慈姑等植物正值花期，有助于观察及讲解。如室外活动中遇到水鸟，也可进行观察，适当扩展湿地生态有关知识。

2. 室外活动可根据天气情况和场地条件进行调整，更换为室内教学，结合图片及实物展品进行介绍。

3. 由于活动包含室内及户外两个环节，活动参与者尽量佩戴胸卡，便于工作人员管理及组织。

4. 室内讲解结束后，在户外活动前统一安排休息及上洗手间的时间，人员集齐后开始下一阶段活动。

其他篇

妈妈和我一起玩儿

肖骁晨 / 北京望和公园

【活动目标】
1. 由家长带领孩子探秘自然，在自然中产生感悟。
2. 由家长作为老师带孩子体验，增进亲子关系，同时家长兼顾了接受者和传递者的双重身份。

【受众群体】12岁以下亲子家庭、中小学生
【参与人数】亲子家庭2~3人、中小学生10人以内
【活动场地】北京市朝阳区望和公园南园（城市公园）
【活动类型】拓展游戏型
【所需材料】自然体验活动操作包（不同位置5套）
【活动时长】150分钟

活动过程

时长	活动流程内容	场地/材料
30分钟	你能找到我吗？（动物保护色游戏）	广场 / 昆虫模型
30分钟	黑暗的世界（盲行游戏）	广场 / 眼罩、贴纸
30分钟	卡牌游戏（食物链游戏）	广场 / 动物图片
30分钟	《望和水密码》桌游（自然平衡）	广场 / 游戏旗
30分钟	我是"考拉"（动物扮演游戏）	广场 / 游戏指令卡片

1. 你能找到我吗（动物保护色游戏）

家长从道具盒中取出10种昆虫模型玩具，在附近树林中寻找与动物相同颜色位置放置，此过程不能让孩子看见。放置好后，引导孩子缩小范围寻找，可提示昆虫模型颜色。

昆虫模型全部找到后，家长引导孩子思考昆虫颜色对它的生存起到了什么作用？

结尾故事《变色龙》或《猫头鹰》，公园提供变色龙、猫头鹰的相关知识，家长根据孩子的不同年龄选择内容讲给孩子听，并可以上网搜索相关内容和故事给孩子讲述。

2. 黑暗的世界（盲行游戏）

家长从道具盒中取出眼罩、贴纸等道具。将孩子的眼睛蒙上，有家长带领孩子对周边的事物进行触摸，触摸时家长引导孩子描述触摸到的手感及外貌特征，猜测是什么（如乔木、灌木、石头、座椅等）。家长可根据孩子的年龄选择触摸3~5种，孩子猜测结束后，家长在触摸物上贴上贴纸。完成所有猜测后，孩子摘下眼罩，家长引导孩子根据触摸的感觉及自己的猜测寻找触摸物，找到后撕下贴纸，以贴纸的数量向家长汇报自己正确找到触摸物。

此游戏可以由家长和孩子轮流进行，结束后相互分享盲行过程中的感受。同时，家长可以引导孩子设想盲人的日常生活，我们要对弱势群体提供帮助等。离开前，请家长带领孩子将所有使用过的贴纸撕下并扔在垃圾桶内。

3. 卡牌游戏（食物链游戏）

家长从道具盒中取出动植物卡牌及动植物食物链介绍图，家长根据食物链金字塔现为孩子介绍卡牌中动植物在食物链中的关系，孩子了解后平均分配卡牌，游戏开始，有植物牌方先出，按照食物链轮流出牌，可隔级使用卡牌，当顶层食物链出现后，游戏结束。手中卡牌多的人失败。在游戏过程中，家长可扩展孩子在食物链中编讲小故事。

游戏结束后，家长提示孩子：人类只是食物链中的一环，食物链中一种动植物的灭绝，直接导致捕食（采食）动物的灭绝。保护自然，保护动植物等于保护人类本身。

4.《望和水密码》桌游（自然平衡）

家长从道具盒中取出《望和水密码》游戏棋，此棋通过积攒水滴换取对应植物，建造自己的花园为游戏脉络，亲子2~4人完成。

游戏结束后，家长可引导孩子回忆不同水滴数量对应的植物名称，传递植物生长对水的需求的区别，水在自然界中的重要性，可扩展知识沙漠植物和热带植物外形特点区别等。

5. 我是"考拉"（动物扮演游戏）

家长从工具盒中取出指令卡牌，卡牌指令举例：我是一只考拉，我趴在树干上。此时抽到卡牌的人，要大声说出卡牌指令，并模仿考拉的神态抱住身边的大树。我是一只鳄鱼，我在草丛中爬行等。

最后一个游戏结束，家长引导孩子回答在公园里这样玩儿是不是很有意思，在自然中生活是不是自由自在等类似问题。同时可以扩展卡牌中没有的指令，延续快乐回家。

活动评估

1. 自然解说员工作能力评估：代课自然解说员接受北京市园林绿化局林业碳汇工作室、北京市林学会的专业培训。在此方案中关键是游戏设置的更新，要定期更换体验活动内容及材料，吸引参与者走入自然。

2. 活动参与者的满意度及感受评估：参与者反馈活动内容具有一定的知识性、娱乐性。家长在陪同孩子的过程中，同样增长了知识，并用自己的方式与孩子游戏，增进了亲子情感，传递了自然感悟。

其他篇

3. 自然体验教育活动整体评估：活动主题明确，活动全过程没有固定的时间及形式，不是带领参与者体验，而是引导参与者体验，可扩展空间更大。

活动风险点

1. 应根据参与者的体验频率及填写的反馈单需求，及时更新活动内容及材料。

2. 由于是亲子体验，在第一个工具盒中要求家长详细阅读安全提示，每个工具盒中放置基本药品。

亲子互动——叶拼

《望和水密码》游戏地棋

绿苗伴我共成长

董鑫 / 北京望和公园

【活动目标】
1. 通过游戏互动，了解全民义务植树八种尽责形式。
2. 通过体验种植，让参与者感受植树的乐趣，亲近大自然，培养青少年的动手能力。
3. 通过体验园林抚育工作，进一步认识除植树造林外的义务植树尽责形式。
4. 通过桌棋游戏，了解人与自然的关系，提高学生保护自然的责任感，培养环保意识。

【受众群体】中小学生
【参与人数】30人
【活动场地】北京市朝阳区望和公园南园（城市公园）
【活动类型】解说学习型、场地实践型
【所需材料】全民义务植树八种尽责形式展板拼图、铁锹、花铲、花苗、水桶及《望和水密码》桌棋
【活动时长】150分钟

活动过程

时长	活动流程内容	场地/材料
20分钟	破冰活动	2号门森林大篷车 / 自然名牌
30分钟	拼图游戏	2号门森林大篷车 / 全民义务植树八种尽责形式展板拼图
40分钟	体验花卉种植	种植区 / 铁锹、花铲、小桶、花苗
20分钟	体验园林抚育工作	抚育区 / 铁锹
30分钟	桌棋游戏	2号门儿童广场 /《望和水密码》桌棋
10分钟	活动分享	2号门儿童广场

1. 破冰活动

自然讲解员带领参与者走进自然，引导参与者以自然中存在的事物（动植物、气象、地质等）为自己起自然名，并分享自然名的特殊含义。以此消除参与者间的陌生感，让参与者互相认识。

2. 拼图游戏

展示全民义务植树八种尽责形式展板拼图。10人分为一组，由自然讲解员带领学习了解全民义务植树八种尽责形式，随后打乱拼图顺序，开展还原拼图竞赛，用时最短且准确率最高一组为胜。通过拼图游戏、竞赛形式，学习全民义务植树八种尽责形式。

3. 体验花卉种植

3人分为一组，由自然讲解员讲解种植过程中的注意事项及安全问题，随后分发给每组1把小铁锹、2把花铲、1个小桶及若干花苗，分工合作体验花卉种植活动。自然讲解员负责演示种植过程、全程种植辅导和学生安全。

4. 体验园林抚育工作

指导参与者体验园林抚育工作，自然讲解员利用抚育工具为参与者做示范，并进行讲解，随后3人分为一组，对公园内原有灌木进行中耕开树耳、除草、浇水等抚育工作。

5. 桌棋游戏

使用《望和水密码》桌棋进行游戏。由自然讲解员介绍《望和水密码》桌棋游戏规则，4人一局轮流进行。

6. 活动分享

活动结束前，引导参与者分享植树体验感受，了解人与自然的关系，提高保护自然的责任感，培养环保意识。

活动评估

1. 自然讲解员工作能力评估：代课自然解说员接受园林专业培训，有一定园林知识基础。在讲解过程中充满激情，解说语言较准确，解说内容紧紧围绕活动主题展开，游戏内容有针对性。

2. 活动参与者的满意度及感受评估：参与者反馈活动内容具有一定的知识性、娱乐性，能够适度引起参与者思考，讲解与体验、游戏相结合，在愉快的氛围中渗透枯燥的知识内容。

3. 自然体验教育活动整体评估：活动主题明确，讲解与体验、游戏与分享合理穿插，并具有灵活调整空间。

活动风险点

1. 在活动正式开始前两天，活动场地需要由养护工人进行翻土，以保证栽植质量。

2. 由于时间有限，个别参与者在预期时间内可能无法完成栽植任务，可以让他们在活动结束后继续完成。

3. 根据参与者年龄适当分配活动场地，在栽植过程需要工作人员提供支持与帮助。

4. 花苗数量有限，领取时需保持良好秩序。

5. 周围路过游客较多，维持好现场秩序，以防游客在活动场地内穿行，破坏种植好的花卉。

通过拼图互动形式了解全民义务植树八种尽责形式

体验花卉种植，参与义务植树尽责

体验园林抚育管护工作

城市里的海绵体

肖骁晨 / 北京望和公园

【活动目标】
1. 了解城市海绵体对城市降雨的引流、滞留、净化等作用。
2. 通过实验、游戏等教学方法,激发参与者探索怎样合理收集、利用城市降水。
【受众群体】10岁以上人群
【参与人数】40人左右
【活动场地】北京市朝阳区望和公园南园(城市公园)
【活动类型】解说学习型、拓展游戏型
【所需材料】简易雨水净化实验装置、简易水流阻力实验装置、《望和水密码》游戏地棋及桌棋
【活动时长】2小时

活动过程

时长	活动流程内容	场地/材料
10分钟	破冰活动,让参与者互相认识	1号门广场
5分钟	实地参观望和公园最外层隔离屏障——外围渗渠	1号门去
15分钟	游戏——我是一滴纯净水	1号门广场
10分钟	实地参观雨水花园景区	雨水花园景区
5分钟	实地参观节水型植物——芒草	儿童广场东侧
20分钟	简易雨水净化实验	2号门儿童广场 / 简易雨水净化实验装置
5分钟	实地参观引流渗渠、景观型渗渠	历史记忆景区
10分钟	简易水流阻力实验	历史记忆景区 / 简易雨水净化实验装置
30分钟	《望和水密码》游戏地棋及桌棋	2号门儿童广场 / 《望和水密码》游戏地棋及桌棋
10分钟	活动分享	2号门儿童广场

1. 破冰活动，让参与者互相认识

自然解说员带领参与者走进自然，引导参与者以自然中存在的事物（动植物、气象、地质等）为自己起自然名，并分享自然名的特殊含义。以此消除参与者间的陌生感。

2. 实地参观望和公园最外层隔离屏障——外围渗渠

在望和公园南园1号门区，参观公园雨水外排的最外层隔离屏障——外围渗渠。使参与者了解公园内的雨水经雨水花园吸纳饱和后，剩余雨水引流入外围渗渠滞留，杜绝公园内雨水流入社政管线，减轻市政排水压力。

3. 游戏——我是一滴纯净水

将参与者分为4个小队，以不同的牵手（不牵手）方式构建三个过滤层及水滴，四层分别为植物根系过滤层、砾石过滤层、土壤过滤层、水滴层，并按照降雨汇集到雨水花园后分层经过过滤层的顺序进行排列，根据过滤层空隙大小逐层加密，参与者相互站立的间距逐渐减小，水滴层参与者需逐层穿过过滤层完成净化过程。四组参与者依次互换体验水流穿过不同空隙过滤层的感受，了解雨水花园纵向逐层过滤、滞水、下渗的过程。

此游戏目的是让参与者初步了解雨水花园纵向过滤层的名称，以及雨水通过分层过滤，达到滞水、净水目的的基本原理。

4. 实地参观雨水花园景区

讲解雨水花园的纵向分层过滤结构，在城市海绵体中如何起到滞水、渗水作用，为什么望和公园叫作城市海绵体结构。引导参与者观察公园地形，提出：未达到全园雨水不外排，如何"让雨水听话"流入雨水花园。简单讲解雨水花园中的半湿生植物品种，提出：植物怎样帮助城市雨水下渗。

5. 实地参观节水型植物——芒草

了解芒草类植物的生长特性，在城市海绵体中起到提高土壤下渗速度的作用。

6. 简易雨水净化实验

利用实验装置演示分层净化过滤成果。参与者模拟混有泥沙、树叶等的自然降水，利用实验装置展示由三层过滤后的净化效果。同时，直观了解雨水花园如何通过过滤层起到滞水作用。

7. 实地参观引流渗渠、景观型渗渠

了解园林景观——渗渠，在公园整体引流中的作用，观察引流渗渠及景观型渗渠内石子布置的区别，引导参与者探索不同地理位置设置不同渗渠的设计理念，展现园林景观的功能性，引起参与者的自然探索兴趣。

8. 简易水流阻力实验

利用不同石子大小的水流通过速度演示，加深参与者对不同渗渠设置位置及采用不同大小石子的直观感受。同时，提出如何加快城市降雨下渗，减小城市内涝的话题讨论。

9. 《望和水密码》游戏地棋及桌棋

帮助参与者对城市海绵体、城市内涝、植物喜水程度等活动涉及内容进行重温，加深活动效果。

10. 活动分享

活动结束前，让参与者分享城市雨水的收集再利用与自身生活的关系，在生活中看见过那些城市雨水收集再利用的装置。延伸出城市建设如何加快雨水下渗、生活用水再利用小妙招等。

活动评估

1. 自然解说员工作能力评估：代课自然解说员接受北京市园林绿化局林业碳汇工作室、北京市林学会专业培训，在讲解过程中充满激情，解说语言较准确，适当运用历史故事及典故，诙谐幽默、引人入胜。解说内容紧紧围绕活动主题展开，实验道具与解说内容结合紧密，游戏内容有针对性。

2. 活动参与者的满意度及感受评估：参与者反馈活动内容具有一定的知识性、娱乐性，能够适度引起参与者思考，讲解与实验、游戏相结合，在愉快的氛围中渗透枯燥的知识内容。总体评价：一次精心设计的自然式体验活动。

3. 自然体验教育活动整体评估：活动主题明确，讲解与实验、游戏与分享合理穿插，并具有灵活调整空间。晦涩的专用名词与游戏相融合，提高了知识点的接受程度。

活动风险点

1. 由于活动内容包含较多专业性词汇，在活动过程中应注意参与者接受状态，如遇兴趣点降低，可调整实地参观、实验、游戏的顺序，调控活动的关注度。

2. 活动全程室外操作，活动路线较长，在行进过程中，应注意控制参与者的行进速度。

3. 实验、游戏环节趣味性较强，注意控制现场秩序，避免拥挤、冲撞等事件的发生。

4. 活动助理携带应急物资，基本药品等，在夏季较热时，提醒参与者多饮水；冬季较冷时，准备姜茶等驱寒饮品。

雨水花园纵向分层水过滤实验

雨洪利用地棋游戏

互动，森林竞走

马新玲

【活动目标】锻炼目标群体团结协作的能力、认识并了解树木的生态特征及用途。
【受众群体】所有人群
【参与人数】20~30人
【活动场地】室外（场地开阔）
【活动类型】游拓展游戏型
【所需材料】不同种类的小树头饰、木棒
【活动时长】50分钟

活动过程

时长	活动流程内容	场地／材料
15分钟	选出18位小朋友，纵列3行，每行6人，充当小树，佩戴小树头饰。老师讲解3种树木的生态特征及用途	场地开阔（室外）／制作3类不同树种的小树头饰
5分钟	6人的前后距离保持一致（大约有2人并肩通过的距离）	
20分钟	其余的分成3组，每队2人一排站好在起始点，每队第一排的两人都将双手伸出握住木棒，听引导者发出口令，按"S"线绕小树行走，走到终点转回起始点，将木棒交给下两个人继续走"S"线，先进行完的一组获胜	木棒
10分钟	整个活动流程结束后，根据不同年龄层次、知识结构的来访群体进行活动反馈，谈自己对体验活动后的感受、提出问题，有不同的想法和意见团队成员之间进行讨论	

活动评估

1. 通过活动锻炼来访群体团结协作的能力。
2. 通过活动让来访群体了解不同树木的特征与用途。

活动风险点

1. 场地的选择（茂密的树林、不平整的场地会影响活动的顺利开展）。
2. 突发状况（天气、自然灾害、身体原因等）。

重走长征路,再造幸福班

崔庆元(猎人)

【活动目标】体验长征困苦,加强团队协作,提高孩子自理能力,增强自我防护意识。

【受众群体】初中1~3年级学生

【参与人数】每期50人

【活动场地】城乡接合部,纵深10千米,避开马路等交通道路

【活动类型】解说学习型、场地实践型

【所需材料】校方准备:校旗1面、班旗2面、团旗1面。

(1)两口行军锅(轮胎代替);

(2)6个背囊,(背囊内放置12块防潮垫,6个军用脸盆6瓶水,2把工兵锹,8根绑带,10根背包绳,急救包4个);

(3)重要物资(10个轮胎代替);

(4)8根白蜡杆;

(5)重要文件设备(10个轮胎代替);

(6)后勤保障车:车内需要准备装入4桶水,4件矿泉水,烟饼4个,移动音响一个,碗50个,菜板一个,50人食用的玉米、红薯、土豆,菜(西红柿、鸡蛋、土豆、茄子、咸菜及做菜辅料)

【人员配备】带队教官3名、布场及运输1人、设备装备2人、后勤保障2人、教师2人、家委会成员5人(根据情况随意确定)

【活动时长】5小时以上

活动过程

时长	活动流程内容	场地/材料
10分钟	集结	学校操场 / 通勤车
20分钟	活动说明	操场 / 发言稿
20分钟	清缴违禁品指挥权移交	操场 / 物品收纳袋

（续）

时长	活动流程内容	场地／材料
40分钟	出发基地	基地操场
10分钟	分队，任命队长，政委，授旗，队员签名，誓师大会	基地操场／记号笔、班旗
20分钟	分发装备	基地操场／轮胎、背囊、工兵锹、背包带、白蜡杆
时间随机	长征开始	基地操场／教官准备（后勤保障车）：4桶水，4件矿泉水，烟饼4个；移动音响1个，碗50个，菜板1个，50人食用的玉米、红薯、土豆（注意不要带筷子）； 菜、西红柿、鸡蛋、土豆、茄子、咸菜及做菜辅料
30分钟	遭遇阻击战	途中，基地拟定战场／模拟枪、炮、冲锋号、音乐、烟雾弹、火堆
20分钟	处置伤员	火线战场／绷带、担架、眼罩、三角巾
40分钟	过草地，沼泽地	基地预设场地／教官布置编号水瓶位置
60分钟	午餐	午休集结地／午餐炊具需要兑换
时间随机	折返集结点	午休集结地／所有装备
30分钟	大总结	基地操场／装备整齐，旗帜鲜明

一、集结指定日期（周末）、地点、时间

集结准时点名。（注：一人迟到全班受罚；增强团队意识。）

二、活动说明

团队领导人做活动说明。

三、清缴违禁品

手机、坚硬物品、水和零食移交教官。教官作战前动员。为更好地继承发扬革命前辈不怕死、不怕苦、不怕累的革命精神。组织此次体验活动目的：①珍惜当下幸福生活；②发扬团队精神；③挑战自我。

四、出发基地

团队领导人带领所有队员前往基地。

五、挑战科目

科目一

队伍集结完毕分成两个队：红一方面军和红二方面军，竞选出队长和政委，授番号旗（班旗）全员签名宣誓。

科目二

1. 分发装备（准备物资）：每队一口行军锅（可用1个轮胎代替），3个背囊（6块防潮垫，6个军用脸盆，3瓶水，1把工兵锹，4根绑带，5根背包绳），重要物资（可用5个轮胎代替），4根白蜡杆，重要文件设备（可用5个轮胎代替）。

2. 教官准备（后勤保障车）：需要准备4桶水，4件矿泉水，烟饼4个，移动音响1个，碗50个，菜板1个，50人食用的玉米，红薯，土豆。（注意不要带筷子，可引导参加者自主寻找工具。）

科目三

1. 遭遇阻击战：场地要求及场地布置：600平方米左右的空地，根据地形设置宽5米、长30米的火力封锁线，封锁线内不要铺设任何防护装备，提前清理石块、树枝等危险物品。封锁线两侧各设置3个发烟点，移动音响1个（下载好飞机、炮火、机枪、冲锋号的音乐）。

2. 准备物资：烟饼20个，音响1个。

3. 穿越封锁线动员会：我们队伍行进此处遭遇×××军，敌人试图阻击我军前进，需要大家快速穿过封锁线不在这里耽搁时间。

4. 穿越要求：低姿匍匐，限时通过，装备不能丢失，穿越过去的队员不能回头帮忙，旗手要第一个冲过去为大家摇旗呐喊加油。（注：爬行、蹲行、站着跑，均视为伤员，装备丢失的，丢多少加多少。）

根据情况设定伤员受伤程度。（注：为更好地达到效果，伤员设定受伤程度为看不见路和不能走路。）

5. 伤员包扎：

A. 眼部包扎：

（1）将折叠成四指宽的带巾中央部先盖住一侧眼睛；

（2）下端从耳下绕枕后，经对侧耳上至眉间上方压住上端，继续绕头部到对侧耳前；

（3）将上端反折斜向下，盖住另一只眼；

（4）再绕耳下与另一端在对侧耳上打结。

（眼部包扎的因为是模拟受伤，所以一定要在中途休息时打开见光，行进时再包上。根据条件可以选择眼罩代替绷带。）

B. 腿部包扎：

（1）将脚放在三角巾近一底边的一侧；

（2）提起较长一侧的巾腰包裹小腿打结；

（3）在用另一边底角包足，绕脚腕打结与踝关节处。（注：只要是腿部负伤的，不能自己独立行走。）

遭遇阻击战，穿越封锁线

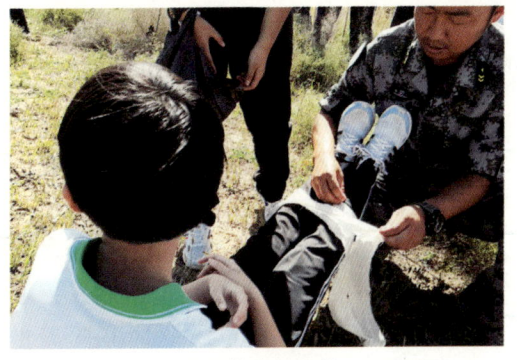

伤员救治与包扎

拾柴小分队

厨师小分队

助厨小分队

制作担架

6. 包扎完毕：

队长下令出发，背起伤员或扶着伤员，快速撤离封锁区，奔下一个集结点。

7. 此项活动目的：

让青少年接触自然，懂得为团队着想，感受革命前辈的不易。

科目四：过草地，沼泽地

1. 前期准备：两个教官先到达预设场地，布置编号水瓶位置。

2. 科目细节及注意事项：队伍遭遇阻击战后食品补给跟不上，需要大家寻找水源和可食用的草根树皮。

寻找食品过程中路过沼泽地，除找草根树皮队员外，找到水源的就地站好，举手示意找到水源（设定身陷沼泽遇险需要救援），救援过程中不能伤了伙伴，保证绝对安全，救援安全半径3米（教官根据现场情况设定难度）。

3. 现场注意事项及讲解科目：现场让大家生吃草根、树皮；讲述沼泽救援黄金5分钟；讲述沼泽救援的自我保护与怎样保护伙伴；教大家识别可食用草根与树皮；如果在黄金时间内没能及时救出伙伴，视为伤员，由同队的伙伴背着行走；如果在救援时，救援人员没在安全范围外救援，视为伤员，还是由同队伙伴背着行走；找到的水源大家可以喝水但是每队的水源是有限的，并且在剩下的路程只有现有的水源，应该怎样合理安排。

4. 科目目的：①讲述革命前辈当时是如何缺衣少食；②让大家品味苦涩与当下幸福生活的区别；③告诉大家当伙伴遇到

危险要在确保自身安全的情况下救援伙伴；④有没有团队意识看看喝水情况；⑤根据情况教官进行即兴点评。

5. 点评讲解结束，队伍继续出发，注意：背起伤员出发直达目标集结地（有时间限制，时间要根据实际情况和体力）。

6. 回到集结地：集结地由教官提前踩点预设。

科目五：午餐

1. 科目细节注意事项：各队选择宿营地用轮胎换取锅、食材、等做饭用具；队长分工整理宿营地铺设防潮垫，设定炊事班、拾柴小组、挖灶小组；教官要强调几个注意事项，不能坐凉地，在这样的运动中坐凉地容易得痔疮，容易着凉；不要喝凉水，喝凉水容易胃痉挛，甚至炸肺；所有人要等炊事班煮熟米汤轮流喝；当所有人领到食物后发现没有筷子，各队出解决方案，并且实施；所有伤员这一刻恢复自由，参与活动。

2. 科目目的：让大家体验自己动手丰衣足食的过程；在体验过程中感受自己每日盘中餐的来之不易；体谅父母的辛苦；增强团队合作意识，同时核心领导力浮出水面。

3. 点评与分享：餐后教官分组点评，多问为什么，然后让队员分享心得体会。

4. 注意事项：这个环节会有队员出现不适，如头晕、腿软、干呕、情绪激动，有的会出现大哭现象，这些现象均属正常，需要教官与老师配合进行情绪疏导与精神鼓励。

5. 餐后小惊喜水果准备：要求根据团队整体表现分发分量，教官即兴发挥时间掌握，通常30分钟。

6. 餐后水果完毕后，准备集结出发折返点。

科目六

1. 出发前准备：每队利用现有材料绑两个担架；换回轮胎；伤员就位。

2. 队伍出发：队伍用担架抬着伤员，其他队员背着伤员继续前进，整体队伍行进一千米后伤员全部恢复正常，全队开始急行军，目标出发集结点。到达集结点后进行物资清点，人员清点。

3. 大总结：教官讲述此次活动的意义，在此次活动中发现的感人事迹，重点讲团队协作，不怕苦不怕累的拼搏精神，感恩前辈的付出，感恩同学的配合等，时间控制在20分钟；队员分享环节，每人2~3分钟，录像记录回传家长。

4. 分享结束安排队员有序撤离。

活动评估

有效提高学员的生活幸福感，提高团队意识，不忘历史，缅怀前辈；感恩父母，增强自主动手能力。

活动风险点

防止中暑；防止运动拉伤；防止近距离磕碰；防止情绪失控；防止食物冷食、生食。

森林生态与碳汇研学

张秀丽

【活动目标】让每个学生学会树木碳储量调查方法，每人完成《树木胸径与碳储量调查表》任务。通过让体验者了解森林生态与碳汇的知识，学习树木碳储量的实测方法，引导体验者关注森林生态系统与林业碳汇，传播低碳生活理念，提高体验者爱护环境的意识。同时使体验者有效地认识到人类的日常行为的好坏能够对环境产生重大的影响，认知森林在应对气候变化方面的巨大作用。

【受众群体】中学生（10岁以上的初高中生）

【参与人数】60人（分3组，每组20人）

【活动场地】八达岭国家森林公园，或其他森林公园、郊野公园、自然保护区等

【活动类型】解说学习型

【所需材料】《北京地区主要树种吸收固定二氧化碳量速查表》、胸径尺、笔、剪刀、碳储量调查记录表、投影仪

【活动时长】140分钟

活动过程

时长	活动流程内容	场地/材料
30分钟	自然名卡片与破冰游戏	体验馆/废旧快递信封、笔、剪刀等
20分钟	碳汇知识讲座	体验馆/投影仪
60分钟	分组进行碳储量调查	森林中/《北京地区主要树种吸收固定二氧化碳量速查表》、胸径尺、笔、碳储量记录表等
30分钟	讨论与分享	森林课堂

1. 自然名卡片与破冰游戏

用废旧快递信封设计绘制心形、圆形、五角、花儿、树叶等形状各异的图案，并写上自己喜欢的自然名，制作独一无二的自然名卡片，大家用自然名接龙，通过破冰游戏，让参与者尽快熟悉起来。使用废旧快递信封让大家体会到节能环

保、低碳生活可以体现在我们生活学习的方方面面。

2. 碳汇知识讲座

用PPT的形式讲解森林生态系统、温室效应、气候变化与林业碳汇相关的知识，讲解林木碳储量调查方法与碳足迹罗盘的使用方法。

3. 分组进行碳储量调查

每组4人，选定要测量林地的10株树木，在老师的指导下，观察辨别树种名称；使用胸径尺测量树木胸径；对照《北京地区主要树种吸收固定二氧化碳量速查表》查询每株树木的碳储量，进行汇总计算；填写完成树木胸径与碳储量调查表。

4. 讨论与分享

大家共同讨论测量方法与结果，分析不同树种和其碳储量的相关关系。生活中我们可以采取节能减排方法，自然解说员可抓住机会进一步分享林业碳汇的重要性，提高体验者爱护森林与保护环境的意识。

活动评估与反馈

通过与带队老师和同学们的访谈，了解到每个学生都学会了树木碳储量调查的方法，完成了树木胸径与碳储量调查表。本次活动围绕"森林生态与碳汇研学"的主题设计，达到了让体验者亲自到森林中来，亲身体验森林环境的美妙之处，认识树木，动手测量计算树木中的碳储量。了解碳汇的意义，获得对森林生态与碳汇的认识，并承诺今后参与到绿色出行、低碳环保的实际行动中来。

在活动分享与总结环节，同学们讨论了碳排放与碳汇的途径，以及在日常生活中如何身体力行，养成低碳环保的生活方式，如使用节能灯泡、购买节能冰箱等电器；购买本地食品，如今不少食品通过

树木胸径与碳储量调查表

小组编号	树木编号	树种名称	胸径（厘米）	碳储量（查储量表）
	1			
	2			
	3			
	4			
	5			
	6			
	7			
	8			
	9			
	10			
合计				

航班进出口，选择本地产品，免去空运环节，更为绿色；乘坐公交地铁；节约用电用水；节约纸张；保护森林、参加全民义务植树活动等。活动达到了预期的目标。

活动风险点

参照《趣味植物花事》。

测量记录树木胸径

测量计算工具

《北京地区主要树种碳储量速查表》

其他篇

在森林中走进邮票的精彩世界

张秀丽

【活动目标】邮票素有"国家名片"之称,其方寸之间包罗万象,蕴含着丰富的知识。聆听集邮专家的知识讲座"中国邮票与十大名花",了解邮票、设计、发行背景等知识,欣赏十大名花植物邮票。引导体验者走进森林,了解植物,获得自然美育滋养。打开"五感",培养学生的观察力和专注力,发现美的所在、美的规律。自己设计绘制一张独一无二的森林邮票或明信片,既可以增强体验者的创新思维及动手能力,还可以培养他们热爱森林的自然情感。激发体验者对于森林及集邮的喜爱,让他们通过小小邮票联结植物的大千世界,培养体验者有益的兴趣爱好,并激发他们的爱国主义情怀。

【受众群体】中学生、成年人

【参与人数】每组15人

【活动场地】北京八达岭国家森林公园

【活动类型】解说学习型、自然创作型

【所需材料】答题卡、笔、投影仪、放大镜等

【人员配备】每组主讲1名、安全员1名

【活动时长】230分钟

活动过程

时长	活动流程内容	场地/材料
20分钟	"森林您好"开幕式	小广场
30分钟	体验馆自然知识探秘	体验馆/答题卡、笔
30分钟	"植物与邮票"专题讲座	体验馆/投影仪等
90分钟	走进森林,观察植物	松鼠小北五感体验径/放大镜
30分钟	设计制作植物邮票或明信片	森林大本营/明信片、植物邮票卡纸
30分钟	"森林再见"闭幕式	森林大本营

1. "森林您好"开幕式

美丽的八达岭森林欢迎您的到来，开幕式敬山仪式，选择一片平坦空旷的场地，让体验者围成一个圆圈。要求体验者心怀对自然的敬畏、感恩之情，集中精力倾听自然解说员的感恩自然敬山仪式引导语，并跟随自然解说员大声地宣誓，以增强体验者敬畏自然、尊重自然、爱护自然、保护环境的意识。

2. 体验馆自然知识探秘

请按照事先准备好的讲解内容，给体验者介绍八达岭森林体验馆的科普知识。根据体验馆讲解内容，分发答题卡，让参与者在体验馆中寻找下列问题的答案（见附件）。

3. "植物与邮票"专题讲座

在森林体验馆报告厅，聆听老师讲解"植物与邮票"科普专题讲座。了解邮票的历史、设计元素、发行背景、十大名花邮票、发行邮票的意义、集邮等知识，欣赏植物主题的邮票与明信片。

4. 走进森林，观察植物

沿着户外体验径引导体验者观察认识沿途的植物，寻找植物有特色的花、叶、果实，欣赏美丽的森林景观。仔细寻找3种不同的松树、3种不同颜色的花、3种不同形状的花、3种不同形状的叶子等。培养孩子们的观察力和专注力，发现美的所在、美的规律。寻找植物邮票和明信片的设计元素。自然冥想，在头脑中构思创作主题与画面。

5. 设计制作植物邮票或明信片

用彩笔在八达岭森林公园的明信片预留空白处画上自己设计的各种自然图案，可以写上送给森林的一句话或送给朋友的祝福语。也可以绘制自己设计的一枚小小邮票，设计创作邮票时，一定要包含邮票的国号、邮票面值、发行年份、邮票图案、邮票齿孔等要素。

6. "森林再见"闭幕式

请参与者分享自己的森林明信片或邮票的构思，谈谈为什么说艺术源于自然，走进森林到自然中寻找创作灵感与思路的体会，谈谈对整个活动的感想和体会，对森林和自然的再认识，我们如何行动才能爱护自然、顺应自然、保护自然，如何构建人与自然生命共同体。和森林说再见，祝福地球家园在我们的共同努力下越来越美丽！

活动反馈

体验者在活动感想与体会分享环节表示，在活动中欣赏了集邮大师珍藏的植物和"十大名花"主题的邮品，通过聆听专题讲座，了解邮票历史、设计、发行背景、纪念意义等知识，同时还能够欣赏公园自然美景，实地观察开花植物，了解自然知识，亲自动手设计植物邮票与森林明信片，培养了观察力和专注力，增强创新思维及动手能力。发现森林美的所在、美的规律，建立人与自然的联结，拥有感恩自然之心。

其他篇

绿化家园和植物邮票

设计森林明信片与邮票

1、国号
2、邮票名称
3、邮票面值
4、邮票志号（T87《10-2》）
5、发行年份
6、邮票图案
7、邮票齿孔
8、邮票的背胶
9、过去邮票是为了寄信
10、现在邮票已经变成一种集邮品

邮票的要素

附件

答题卡示例

（1）公共汽车行驶2000千米的碳排放是_____千克，需要_____棵树来消耗掉。小汽车行驶2000千米的碳排放是_____千克，需要_____棵树来消耗掉。

（2）蜜蜂蜂巢是什么样子的？

　　A. 正三角形　B. 正五边形　C. 正六边形　D. 正四边形

（3）蜜蜂可以看见什么颜色？

　　A. 青、绿、紫、蓝　B. 黄、绿、蓝、紫　C. 红、黑、黄、绿　D. 红、黄、紫、绿

（4）蚯蚓喜欢生活在什么样的环境里？

　　A. 黑暗干燥　B. 阴暗潮湿　C. 明亮潮湿

（5）60年前的八达岭是什么样子的？

　　A. 修长城，大量砍伐木材，残留森林

　　B. 大片的阔叶林，森林茂密

　　C. 建国初期，长期战争，森林荒芜

　　D. 一望无垠的大海

（6）请找出2种八达岭代表性的植物？

　　A. 暴马丁香　B. 美毛含笑　C. 玉兰　D. 风毛菊

（7）一般植物是先开花还是先长叶？那么山杏呢？

　　A. 先开花后长叶，山杏先长叶后开花

　　B. 先长叶后开花，山杏先开花后长叶

　　C. 都先开花后长叶

　　D. 都先长叶后开花

（8）暴马丁香的花香散发于它的哪个部位？

　　A. 花蕊　B. 花骨朵　C. 花瓣　D. 花叶

（9）哪种树的树皮可以入药？

　　A. 刺槐　B. 柳树　C. 油松　D. 杜仲

（10）一个国家发行邮票是宣示主权吗？

　　A. 是　　B. 否

森林游学健康行

张秀丽

【活动目标】追求健康、放松减压是成年人走进森林的主要目的之一。在生物多样性丰富且空气质量优良的森林环境中开展探秘森林、正念行走、五感漫步、大地艺术等森林游学健康行活动，可以让参与者呼吸林中的清新空气，亲近自然，养眼养身养心，享受自然的恩赐，学习促进身心健康的方法，提高机体免疫力。

【受众群体】成人（30～55岁）

【参与人数】45人（分为3组、每组15人）

【活动场地】郊野森林公园、森林疗养（康养）基地（以AAA级景区温州猴王谷森林康养基地为例）

【活动类型】五感体验型、自然创作型

【所需材料】缠绕画卡片

【活动时长】230分钟

活动过程

时长	活动流程内容	场地/材料
30分钟	起自然名，用缠绕画卡片分享此时心情	入口处小广场/缠绕画卡片
90分钟	探秘猴王谷森林，寻找特色资源，感受落叶浴，观察猴群的生活	健康步道两侧
50分钟	正念行走，漫步森林	健康步道
30分钟	大地艺术创作	观景平台/森林自然物
30分钟	活动分享与讨论	休息平台

1. 起自然名，用缠绕画卡片分享此时心情

每人给自己起个自然名，让体验者忘掉年龄、忘掉身份、忘掉压力，把自己当成一片叶、一朵花、一块石、一滴水、一片云、一座山、一棵树……分享自然名的故事，让自己渐渐地融入自然。自然解说员准备好50张不同的缠绕画卡片，让每位参与者选择一张喜欢的卡片，根据自己的解读与联想，来分享此时的感受与心情。消除参与者之间的陌生感与疏离感，为活动的顺利开展、让体验者慢慢打开心扉起到关键的作用。好的开始是成功的一半。消除参与者之间的陌生感与疏离感。

2. 探秘猴王谷森林，寻找特色资源，感受落叶浴，观察猴群的生活

猴王谷景区林中漫步，细心观察，发现捡拾到的苦槠种子（这个种子粉可以制作当地特色美食，清热美味）。继续寻找有特色的植物落叶与落果，大家在林中探寻，找到了有漂亮得像地图一样痕迹的树叶。躺在铺满落叶的林下，感受落叶沐浴的美好，聆听树叶飘落的声音。沿途仔细观察，认识植物，观察猴群的生活，欣赏猴王的风采，乐在其中，发现更多的自然之美。

3. 正念行走，漫步森林

正念的意思，就是觉照，同时它也意味着深入观察。正念是以一种特定的方式来觉察：有意识地觉察（on purpose）、活在当下（in the present moment）及不做判断（nonjudgementally）。目的性是正念非常重要的组成部分。当我们有目的地将意识脱离这些心念而带往某个"停泊点"时，我们将削弱它们对我们生活的影响力，并为培育平静和愉悦的心境创造了条件。

引导学习正念行走的方法，体验止语（不说话）闭眼行走一段平缓的道路，我们打开五感，全身体验，听鸟鸣水声、观森林之美、品尝山中野果（悬钩子）、触摸树皮、落叶与苔藓地衣、闻清新湿润的空气，嗅花香树香泥土的芳香……每个人都陶醉其中，身心得到放松与愉悦。

4. 大地艺术创作

用捡拾的自然物创作一幅大地艺术作品，3个组分别创作各有特色、从平面画做到立体的作品，每个人积极参与，最动人的环节是大家分享大地艺术的创作过程、合作精神以及对自然和美感的认识。自然艺术创作过程和成果展示与解读都能起到很好的疗愈作用。

5. 活动分享与讨论

这个环节很重要，大家围成一圈，彼此相望，共同回顾一起走过的林间步道与一起体验自然的美好时光，讨论如何更好地使用"五感"与心灵感应去感受自然的美好与绿色福利馈赠，被大自然生生不息的力量和岩石中树木的坚强所感动。大家一同分享参加活动的收获、感想和体会，对自然的再认识，健康的森林空气清新、负氧离子与植物精气可以提高人体的免疫力，我们更应该保护好森林，经常走进森林，实现人与自然、人与人、人与自我的和谐。让自然更美、让我们的身心更加健康快乐。

特别提醒事项

1. 景区健康步道有些石质路段上长有苔藓，雨后有些湿滑，提醒体验者注意脚下安全。

2. 郊野公园个别路段坡度较大，有些地方没有护栏，在活动路线选择上要尽量避免。

活动评估与反馈

采取活动前后访谈与问卷调查的方法，参与者表示通过探秘森林、五感漫步，加深了对自然的认知与热爱之情；正念行走及大地艺术自然手工艺术创作过程和成果展示与解读都起到了很好的减压与疗愈作用。在反馈环节，体验者说这个活动是"三舒"——舒服、舒适、舒心。最让我感动的是一位企业的管理者，活动开始时，他说："我不太喜欢自然，不知道为什么。"到了活动结束前分享讨论时，他由衷地说出"通过体验活动我爱上了自然"，让我们倍感欣慰。唯有认识，才能喜爱；唯有喜爱，才能保护。

活动风险点及管控

1. 活动中体验者有可能受到有毒动植物及意外伤害，尽量选择步道行走，不要深入景区密林中，工作人员携带急救包。

2. 活动遇意外情况需紧急有序疏散，现场配备专职安保人员，提前设置紧急撤退路线。制定活动紧急预案。

3. 如遭遇暴风雨、冰雹、泥石流等天气原因导致无法进行户外活动时，取消或变更活动方案。

4. 雨后石头小路有些湿滑，提醒大家注意脚下，尽量选择大路行走。

5. 为保障活动安全，主办方为参加活动的人员购买意外伤害保险。

寻找特色植物

观察猴群

大地艺术创作

抚触苔藓,感受植物

艺术创作作品

探寻冬季森林魅力

张秀丽

【活动目标】观察冬季严寒中的植物,学习植物冬藏的智慧,感悟自然的魅力和力量,陶冶情操疗愈身心。从而更好地联结自然,敬畏自然,与自然和谐相处。
【受众群体】成年人(年龄不限)
【参与人数】体验者15~20人,主讲1人,助理兼安全员1~2人
【活动场地】北京延庆伴月山谷(或者适合冬季开展活动的山林与果园)
【活动类型】五感体验型、解说学习型
【所需材料】记录纸张、废旧纸盒与画报、贴纸、线绳、小剪刀、胶水、彩笔、碳素笔等
【活动时长】4小时

活动过程

时长	活动流程内容	场地/材料
30分钟	开场介绍与活动开始前访谈	伴月山庄会议室
30分钟	自然卡片:变废为宝手工制作	伴月山庄会议室/废旧纸盒与画报、线绳、小剪刀、胶水、彩笔
30分钟	相见欢破冰游戏	小广场/自然卡片
20分钟	风车转转转舞蹈	风车长廊
60分钟	雪后山林漫步,认识植物冬态,探寻冬日动物痕迹与奥秘	半月山谷森林步道/山葡萄
30分钟	冬季采摘,品尝冬果	伴月山谷果园/海棠
40分钟	总结分享与活动结束前访谈	伴月山庄会议室

1. 开场介绍与活动开始前访谈

介绍带队老师及活动安排与注意事项,活动前一对一访谈,填写调查问卷,了解大家对活动的预期与身心状况。

2. 自然卡片:变废为宝手工制作

用废旧画报、彩页、彩纸经过绘制剪切与粘贴,制作独一无二的自然卡片,并给自己的卡片题名。学习变废为宝的低碳

生活方式。讲述我对废弃物利用、垃圾分类与环保的认识。

3. 相见欢破冰游戏

"猜猜我是谁"自然卡片分组PK游戏，获胜方高歌一曲，大家为其击掌伴奏，活动活跃了气氛，让大家尽快熟悉起来，为后续活动做铺垫。

4. 风车转转转舞蹈

2人一组，1人模拟方向及风力，用手示意；另一人模拟风车，随风旋转舞蹈，快乐地穿过风车长廊，向山上出发。

5. 雪后山林漫步，认识植物冬态，探寻冬日动物痕迹与奥秘

漫步雪后森林，学习冬季认识植物的方法。观察冬天里的金银忍冬，一对对的小红果常挂枝头，着实可爱温暖。大家还发现了山葡萄藤上的野葡萄干，采一个放到舌尖，用味蕾感触自然的味道。接着寻找动物的脚印、粪便、羽毛等痕迹，大家发现了啄木鸟在树上的洞，而且一棵树上会有两三个洞。路上还捡拾品尝了山杏仁，每人一个，吃点儿苦没什么，少量会有益健康，野生的苦杏仁可以治疗咳嗽等，但不要多吃。品尝食物的酸甜苦辣，感悟人生也是如此。我们抛洒雪花，听雪落下的声音，感受冬日森林的别样魅力。登到山顶高歌一曲——我爱你，塞北的雪，森林文化滋养，朗诵毛泽东主席的《沁园春·雪》，登高望远处，一览众山小。美就在我们身边，心中有爱，处处有景。下山的时候大家发现了鸟巢，小鸟们都是很聪明的，常常把鸟巢修建在特别隐蔽的地方，如不是细心慢慢观察，很难发现它们，这也是动物的智慧，我们静静地欣赏，感恩这次不被打扰的相逢。在山下仔细观察、轻轻触摸玉兰花毛茸茸的冬芽，它在蓄积能量，等待春暖花开，美丽绽放，明年春天，我们相约再来赏花体验自然。

6. 冬季采摘，品尝冬果

伙伴们第一次在冬季户外采摘，认识了冻海棠，品尝了酸酸甜甜的味道。这个品种的海棠秋季的果实不是很好吃，只有在上冻后才会变甜。好像在东北吃的冻梨一样。

7. 总结分享与活动结束前访谈

回顾在每个场所进行的解说过程中观察和体验到的重要部分，向参加者综合性地强调这些内容和整体的主题的关系。发现冬季森林的别样魅力，可以疗愈身心，唤起大家对自然的喜爱与保护之情。活动结束前进行一对一的访谈，填写调查问卷，看看是否达到大家的预期目标、征求体验者对活动的意见或建议。

活动评估与反馈

本次冬季自然体验活动通过雪后山林漫步探寻冬日森林奥秘，观察严寒中的植物，学习植物冬藏的智慧；寻找动物的痕迹；户外采摘，品味冬季的美味果实。感悟自然的魅力和力量，陶冶情操疗愈身心。参与者们反馈：了解了冬季认识植物的方法，学会了通过观察冬芽（如玉兰、银杏等）的形状、树皮的纹理（山桃与山杏等）和冬季的种子（金银忍冬、南蛇藤、臭椿）等特征来识别植物。大家还了解到金银木等植物的特征及多种用途，夏

认识植物的冬态

冬季果园采摘品尝美味冻海棠

天它不仅是观花的景观植物,而且冬天的小红果也常挂枝头而不落,还可以祛风、清热、解毒,主治感冒咳嗽、咽喉肿痛、目赤肿痛、肺痈、乳痈、湿疮等。从而更好地享受植物之美,感受森林文化,进一步联结自然,更好地与自然和谐相处。

活动后总结分享环节,大家表示希望以后可以更多参加此类自然体验活动,了解大自然更多的奥秘,感受森林四季不同的美丽。以前都是在春、夏、秋三季来体验自然,今天对冬季森林有了一个新的认识,对大自然有了新的了解,更是意识到保护环境需要大家共同的努力。只要每个人都参与进来,环境才会变得更加美好,我们生活才会更加幸福。

注意事项

1. 冬季风大、植物干枯,森林火灾风险较大,体验活动一定要强调森林防火,不能携带打火机等火源上山。

2. 下雪天大家喜欢在雪中探秘森林,打雪仗,但山区早晚温差大,天气寒冷,户外活动一定要提醒大家穿着保暖的衣服和防滑的鞋子。

3. 下雪天步道湿滑,有可能摔倒。上下台阶的时候要提醒大家不要把手插在衣服口袋里、时刻注意脚下行走安全。

4. 活动中提醒体验者不要走密林,小心被带刺树木的枝丫意外划伤(酸枣等带刺植物)。

5. 冬季天气寒冷,户外活动时穿的衣服较多,活动结束前要提醒大家不要落下东西(帽子、围巾、水杯、手机、充电器等物品)。

6. 尽量选择平坦易行的步道或场地活动,可以适当增加手工制作等一些室内的活动。

森林体验团建活动

张秀丽

【活动目标】森林体验团建活动,通过寻找生命之树与森林冥想,感受自然之美,减轻团队成员的工作压力;通过森林健步走与信任之旅等团建游戏增加彼此之间的合作沟通交流,增强团队凝聚力。
【受众群体】成人(20~45岁)
【参与人数】60人,分3组,20人一组(同一单位或部门的员工)
【活动场地】森林公园或郊野公园(以百望山国家森林公园为例)
【活动类型】解说学习型、五感体验型
【所需材料】眼罩、登山杖、茶具、小坐垫、调查问卷等
【活动时长】260分钟

活动过程

时长	活动流程内容	场地/材料
40分钟	活动介绍、填写前测问卷及八段锦习练	公园入口附近小广场 / 八段锦要领讲解图示
60分钟	认识植物、五感观察、森林健步走、团建游戏	健康步道 / 眼罩、登山杖
60分钟	野餐、家乡美食分享与森林茶席	小亭子 / 葡萄干、茶具
60分钟	寻找生命之树与森林冥想	儿时山林 / 小坐垫
40分钟	总结分享、填写后测问卷与访谈	中德项目区观景平台 / 调查问卷

1. 活动介绍、填写前测问卷及八段锦习练

自然解说员介绍本次活动的主题、流程及带队老师,用不同的自然物进行红蓝队分组,每队一起讨论起个队名(如雄鹰队、猛虎队等)。带领团队在活动前进行热身,针对容易受伤的肌肉及关节部位有目的性的锻炼,学习八段锦,活动筋骨,为接下来的森林健步走做身体准备。

2. 认识植物、五感观察、森林健步走、团建游戏

森林健步走，从森林健康步道至林间凉亭，中间穿插植物识别、观察体验、信任之旅与不倒森林游戏，增强团队成员之间的配合及互相支持。欣赏山中景色及植物之美，认识5种以上的植物，从叶形、花形、果实等方面给大家逐一讲解，如丝棉木、抱茎苦荬菜、银杏、蔷薇、侧柏、榆树、栾树、黄栌、桑树等。鼓励大家打开嗅觉闻蔷薇的花香，触摸不同树叶的叶脉体验触觉。活动正逢桑葚树果实成熟之时，便带领大家品尝熟透的桑葚的味道。在森林健康步道上行走，感受被大自然包围的环境下，体会脚底的感知觉，和自然进一步联结。

森林茶饮与野餐

在木栈道上开展蒙眼毛毛虫信任之旅和不倒森林的团建游戏。这个活动让体验者们关闭视觉通道，体会个体的力量与团体协作的重要性，有责任、有担当、有互信、有配合。通过在林间小道里的行走，进而触动体验者的内心，引发思考，感受信任的力量与陪伴的重要性。

3. 野餐、家乡美食分享与森林茶席

每人带来家乡特色美食或自制小点心，午餐时分享家乡的故事、妈妈的味道、舌尖上的故乡。带队老师给大家准备了葡萄干、杏仁等干果，用吃葡萄干学习正念进食的方法。首先慢慢地观察食物、聆听声音，用嘴唇轻轻触碰，慢慢咀嚼吞咽享受美好的进食过程，感受食物的色香味，感恩种植与制作美食的人们。正念进食也是健康瘦身的方法之一。餐后来到林中的休憩区，布置好茶席，与体验者一同分享乌龙茶、绿茶、白茶与蒲公英草本茶。林中品茶，讲解茶文化。让参与者打开味觉，并了解不同茶叶在日常生活中的健康功效。

4. 寻找生命之树与森林冥想

在林中静静地观察，寻找和自己有缘的生命之树，拥抱她、抚触她、聆听她、倚靠她，然后在树下找个舒服的地方坐下。一起体验森林冥想，聆听鸟儿们的自然音乐会。冥想是改善我们身体状态，提升我们心理、精神，自我赋能的大脑和身体的训练，长期练习冥想者，可以缓解压力、减少焦虑、化解忧郁增进平和、改善记忆、提升专注和创造力，收获轻松、平和、宁静、喜悦的心灵，开启全新的生命体验与高维视角。

森林冥想引导词示范（舒缓轻柔的声音）：请朋友们以舒适的姿势坐在树下，也可以背靠大树。好，现在请您轻轻地闭上眼睛，将意识关注在呼吸之上，深长地吸气，缓慢地呼气，在一呼一吸之间，感觉心跳的平缓，身体的安宁，去寻找呼吸的顺畅，静观身体的感受；深深吸气，气息由鼻腔、胸腔沉入丹田，带进了森林中新鲜的氧气，滋润着身体的每一个细胞；缓缓呼气，带出了身体中所有的废气、浊气，让一切的烦恼远离我们。再一次深深吸气，让这如甘露般的氧气滋润着我们的全身，呼气将我们体内的污气连同所有的不快一同呼出，除去一身尘埃。想象我们走进一片森林，漫步在林间的小道上，柔和的光线从森林的空隙处渗透进来，斑驳的洒落在我们的身上，一阵清风吹来，轻轻地拂过我的脸庞，几缕发丝随着那微风轻轻的飞扬。想象着蔚蓝的天空清澈得没有一丝云彩，深深地吸一口气，空气中还夹杂着野花的幽香，闻着这沁人心脾的幽香。听，溪水潺潺，奏出美妙的歌曲，蝴蝶自由地穿梭于烂漫的花丛中，尽情地嬉戏。又一阵微风徐徐吹来，轻轻抚摸我的脸庞，让我的内心一片安静与愉悦。吸气时小腹微微隆起，像一朵渐渐绽放的莲花，呼气时小腹一点一点地内收，感觉到我们的身体越来越轻，越来越轻，仿佛化作了一朵白云融进了蓝天。我们身体在空中自由飘荡，俯瞰美丽的森林，温暖的阳光照射在我们的身体上，一种久违的祥和深入我们的心房。此刻远离了繁杂的思绪，在蓝天寻找那份宁静与安详。请自由的呼吸，舒适的呼吸（10分钟），请将双

五感体察，触摸苔藓

手搓热放到眼睛上,接下来慢慢地睁开眼睛,回到当下。

5. 总结分享、填写后测问卷与访谈

对整个活动进行总结与分享,访问了解每个体验者对活动的感想、体会与意见建议,填写后测问卷。活动前后对自然的认识,对团队建设的体会,以及身心是否得到减压放松等。

活动评估与反馈

活动结束前对体验者进行了访谈与问卷调查,大家认为活动内容丰富,第一次参加森林体验型的团建活动感觉很好,希望经常举办类似的活动。通过森林漫步,欣赏公园美景,认识了5种以上不同的植物;通过生命之树与森林冥想减轻了工作压力;通过相见欢、信任之旅的团建游戏,增加了成员之间的了解和信任,进一步增强了团队的凝聚力。

访谈调查结果表明,体验者对五感留下印象最深刻的是听觉,67%的体验者把听大自然的声音:鸟鸣、树叶舞动的声音、风吹山林的声音,果实落地的声音,放在感觉印象最深刻的第一位,33%的体验者把听觉放在感觉印象最深刻的第二位。其次是视觉,观察大自然的景色放在第一位的占17%;嗅觉,闻大自然的味道放第一位的占17%。分析原因:可能是步道两侧山坡植被茂密,开展活动时正是桑葚成熟时期,吸引了很多小鸟,活动期间各种清脆的、婉转的鸟鸣不绝于耳,山花烂漫,林木葱茏,蔷薇芬芳,自然条件有利于森林体验活动,在自然解说员引导的生命之树与森林冥想等一系列课程的作用下,活动有效地利用了森林本身的资源,体验者与森林建立了联结,打开了听觉、视觉、触觉、味觉和嗅觉。

体验者最喜欢的课程,依次是森林冥想、森林茶饮、蒙眼毛毛虫信任之旅游戏、森林健步走。其中有两个参与者的分享比较深刻,其中一位通过在森林体验团建游戏信任之旅和毛毛虫的活动中让自己更深刻地意识到自我的同理心,过去因自我的人际交往方面的压力,遇到问题的时候总会自我否定,总认为是自己做得不够好,这次的活动让体验者意识到自己开始在无意间站在对方的角度上思考问题,认识到了自己的进步和内心深处优秀的自己。这次的活动让这位体验者能够重新认识自己,认可自我,增强了自信心,而这无论是从本次的活动效果来看,还是从该体验者今后面对人生诸多事情处理问题的方式等方面都有着深远的影响。认识自己和认可自己是一个人一生中非常重要的,所以这个活动非常有意义。

另外一位体验者分享:本次活动更强调"五感"的觉察,触动内心深处,引发思考,是向内而生的。因此,效果就是用一种生命来触动另一种生命,用一个灵魂去撬动另一个灵魂。引发内心深刻的思考,改变自我,重塑人与自然和谐共生的理念;只有尊重他人,与团队成员携手并进,增进信任与沟通,才能最终实现团体目标,也让自己的价值得以实现,并收获友爱和快乐。

活动风险点

参照《趣味植物花事》。

联结自然，放飞心情
——疗养型森林体验活动

张秀丽

【活动目标】现代人久居于城市，大部分成人和儿童患有"自然缺失症"，人们非常需要通过接触自然平衡个体身心状态。森林是维护生态平衡的主体也是人类赖以生存的自然资源。人们对自然（森林）有着发自内心的热爱。森林是人们赖以生存的母体，回归森林，在森林中进行放松和疗愈，可以为人类生存带来无形的陶冶和恢复效果，"亲自然、换空气、解压力"已经成为都市生活新时尚，也是市民释放压力、放松心情、亲近自然、疗愈身心的场所。

本次森林体验与森林疗养相结合的创新活动，旨在引导体验者在自然中关心关爱自己的身心健康，通过植物识别、森林漫步、五感观察聆听大自然之音、制作自然名牌、破冰游戏、曼陀罗自然艺术创作、森林瑜伽与冥想等活动，在亲近自然、自我肯定中放松心情、重塑自我、感知当下，增进体验者之间的相互信任与理解。学会常怀一颗感恩之心，发现自然美丽景观，感受自我美好心情，培养积极乐观情绪，并将在自然中感受到的温馨、平和、感恩的心理状态，带入到日常生活和工作中，让体验者的压力得到释放，提高自身的免疫力。

【受众群体】成年人

【参与人数】每组10~15人

【活动场地】北京八达岭森林公园及生物多样性丰富的郊野公园、自然保护区

【活动类型】五感体验型、自然创作型

【所需材料】白色的盘子、小剪刀、胶水、彩笔、碳素笔、茶具与茶叶、活动评估调查问卷

【人员配备】每组自然解说员1人，森林疗养师1人

【活动时长】220分钟

其他篇

活动过程

时长	活动流程内容	场地/材料
30分钟	活动简介、前测问卷调查与访谈	森林体验馆／问卷、碳素笔
30分钟	自我介绍与趣味破冰游戏	体验馆与小广场
10分钟	"无痕山林"敬山仪式	体验馆门前
60分钟	森林漫步,打开五感,聆听大自然天籁之音,森林瑜伽与冥想	青龙谷体验径
30分钟	曼陀罗自然艺术创作	森林体验馆／白色的盘子、小剪刀、胶水、彩笔
30分钟	正念品味植物草本茶	森林体验馆／茶具、茶叶
30分钟	活动总结分享、后测问卷与满意度调查	森林体验馆／问卷、碳素笔

1. 活动简介、前测问卷调查与访谈

介绍带队的自然解说员和森林疗养师、活动流程与注意事项,让体验者避免因不清楚活动情况带来的过度好奇、兴奋、焦虑,有助下一步活动的顺利进行。开展前测问卷调查与访谈,了解体验者的身心状况、爱好与禁忌,以及参加本次活动的目的与预期收获,并据此微调活动方案,最大限度满足客户的需求。

2. 自我介绍与趣味破冰游戏

每人做自我介绍,在体验馆外小广场趣味破冰游戏,止语(不说话)后用3种不同的肢体语言来和大家问候,也进行了初步的身体活动。并快速地认识伙伴,感知当下相聚的欢乐。

3. "无痕山林"敬山仪式

"无痕山林"(leave no trace),简称"LNT",是始于美国的一种户外运动方式,旨在提醒人们在自然中活动时,关注并身体力行地保护与维护当地的生态环境。当我们进入山林的时候,首先开展敬山仪式。敬山仪式并非仅仅是一种古老仪式的传承,更多的是要唤醒自己对大自然的谦卑。把每一座山、每一条河、每一片土地看作是有灵性的生命,对之予以尊重,方能更加切身体验到身心融入大自然的美好感觉,有助于促进人与自然和谐共生。

4. 森林漫步,打开五感,聆听大自然天籁之音,森林瑜伽与冥想

行走至观景平台,进入充满松香的自然体验路径,开展森林漫步、森林瑜伽与冥想练习,沿途充分打开五感,沿途捡拾自然物,聆听大自然天籁之音,漫步至"松鼠小北之家"。①充分调动视、听、触、嗅、味五种感官功能发现并感受自然的美好,疏导压力等;②引导觉知当下;③分享感受、认知,导向是五感觉知和当下对身心的积极作用;④导入顺其自然、为所当为的积极心理觉知。

321

5. 曼陀罗自然艺术创作

曼陀罗绘画与艺术是一种最原始的心灵语言，也是一种开启心灵之窗的内在语言，曼陀罗活动可以为人们提供安全的空间，有利于将日常生活无法或者没有被意识到的部分表达出来。我们用森林中的枯落物及自然物共同创作曼陀罗自然艺术，以圆为边界，大家分组合作拼出自己喜欢的图案，自然中许多植物的花（如向日葵）的形状就是曼陀罗自然艺术的天然艺术品。让体验者从活动过程中获得成就感和满足感。培养对合作伙伴的信赖感，促进伙伴间的协助沟通，享受创作过程，提高专注力。

6. 正念品味植物草本茶

认识可以制作草本茶的植物材料，如黄芩、酸枣叶、松针、薄荷等，以黄芩为例介绍延庆山民采茶、制茶、发酵、饮茶的传统方法，学习用正念的方法细细品茶，打开五感，享受植物的自然味道，同时了解常见植物草本茶的保健功效和适合人群与禁忌事项。

7. 活动总结分享、后测问卷与满意度调查

活动结束前通过面谈与后测问卷调查，了解体验者的感受，本次活动是否达到预期目标，以及体验者对本次活动满意度的评价与建议。并通过大家的分享与老师的总结获得日常森林体验与健康生活的建议。联结自然、放飞心情，感受自然体验与森林疗养结合的魅力，在森林中亲自然、换空气、解压力、长知识、疗愈身心、提高免疫力。

活动评估

1. 评估方法：采取问卷调查法与访谈法。

2. 问卷调查评估结果：通过满意度调查问卷，体验者均对本次活动整体评价为非常满意；对本次活动提供的课程为非常满意；对本次活动自然解说员和森林疗养师的服务为非常满意。通过访谈了解到大家对自然体验与森林疗养相互结合的活动满意度较高，最喜欢的活动项目是曼陀罗自然艺术创作、新颖的趣味破冰游戏与正

曼陀罗树叶画

正念品味草本茶

其他篇

自然物创作的曼陀罗艺术

曼陀罗大地自然艺术

森林瑜伽练习

植物草本茶

念品味草本茶。建议今后延长活动时间，最好是2天1夜或3天2夜的深度体验，这样晚上也能安排夜探、观星等活动课程。

3. 访谈结果：体验者反馈，我们观察自然里的点滴，拉近生活与自然的距离，修复与自然的联结，唤起对美好自然的向往，敞开心灵与之亲近，进而关心生命，与自然共情。增强尊重自然、敬畏生命、爱护环境的生活态度。

"五感"观察，森林瑜伽与冥想，重新了解身边的自然环境，以视觉去发现美，以嗅觉去唤醒记忆，以听觉去感受善意，以触觉去体验温柔，以味觉去寻找自己。走进森林，常怀一颗感恩之心，体验自然的美好与生生不息的力量，学习森林疗养放松身心的方法，学习形成健康的生活方式。

活动风险点及安全应急预案

参见《趣味植物花事》。

沙漠穿行

崔庆元（猎人）

【活动目标】挑战自我，增强团队凝聚力。
【受众群体】成人（18～45岁）
【参与人数】10～20人
【活动场地】玉龙沙湖
【活动类型】解说学习型、场地实践型
【所需材料】GPS、线路地图、对讲机、求生哨、瑞士军刀、户外服装或者丛林迷彩服、作战靴、面罩、护目镜、遮阳帽、单兵背囊〔3千克水袋、250克白灰（营地防虫）、单兵帐篷、睡袋（沙漠昼夜温差大防寒）、工兵锹、急救包、防暑药品、咸菜（补充体内流失的盐）、单兵口粮、夜用卫生巾1包（防止腋窝出汗磨研起泡，鞋内进沙子磨脚替代鞋垫）、1米宽保鲜膜（取水）、放大镜（取火）、脸盆、盐袋、10米救生绳1根、雨衣或者雨具、编织袋1个（带出生活垃圾）〕
【其他配备】总领队1人，副领队2～8人，医疗1～3名，场地预设3名，后勤保障车1辆，救援车1～4辆
【活动时长】3天

活动过程

时长	活动流程内容	场地/材料
20分钟	检查装备物资	集结点/单兵背囊及工具
20分钟	分组及活动说明	集结点/旗杆、净面彩旗、2.0pop笔
10小时	第一天穿越开始	集结点/单兵装备
第二天	沙漠拓展环节	第一宿营地/单兵装备
40分钟	穿越流沙河	第一宿营地/随机使用可用单兵装备
40分钟	雷阵取水	第一宿营地/旗杆竿、救援绳或者背包带、弹心（水瓶）或者水桶、安全警戒线
第三天	自救，与团队协作	第二宿营地/单兵装备

其他篇

（续）

时长	活动流程内容	场地/材料
90分钟	寻找生命之水	第二宿营地/单兵装备
120分钟	绿洲——神秘人	距离最终集结点6千米的位置/藏宝图
40分钟	集结与大分享	第三宿营地，集结点/音响

一、活动前准备

1. 准备装备物资，检查背囊及单兵工具是否齐全。

2. 根据队员情况、技能、特长，分别组建2支队伍，分发装备物资，并进行活动说明。

二、行程安排

第一天

1. 初次进入沙漠，每队只凭借地图，GPS找到第一天营地。

2. 领队并不指引路线方向。每个小组的成员都必须在规定的时间内一同抵达营地，第一名和最后一名队员相差距离超出安全距离，视为犯规。

3. 全程直线距离为20千米，全程线路地形为沙丘，大约行进速度为每小时2~2.5千米，领队需保证每队穿越线路的安全。

4. 任务要求：团队应团结协作，一同抵达终点。

5. 任务目标：第一天就是穿越，没有其他项目，仅为磨炼意志。

6. 用餐：午餐速食；晚餐可以准备丰盛些。

7. 保证休息。

8. 医疗：检查身体。

第二天

起床早餐，检查物资出发，目的地为第二营地。

项目一：穿越流沙河

1. 项目规则：

（1）在规定时间内，全体队员及工具顺利通过30米流沙河。

（2）人不允许落地。

（3）利用手中有效资源，安全通过流沙河。

2. 评分标准：

（1）规定时间内全体通过，视为成功，计20分。

（2）有人落地，规定时间未通过，视为失败，计0分。

（3）如果两个对比赛，用时最短的队，另加10分。

3. 项目时间：40分钟。

三、分享内容

事前计划要周详，要完成如此困难的任务，应该有一个策划到决策的过程，同时这个过程，也是集体学习的过程。执行过程中要根据实际操作情况随时调整。

组织分工要明确，发挥每个人的长处，并听取每个人的意见。注意是否发挥了监督员的作用。

（1）想象力和创造力。

（2）计划组织监督协调反馈指挥

控制。

（3）用流程控制程序，形成习惯性协调。

（4）在摸索中调整，直到形成最佳方案。

（5）深刻认识到细节问题对全局的影响。

（6）时间管理，领导与授权。

（7）体验执行力对团队顺利完成目标的重要性。

项目二：雷阵取水

1. 项目规则：

（1）在规定时间内，全体队员利用工具在雷区中取出弹心。

（2）取水过程中弹心里的"水"不许洒出（如洒出需重新开始）。

（3）取水过程中工具及人员不得落地触雷。

2. 评分标准：

（1）规定时间内完成取水任务，视为成功，计20分。

（2）取水过程中人或木板触地，或在规定时间内未能取出弹心，视为失败，计0分。

（3）如两队比赛，用时最短的队，另加10分。

3. 项目时间：40分钟。

4. 项目道具：旗杆竿，救援绳，或者背包带，弹心（水瓶）或者水桶，安全警戒线。

5. 分享内容：

（1）计划，组织，培养队员的周密计划，组织协调，以及沟通能力。

（2）创造力，想象力。

（3）综合解决问题的能力，倾听——在沟通中的重要性。

（4）分工合作，分工明确，发挥每个人的长处，并听取每个人的意见。注意是否发挥了监督员的作用。

（5）在行动中完善执行方案，要完成如此困难的任务，应该有一个策划到决策的过程，同时这个过程，也是集体学习的过程。执行过程中要根据实际操作情况随时调整。

（6）选择合适的人做合适的事。

（7）为集体奉献的团队精神，团结一致，密切合作，克服困难的团队精神。

（8）对资源的有效使用能发挥最大效力。

（9）注意完美、时间、效果和安全之间的关系。

（继续穿越，目的地第二宿营地。注意午餐随机；晚餐可以再丰盛点，休息时定突袭课题，物资、装备将遭到有效损毁。）

第三天

由于物资损毁，早餐需要大家进行自行解决。

出发，目标为第二营地。

项目一：寻找生命之水

团队按组在教官规划出的场地内挖井取水，挖井过程中，需团队合理分工协作。

项目二：绿洲——神秘人

1. 故事背景：茫茫大漠，荒无人烟，就在将士们饥渴难耐之时，眼前出现了一片绿洲，看到一位神秘人。原来他手里有藏宝图，他在此等待有缘人。通过考验每队获得一张宝图。

2. 考验题目：

以下题目满足三个就可以拿到一张藏宝图：

其他篇

第一宿营地

第二宿营地的早晨

队员在途中唯一的绿荫下休息整理装备

A. 蹲起200个。

B. 拿出全体队员的水和食物。

C. 选两名美女送给神秘人为仆人。

D. 抛弃你的任意1名队友淘汰出局退出此次活动。（注：被淘汰的必须是自己也同意的。）

3. 培训目的：项目进行中，学员会产生一些问题或矛盾，通过本部分放大矛盾，解决冲突，增进感情。

4. 藏宝图内容：拿回一切失去的，淘汰的队员可以找机会归队。

5. 分享：触及内心的历程，一次心灵的洗礼，感受到大漠的包容与无情，无奈与干涸；感受朋友、队友、同事的情感真谛！敞开心扉、深情交流。

6. 用集结号宣布集结。（大总结：路过指定集结地时播放音乐集结号。）

7. 到达集结地准备礼物作为惊喜送给所有队员宣布此次活动圆满结束。

8. 音乐响起：刀郎的《谢谢你》循环播放。

胜利的集结号终于吹响。让我们分享收获。一份满载的收获，欢笑中伴着泪水，更坚强，更勇敢，更团结，更爱生活，更爱家，让我们的明天无限辉煌！

特别提醒事项

集结小队按时集结到达指定地点，分发单兵装备，带队教官讲解沙漠穿行。

1. 所有队员必须做好防护工作，护

眼，护口鼻，作战靴内如果进入沙子立即清理，清理完还是感觉不适，请立即用卫生巾代替鞋垫。

2. 每个背囊的水袋只够一天的饮水量。饮水规则：每次一小口，水在嘴里停留10秒左右再咽下去！不要等到渴了才喝水，以防止体内因需水量大而导致饮用水不够。

3. 出发后每人之间距离不能多于100米，如迷失方向立即吹求生哨，其他队员立即回应并且原地等待，绝对不可以乱开玩笑，切记地图与GPS要时刻对照。

4. 感觉不适立即喝藿香正气水，在沙漠中暑很危险。

5. 爬沙丘时要四肢同时着地爬行，下沙丘时要侧着身子走"之"字形路线，防止翻滚滑坡。

6. 中午休息时如果没找到有树的地方，就要挨着沙坡一侧挖沙坑避暑。

7. 午餐用餐结束把所有垃圾都装入编织袋，放入背囊带出沙漠。

8. 下午3点出发，按照地图向傍晚宿营地出发，在5:30前不能到达宿营地第二天的给养不能补充。

9. 宿营地要选在高处的洼地还要背风，切记不要选在洼地，否则有生命危险，选好营地后要在营地中心点起篝火，保证篝火能烧到凌晨4点左右，可以有效防止动物靠近。

10. 要在营地一圈撒上白灰，单兵帐篷周围也要撒上白灰，防止爬虫爬进帐篷。注意晚上休息时队员要轮流值班，有危险吹哨子。

11. 要在营地的最高点插一面旗子，挂一盏红色的灯，沙漠有汽车穿沙爱好者，防止汽车闯入营地。

12. 沙漠取水法：行进过程中一旦水源得不到补给即可使用以下方法。

（1）选取一个有相对潮湿的地方。通过辨别大气中微量的水汽，可以寻觅几里以外的水源和草地。四面高、中间低的掌心地，或三面高、中间或一面低呈簸箕形的地区，以及群山间的低洼地，很可能找到水源。干涸的河床里，尤其是两山夹一沟的河床里常可找到水源。

（2）开始挖坑。所挖的坑不宜太小，也不宜太大，一般挖一大约宽90厘米、深45厘米的坑即可。

（3）放好盛水器材。把盛水用的东西放好在坑的底部。

（4）铺设塑料膜。让塑料膜随坑自然凹陷，坑面与塑料膜形成弧形的，然后固定住塑料膜的四周。光能升高坑内潮湿土壤和空气的温度，蒸发产生水汽，水汽与塑料膜接触遇冷凝结成水珠，下滑至器皿中。

操作指南：塑料膜的四周一定要固定好，不然容易塌陷。为了方便收集水，可以在塑料膜上放少许重物！

13. 沙漠遇到下雨天气没有干柴怎么办？可以把沙柳叶子团成团点着，只要点着了，再湿的柴也可以烧得很旺。

14. 活动总结：穿越沙漠结束后，分享大家的感想。

例如：①水资源的珍贵；②平时吃腻的饭菜突然好想吃；③夜深人静时好想和家人团聚；④掏出背囊的垃圾时感觉自己成了真正的环境护卫者；⑤如果大家不团结肯定不能顺利完成穿行，这就是团队的力量；⑥原来幸福就是与家人在一起，与团队在一起，吃着家常菜。

活动风险点

1. 中暑（药品提前预防）。
2. 缺水（注意喝水节奏）。
3. 心理承受能力差（教官组做心理疏导）。
4. 体力消耗大。
5. 迷路（解救方法：①医疗保障车；②路线已提前踩好；③沿途有备用水源食物及药品）。

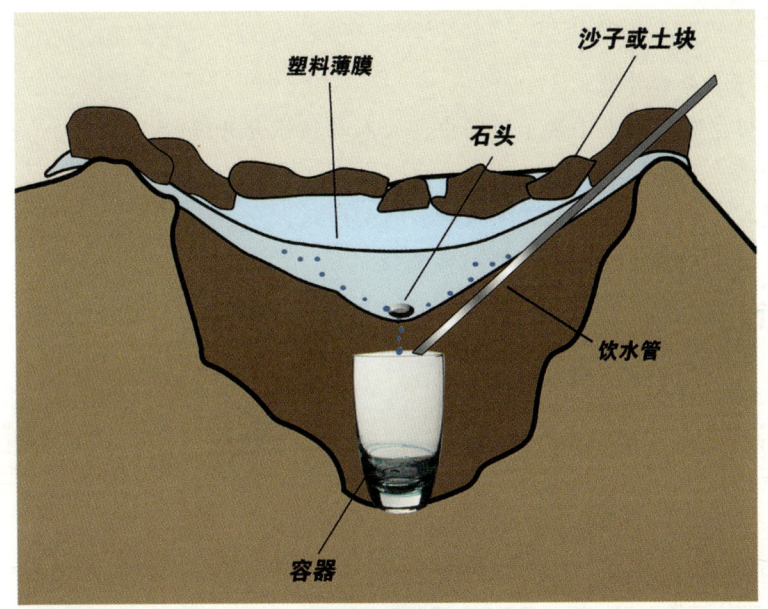

沙漠取水切面图

途中队员鼓励互助

森林折叠诗

银鸥 / 北京亚成鸟自然学校

【活动目标】身心疗愈。
【受众群体】35～45岁（亲子活动中，大人与孩子分开进行，此活动是家长的）
【参与人数】30人
【活动场地】北京亚成鸟自然学校徒步森林步道
【活动类型】五感体验型、自然创作型
【所需材料】收集盒6个、A4纸10张、笔6支
【活动时长】95分钟

活动过程

时长	活动流程内容	场地/材料
30分钟	开场，自然名介绍	桃花岛小农场 / 歌词单
5分钟	敬山仪式	入山口
30分钟	寻找种子	森林步道 / 收集盒
10分钟	大树冥想	森林平缓地带 / 纸、笔
20分钟	折叠诗	森林平缓地带 / 纸、笔

1. 开场，自然名介绍

说出自己的自然名和爱好，其他伙伴说：你好××。互相熟悉。因为正值深秋，满山的野菊花，所以选择了一首歌曲：《山坡上的野菊花》。大家在领队哼唱的带领下，马上就学会了，并分成6组。

2. 敬山仪式

大家跟随领队念敬山的词：大山我来了，感谢您的包容，感谢您的大爱，我来到这里来看您，我一定会爱护您。

3. 寻找种子

山谷中徒步30分钟，寻找各种植物的

种子，如山桃核、山核桃核、马兜铃、椴树、南蛇藤种子等。

4. 大树冥想

所有营员在宽阔的树荫下停下来，找到自己舒服的位置坐下来，跟随领队的冥想口令词（请把自己想象成一棵树，深深地扎根，向下生长，吸收着地里的水分，向上供养树干、树枝、树叶，仿佛听到水的流动，此时茂密的树冠正接受着阳光的沐浴，进行着光合作用，一派生机……）进行冥想，冥想之后请营员分享自己的心理变化，营员会觉得自己的身心更加平静有力量。

5. 折叠诗

在约瑟夫·康奈尔的名作《与孩子共享自然》里，有一种自然游戏深受欢迎，参与者可通过它彼此联结，分享情感——这，就是折叠诗。它由几个人共同完成一首诗作，每个参与者写两行，唯有第一人写第一行和最后一行。写完后把自己的诗折叠起来，每人只能看到上一个诗作者的最后一行诗。所有的诗句展开之后，常常有意想不到的效果，充满惊喜之趣。

总共6组成人，创作了5组半诗，其中的残卷耐人寻味，不完美反而变成了另一种完美。

《我是一棵树》
在山里听海的声音
在心里感受树的感觉
大树冥想修禅定
冥想入境清自心
心清身定修自身
这是大自然给予的力量

虫儿也是艺术家在树叶上作画
啾啾的鸟鸣带我进入了童话的世界
蹁跹飞舞的树叶和我一起对视
穿过峡谷的微风抚摸着我的脸庞
我是一棵树
一棵在山谷里自由歌唱的树
和着斑驳的光影
在这里永驻

《听风》
阳光普照身心健
风在吹
鸟在鸣
风吹拂，空气流动
感受身心连通天地之间
听风吹过树梢
仿佛置身于童年的后花园
我的心是柔软的
我的灵魂是自由的
山歌嘹亮心欢畅
山泉叮咚花语香
秋果累累在丛中笑

《寂静的山林》
秋风拂叶心寻静
落花流水人踪迹
在静谧的丛林，思考生命的意义
沉静、顽强、勇敢、向上
阳光倾洒在静静的山林，暖暖的
我们冥想、倾听、分享这美妙的自然
天地与共，和谐共生
面朝大海，春暖花开
时间与自然是公平的
我们只是大自然的搬运工
树叶优美的落下
山林迎来静静的山风

《寻找》

"呼！呼！"风吹跑了大树的彩色帽子
我去哪里找寻
风声，让我来到了森林里
山间小径边
我们看到了未曾发现的惊喜
我们在林间暖秋时节享受阳光
我们在五彩地毯上面寻找种子
我们在昌平小山深处安静冥想
风儿吹动树叶的沙沙声让我心旷神怡
泥土的芳香深深沁入我的心脾
小鸟喳喳叫
松鼠储冬粮
阳光晒在我的左脸上

《秋林私语》

秋日入密林
蝉鸣花似锦
叶落洒满地
如五彩斑斓的地毯
风吹过，不留一丝烦恼
山是风的怀抱
用她博大的胸怀倾听风的喃喃细语
听，风在诉说什么
感恩山的馈赠
吸纳水的精华
微微仰视，我见到你婆婆的身影和蓝天
静静体会天人合一，我在大自然中等你

《残卷》（未完成）

轻轻地睁开眼睛，微笑凝视
木棉，你能听见我的呼吸吗
但闻簌簌风拂入林，未知是否为右音
秋花秋草秋叶长
心思心意心情好
落叶归根，反反复复，一日，一月，一年

活动评估

1. 活动从开始互相的陌生与防御，通过开场游戏拉近了距离，使得人与人更融洽了。

2. 通过种子收集活动，让家长沉浸在森林中。

3. 通过冥想，从开始心烦意乱到活动过程中的静心活动，让人身心感到舒适。

4. 折叠诗创作，当身心宁静，感到舒适的时候智慧被打开，每个人开始进入诗歌创作过程，激发了他们的潜能，抒发了情感。

活动风险点

1. 因为大树冥想是第一次运用，活动效果不确定。

2. 如果前期静心铺垫不成功，后面的诗歌很难。

其他篇

博学多闻

福建乐享自然

【活动目标】
1. 通过游戏了解动物有着与人类不一样的闻气味的方式。
2. 体验气味在我们生活中的作用。
3. 通过闻自然中不同物种和区域的味道，感知味道的多样。

【参与人数】12~15对亲子

【活动场地】干扰少的公园、树林，林间有空地

【活动类型】五感体验型、拓展游戏型

【所需材料】眼罩15个，闻香瓶12个

第一组：蒜头【1A】（4瓶）、生姜【1B】、洋葱【1C】；

第二组：消毒水【2A】（4瓶）、雪碧【2B】，醋【2C】；

"鼻子探索"任务卡30张

（注：【】中的内容为瓶子上的标签）

【活动时长】120分钟

活动过程

时长	活动流程内容	场地/材料
15分钟	我猜我猜我猜猜猜	林间空地 / 动物鼻子特性谜语数条
30分钟	闻香识味道	林间空地 / 眼罩15个、闻香瓶12个、蒜头、生姜、洋葱、消毒水、雪碧、醋
15分钟	中场休息	林间空地
45分钟	寻味后花	大自然环境 / "鼻子探索"任务卡
15分钟	分享	

1. 我猜我猜我猜猜猜

召集围圈，猜谜模仿：鼻子，大象，蜗牛，蛇，鲸鱼，骆驼。

改进版的谜语：

左边一个洞，右边一个洞，是香还是臭，问它，它都懂。

（鼻子）

谁的鼻子长又长，洗澡喝水全靠它。

（大象）

谁的鼻子是触角，背着房子辨方向。

（蜗牛）

谁的鼻子是舌头，吱的一声就咬人。

（蛇）

谁的鼻子长头顶，喷起水来高三丈。

（鲸鱼）

谁的鼻子最奇特，能防风来能防沙。

（骆驼）

游戏规则：

（1）出一些关于动物的谜语，如果参与者猜到了，不要说出来，而是把猜到的精灵用动作模仿出来。

（2）每一条谜语说出后，请大家模仿出来后再公布答案，制造趣味气氛。

（建议：可以先出个"鼻子"的谜语考考大家，点题，今天是关于鼻子的游戏。）

2. 闻香识味道

器材准备：眼罩15个，闻香瓶12个。

第一组：蒜头【1A】（4瓶）、生姜【1B】、洋葱【1C】。

第二组：消毒水【2A】（4瓶）、雪碧【2B】、醋【2C】。

规则：

第一组：蒜头【1A】（4瓶）、生姜【1B】、洋葱【1C】。

（1）亲子围圈站立，分发蒙眼布。活动规则：家长闭眼、小朋友蒙眼布。

（2）每对亲子都闻蒜头的味道。蒜头闻香瓶准备3份，请3个工作人员帮忙拿到亲子（大人小孩）鼻子前闻。

（3）提问：你闻到了什么味道？（先请小朋友、后请家长回答。）

（4）请3位工作人员分开站立，手上分别是蒜头、生姜、洋葱闻香瓶。

让亲子闻3种味道，从中选出刚才闻到的味道，并站在相应的瓶子前面。

（5）带领老师拿出刚才给亲子闻过的瓶子，揭晓答案。

第一轮结束后简单分享：家里如何使用这些味道？请爸爸妈妈蹲下来在孩子耳边，告诉孩子，家里如何使用这些味道。

第二轮：消毒水。

（不使用蒙眼布，从瓶子外观看到的液体都是一样的颜色。）

第二组：消毒水【2A】（4瓶）、雪碧【2B】、醋【2C】。

（1）消毒水闻香瓶准备3份，请3位志工帮忙拿到亲子（大人和小孩）鼻子前闻。

（2）提问：你闻到了什么味道？（先请小朋友、后请家长回答。）

（3）请3个工作人员分开站立，手上分别是消毒水【2A】、雪碧【2B】，醋【2C】。

第二轮提问：你在什么地方可以闻到这种味道？有可能回答："想到了医院""打针""体检""感觉到难受"。可以引导："感到难受或者生病的时候有谁陪着你呢？"

味觉体验

3. 中场休息

喝水、上厕所，工作人员需要关注场面情况。

4. 寻味后花园

集合：按顺序分两纵队集合。

活动内容：

（1）向亲子读天神的信，介绍天神最爱的女儿——文殊兰。

（2）分发"鼻子探索"任务卡，请孩子到天神的后花园寻找爸爸（妈妈）的味道（请闻闻风、树、泥土、青草的味道，并且告诉我最像谁的味道），规定20分钟集合。

5. 分享

提问：分享你一共闻到几种不同的气味，描述其中的一个味道。

活动评估

活动评估内容见下表。

环节名称	我猜我猜我猜猜猜	闻香识味道	寻味后花园
评估方法	参与者是否积极地参与活动，在猜谜过程中热情是否被调动	参与者是否仔细认真地闻味道，并可以辨别出是什么味道	参与者是否认真探索所处环境的味道
评估结果	三分之二参与者在活动中热情被调动，被猜谜游戏吸引	三分之二参与者集中注意力辨别味道并辨别出来是什么物质	三分之二参与者通过任务卡探索周围的味道

暗夜精灵

福建乐享自然

【活动目标】
1. 通过游戏了解黑夜的好玩有趣，消除对黑夜的恐惧。
2. 传递设计黑夜课程的理念。
3. 创造小小人生的第一次穿越黑夜经验，实现勇气的突破。

【参与人数】12～15对亲子

【活动场地】无光污染的森林公园

【活动类型】拓展游戏型

【所需材料】挂铃铛4个、眼罩2个、蝙蝠图、蝙蝠超声波示意图、飞蛾图、呱呱器1个、电子蜡烛40个、小点心15份

【活动时长】95分钟

活动过程

时长	活动流程内容	场地/材料
5分钟	介绍暗夜王国的精灵	林间空地 / 蝙蝠超声波示意图，飞蛾图
20分钟	蝙蝠侠与飞蛾特工队	林间空地 / 挂铃铛4个，眼罩2个
25分钟	寻找暗夜长老	森林公园 / 呱呱器1个，3种自然物
40分钟	穿越暗夜王国	森林公园 / 电子蜡烛40个
5分钟	分享	林间空地 / 小点心15份

1. 介绍暗夜王国的精灵

介绍蝙蝠侠和飞蛾特工队。用指鼻子猜谜语游戏介绍蝙蝠。

谜语：它是白天睡觉，黑夜行动；它喜欢居住在山洞里；它长着翅膀却没有羽毛；它捕捉食物不靠眼睛，靠超声波定位系统。

（1）一条一条说出特征，如果参与者猜中就指下鼻子，没猜出来的指耳朵。要求不出声。

（2）当带领者看到大部分人都猜到

召集围圈

时，发出"1-2-3"指令，请大家一起说出谜底后，展示蝙蝠图片。

（3）提问：什么是蝙蝠的超声波系统，怎么帮助它找到猎物的？

先问小朋友，再问大朋友。

2. 蝙蝠侠与飞蛾特工队

角色：飞蛾、蝙蝠侠、山洞。

活动内容：邀请小伙伴蒙眼当蝙蝠侠，别的小伙伴拿着铃铛当飞蛾。在其余伙伴围成的"山洞"中，蝙蝠听音捕蛾。

（1）游戏规则介绍：除了蝙蝠侠和飞蛾特工队之外，其他的人牵起手围成是神秘的黑山洞。

当飞蛾变少，山洞要随之缩小。

飞蛾跑出圆圈就要当山洞。

（2）第一轮：邀请蝙蝠1~2只，飞蛾1~2只。

组织者不参与游戏！主要担任裁判和观察的工作。

（提示：第一轮最好邀请家长担任飞蛾，可借机提醒家长，成就归于孩子，先站定摇铃铛，别的铃铛响，他的就不响，让孩子比较容易获胜，就容易建立对游戏的兴趣。）

（3）第二轮：换蝙蝠，增加飞蛾。

（提示：如果当天孩子年纪较小比较内敛，则可以邀请一对亲子共同参与。）

（4）第三轮：可适当增加难度，视孩子参加游戏热度而定。

（提示：活动过程中，如果发现小朋友担任蝙蝠侠，并非常迅速地抓到飞蛾，请他大声说出来，如何获胜。）

（5）分享表达建议：我刚才看见×××抓飞蛾特别迅速，你是怎么做到的？

××飞蛾特别灵敏，你是如何做到的？

我看见××跑出山洞，主动牵大人的手，遵守游戏规则的孩子真棒……

蝙蝠侠与飞蛾特工队

3. 寻找暗夜长老

活动步骤：

（1）请小朋友握着爸爸妈妈的手，指挥孩子把手电筒交给爸爸妈妈，请爸爸妈妈关掉手电，放入包内。让孩子闭眼10秒，再睁眼（有没有发现眼睛变亮了），引导孩子适应黑暗。

（2）讲解游戏规则：

①请出3位暗夜长老，背对大家，分别展示3种声音后，躲进树林。3种声音分别是呱呱器、树枝敲打树干、口哨或者石头敲击声。

②参与者3队为一组，轮流出发。第一组出发3分钟后，第二组再出发。以此类推。

③说明寻找范围，进入躲猫猫区域。暗夜长老每隔10秒，发出声音，参与者寻找。

④找到暗夜长老后，长老分发天神的信物，集齐3种信物即完成任务。（提前准备好3种自然物作为信物。）

4. 穿越暗夜王国

事前准备：在参与者开始玩寻找暗夜长老时，请辅带先带着电子蜡烛沿途布置，特别要安放在分岔路口引路；在台阶处放置两个蜡烛灯，灯光的高低可以让参与者发现台阶；在即将到达的转角安排队辅充当暗夜天使，迎接到达的孩子。

活动步骤：

（1）把参与者集合后，带到出发地。询问大家是否集齐了3种信物——勇气、智慧和爱心，并且宣布大家通过天神的第一轮考验，接下来即将进入暗夜王国。孩子们将带着爸爸妈妈进入暗夜王国，迷你动物夹道用歌声欢迎大家。

（2）亲子一对一对间隔放入森林，距离以不互相干扰为主。握着孩子的手，慎重地问，可以平安地带着妈妈/爸爸穿越暗夜王国吗？

（提示：如果遇到很害怕的小朋友，提问如果害怕了怎么办？我给你两个拥抱可以帮助你更勇敢！胆子比较大的孩子可以问，请你仔细听听有几种迷你小动物的声音哦。）

（3）辅带引导已经到达的亲子静坐聆听、安静等候，也可以躺下来欣赏夜空的美。

（4）最后走的主带沿途回收蜡烛灯。

5. 分享

（1）分享：成就感。

带着爸爸妈妈穿越暗夜王国是不是很酷？

是不是觉得自己很棒？

要不要把掌声送给自己？

（2）牵手祈祷文案：感谢大自然的白天与黑夜，在白天我们享受阳光，自在玩耍，在黑夜我们休息睡眠储备能量。我们充满勇气，带着好奇探险黑暗王国，我们感受到月光的温柔，聆听迷你动物的鸣唱,感谢身边的人陪我一起领受这样的美好。我们以自己为荣,我们要用更大的勇气探索更多的未知,体验更多自然的美好,并将这一切美好传递给更多的人。

(3)分发小点心。

提示:

夜行课家长分享要点:

①为什么要设计夜行课程呢?

因为我们平常鲜有感受黑暗的机会,即使到了夜晚也总有灯光相伴,没有给自己一个真正的暗夜时光,夜行活动正是想让大家领略大自然的黑夜不同于白天的宁静与美妙。

②为什么选择森林公园而非城市中心地带的公园?

因为森林公园相比较起来受人类光污染更少,希望为大家创造夜行理想的环境氛围。

③接下来的课程安排包括2个环节。

暗夜精灵:邀请了3个爸爸扮演暗夜长老,跟孩子玩暗夜躲猫猫活动,让孩子觉得黑夜不是那么可怕,是很好玩的,减轻孩子的心理恐惧。

穿越暗夜王国:这些对于小小孩来说应该都是难得的体验,对于第一次上这样课的孩子来说,可能是他们小小人生的第一次突破。

我们知道自信的建立,不是凭空的。自信来自日常一个一个小成就的积累。所以我们会在团课中创造机会,让成就归于孩子。

所以接下来的两个环节,就请我们的家长们当孩子的忠实粉丝团。

④讨论如何做到"成就归于孩子"。

积累自信,激发对前进中遇到障碍愿意破墙而出的勇气,同时希望创立一个亲子之间安静的、相互陪伴的美好时光。感谢大家,也让我们一起领受夜晚的美好!

⑤可以就团课中的活动分享"三不"原则,也可以邀请家长们说说团课中孩子的变化,以及自己的感受等。可视具体的情况灵活安排。

活动评估

活动评估内容见下表。

环节名称	蝙蝠侠与飞蛾特工队	寻找暗夜长老	穿越暗夜王国
评估方法	参与者在游戏过程中热情是否被调动,是否了解蝙蝠的回声定位知识	参与者在暗夜中通过声音寻找暗夜长老,专注度是否提高	参与者是否敢于挑战黑暗,成功穿越暗夜王国
评估结果	三分之二的参与者热情被调动,对蝙蝠与飞蛾产生兴趣	三分之二的参与者专注在游戏中,专注度提高	三分之二的参与者成功穿越克服黑暗恐惧

活动风险点

1. 事先不用通知家长带手电筒,如果有人带了,也请他收起来。孩子对手电有着莫名的喜爱,孩子的高度拿着手电容易直射他人的眼睛。

2. 在穿越暗夜王国过程中需要注意安全问题,每几个家庭中间加入一名工作人员。

得心应手

福建乐享自然

【活动目标】
1. 用手辨别彼此的特征。
2. 通过触觉记忆,寻找出树朋友。
3. 亲子协作,体察亲子间的互动模式、信任感。
4. 自然创作,观察力和小肌肉操作能力。

【参与人数】12~15对亲子
【活动场地】干扰少的公园、树林,林间有空地
【活动类型】五感体验型、自然创作型
【所需材料】蒙眼布15条、纸黏土30袋
【活动时长】120分钟

活动过程

时长	活动流程内容	场地/材料
15分钟	手也能看见	林间空间 / 蒙眼布15条
35分钟	寻找我的树朋友	树木较多的树林 / 蒙眼布15条
5分钟	分享	林间空地
15分钟	中场休息	林间空地
40分钟	行塑我的精灵朋友	林间空地 / 纸黏土30袋,布袋
10分钟	分享	

手也能看见

寻找我的树朋友

1. 手也能看见

角色：池塘、渔夫、小鱼小虾。

（1）请家长牵手围成一个池塘，可以让小朋友互相观察一番，记住特征。

（2）邀请两个小朋友蒙眼当渔夫，其他小朋友唱着《小蝌蚪之歌》，在池塘里跑来跑去。

（3）如果渔夫抓到了其中一个小朋友，需要用手摸，猜猜看是谁？提醒被充当小鱼小虾的小朋友不要发出声音。

（4）玩两三轮，每轮换渔夫（一个渔夫抓到一只小鱼或小虾就算成功）。

2. 寻找我的树朋友

活动内容：蒙眼摸树再辨别出来。

游戏规则：

第一轮：参与者面向树林，介绍规则。

先请小朋友单独进树林，找一棵自己喜欢的树朋友，记住位置，很快地回到家长身边。

小朋友进入寻找树朋友时，主带聚集家长背对树林，并简要说明。

家长蒙上眼睛，原地转三圈后，由小朋友牵着家长去摸选定的树朋友；等家长确认好以后，再带回来，才能摘下眼罩。

家长摘下眼罩再次进入树林寻找自己刚才摸过的树。

第二轮：先请家长寻找自己的树朋友，后请小朋友寻找辨别。

3. 分享

仔细观察亲子互动的具体行为细节，分享时有素材。

（1）提问：小朋友们，你们的爸妈都找到他的那棵树朋友了吗？

（2）家长蒙眼后的内心感觉；在找树朋友过程中，家长被小朋友牵着是什么感觉？

（3）孩子在带领过程中是如何带领家长的？

（4）如何才能找到一样的树？

分享是这个游戏的重点，透过这个有些家长会重新审视自己内心对孩子的信任程度。

4. 中场休息

喝水、上厕所，工作人员需要关注场面情况。

5. 行塑我的精灵朋友

活动内容：自然观察后，用纸黏土捏塑出精灵朋友。

集合：3个小队呈纵队集合，每人分发一块黏土。

（1）亲子出发自由观察20分钟回到集合地。

（2）用纸黏土把喜欢的动物或植物捏出来，并为自己的精灵朋友取个名字。

（提示：每人只有1块纸黏土；如果需要好几种颜色该怎么办？可以跟其他小蝌蚪交换不同颜色。）

纸粘土作品

6. 分享

每人展示介绍自己的精灵朋友名字。

活动评估

活动评估内容见下表。

环节名称	手也能看见	寻找我的树朋友	行塑我的精灵朋友
评估方法	参与者的热情是否被调动，小朋友之间熟悉度是否增加	参与者在蒙眼触摸树朋友时是否专注，是否仔细地去感受	参与者是否享受捏精灵朋友的过程，捏出属于自己的那个精灵朋友
评估结果	三分之二参与者热情被调动，熟悉度增加	三分之二参与者专注度提高	三分之二参与者享受其中

活动风险点

1. 在寻找我的树朋友活动过程中事前需提醒小朋友小心带领。例如：现在你们就是爸爸妈妈的眼睛，如果发现地下有石头，或者树根要怎么办？提醒爸爸妈妈小心走或者绕开走。

2. 夏天戴帽子，检查场地确认树林是否处于毛毛虫爆发期，讲规则时不必说树上有虫子之类的内容避免家长恐惧。